中国重点流域典型城市人群饮水暴露参数手册（成人卷）

张岚◎主编

科学技术文献出版社
SCIENTIFIC AND TECHNICAL DOCUMENTATION PRESS
·北京·

图书在版编目（CIP）数据

中国重点流域典型城市人群饮水暴露参数手册：成人卷 /张岚主编 . —北京：科学技术文献出版社，2021. 10

ISBN 978-7-5189-8475-6

Ⅰ . ①中…　Ⅱ . ①张…　Ⅲ . ①城市用水—饮用水—健康—参数估计—中国—手册

Ⅳ . ① TU991.2-62

中国版本图书馆 CIP 数据核字（2021）第 209242 号

中国重点流域典型城市人群饮水暴露参数手册（成人卷）

策划编辑：郝迎聪	责任编辑：李　晴	责任校对：张永霞	责任出版：张志平

出　版　者　科学技术文献出版社

地　　　址　北京市复兴路15号　邮编　100038

编　务　部　（010）58882938，58882087（传真）

发　行　部　（010）58882868，58882870（传真）

邮　购　部　（010）58882873

官　方　网　址　www.stdp.com.cn

发　行　者　科学技术文献出版社发行　全国各地新华书店经销

印　刷　者　北京虎彩文化传播有限公司

版　　　次　2021 年 10 月第 1 版　2021 年 10 月第 1 次印刷

开　　　本　787×1092　1/16

字　　　数　417千

印　　　张　18.25

书　　　号　ISBN 978-7-5189-8475-6

定　　　价　78.00元

中国重点流域典型城市
人群饮水暴露参数手册
（成人卷）

编　委　会

前　言

水是生命之源，人体内一切生理和生化活动都需在水的参与下完成。饮用水安全问题一直是全世界人民最关注的社会问题之一。公众平时的饮用水是其暴露于水中污染物的重要途径，因此，准确评价饮用水中污染物的健康风险，有针对性地采取风险防范和管理措施，是饮用水管理的迫切需求。在开展饮用水相关风险评价的过程中，人群饮用水暴露参数对风险评价的结果起着关键作用。在饮用水中污染物浓度准确定量的情况下，饮用水暴露参数的取值越接近于评价目标人群的实际暴露情况，则评价结果越准确。

2014 年在"十二五"国家水污染控制与治理科技重大专项——"重点流域水源污染特征及饮用水安全保障策略研究"项目（编号：2014ZX07405001）的支持下，项目组于 2015—2016 年在我国重点流域 18 岁及以上人群中开展了饮用水暴露参数调查与研究。通过对居民饮水摄入量、饮用水消费习惯及人群基本参数的调查，掌握了人群经饮用水途径暴露行为的特点，获得了包括直接饮水摄入量、间接饮水摄入量、洗脸、洗手、刷牙、洗碗、洗菜、手洗衣服、洗头、洗脚、洗澡等涉水参数，并在此基础上形成了《中国重点流域典型城市人群饮水暴露参数手册（成人卷）》一书。书中较翔实地介绍了饮用水暴露参数获取的历程及其研究方法，列出了所有参数的样本量、算术均值、百分位数等，为读者提供了较为全面的多种选择。

整个暴露参数调查中，项目组成员付出了大量的时间及精力，同时项目还得到了四川省射洪市、湖南省长沙市、甘肃省兰州市、内蒙古自治区呼和浩特市、河北省石家庄市、广东省佛山市、广西壮族自治区北海市、黑龙江省牡丹江市、河南省郑州市、天津市、辽宁省沈阳市、浙江省平湖市、新疆维吾尔自治区库尔勒市、云南省腾冲市、安徽省巢湖市、江苏省无锡市等城市疾病预防控制中心及所属省份的省级疾病预防控制中心等单位的大力支持与帮助，在此表示最诚挚的感谢。在本书的编写过程中，我们力求精益求精，但由于时间及经验有限，难免会存在疏漏、不足之处，敬请广大读者批评指正。

编写组

2021 年 7 月

目　录

第一章 概 述

第一节 目的和意义

一、研究背景

饮用水是人类生存的基本需求，也是传播疾病的重要媒介，饮用水的质量直接影响到每一个人的健康。据世界卫生组织统计，人类80%以上的疾病与饮水有关。因此，准确评价饮用水中污染物的健康风险，有针对性地采取风险防范和管理措施，是饮用水管理的迫切需求。暴露参数是用来描述人体暴露环境污染物的特征和行为的参数，在开展饮用水相关风险评价的过程中，人群饮水暴露参数对风险评价的结果起着关键作用。在饮用水中污染物浓度准确定量的情况下，饮用水暴露参数的取值越接近于评价目标人群的实际暴露情况，则评价结果越准确。但由于我国饮水暴露参数相关调查研究的基础工作欠缺，开展相关风险评价时通常简单沿用其他国家或机构的制订结果，没能充分考虑到我国实际水环境的污染特征及经济技术发展水平。为了全面了解我国重点流域居民饮水暴露参数，提高饮用水中污染物风险评价的科学性与准确性，根据"十二五"国家水污染控制与治理科技重大专项——"重点流域水源污染特征及饮用水安全保障策略研究"项目的要求，中国疾病预防控制中心环境与健康相关产品安全所（简称"环境所"）于2015—2016年完成了我国重点流域18岁及以上成人的饮用水暴露参数相关调查。

二、研究目的及意义

对我国重点流域居民饮水摄入量、饮用水消费习惯及人群基本参数开展调查研究，掌握人群经饮用水途径暴露行为特点，建立我国重点流域居民饮用水风险评估基础数据采集及分析数据库系统，为开展饮用水健康风险评价及我国饮用水相关标准的制修订提供所需要的基础数据和本地化参数。

第二节　调查对象和内容

一、调查对象

（一）研究总体

本调查研究总体为我国重点流域中 100 个典型水厂所服务的 18 岁及以上常住居民。

（二）调查总体

通过典型抽样的方法，从我国重点流域 100 个水厂所在城市中抽取 16 个城市进行调查（第一批 11 个城市，第二批 5 个城市），预计覆盖人口 886.11 万人。调查城市如表 1-1 所示。

表 1-1　调查城市水厂的基本信息

序号	流域	省份	城市名称	水厂名称	净水工艺（简）	生产能力/万吨	服务人口/万人
1	长江	四川	射洪	川投水务集团射洪有限责任公司	常规	4.4	35.0
2	长江	湖南	长沙	长沙市一水厂	常规	20.0	22.7
3	黄河	甘肃	兰州	威立雅水务集团	常规	70.0	209.0
4	黄河	内蒙古	呼和浩特	呼和浩特市金河水厂	深度	30.0	20.0
5	黄河	河北	石家庄	石家庄市政水厂四水厂	常规	3.8	10.0
6	珠江	广东	佛山	佛山市南海区桂城水厂	常规	38.0	49.9
7	珠江	广西	北海	北海市自来水公司龙潭水厂	常规	10.0	21.0
8	松花江	黑龙江	牡丹江	牡丹江市水厂	常规	18.0	55.0
9	淮河	河南	郑州	郑州市中法原水有限公司水厂	常规	30.0	177.0
10	海河	天津	天津	天津市武清区河西自来水服务站	常规	7.0	60.0
11	辽河	辽宁	沈阳	沈阳市水务集团四水厂	常规	10.0	33.0

续表

序号	流域	省份	城市名称	水厂名称	净水工艺（简）	生产能力/万吨	服务人口/万人
12	浙闽片河流	浙江	平湖	平湖市古横桥水厂	深度	5.0	22.2
13	西北诸河	新疆	库尔勒	库尔勒银泉供水有限公司	常规	2.0	15.0
14	西南诸河	云南	腾冲	腾冲县自来水厂	常规	2.0	12.0
15	巢湖	安徽	巢湖	巢湖市二水厂	常规	8.0	12.0
16	太湖	江苏	无锡	无锡市中桥水厂	深度	60.0	132.4
合计							886.1

二、调查内容

根据调研目的，本研究对以下 3 个方面内容开展调研。

（一）针对调查对象的基本信息调查

包括调查对象的出生日期、性别、民族、职业、身高、体重。

（二）针对饮用水摄入量调查

包括调查对象的饮水习惯、饮水（包括饮茶）频次和摄入量，喝饮料频次及摄入量，喝汤频次及摄入量，喝粥频次及摄入量，主食类型、频次和摄入量，饮酒类型、频次和摄入量。

（三）针对与饮水相关的暴露参数的调查

包括调查对象的洗脸、洗手、刷牙、洗碗、洗菜、手洗衣服、洗澡、洗脚、洗头、游泳的涉水时间及频次等。

第三节 调查方法

一、抽样设计

（一）抽样调查基本程序

建立抽样调查基本程序如图 1-1 所示。

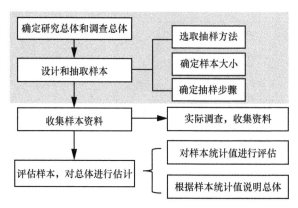

图 1-1　抽样调查流程

（二）抽样方法的确定

本研究调查采用分层随机抽样的方法。抽样调查的关键是如何在样本有充分代表性的前提下，选取最少的样本量。如果样本数量足够大、样本代表性好、调查的数据真实可靠，抽样调查所获得的结果或推导的结论，可在一定程度上代表整个研究人群。对于全国性大范围的调查一般选用分层随机抽样的方法，可使样本在总体中的分布更加均匀，从而具有更好的代表性。而且分层随机抽样的精度一般高于其他抽样方式，此外也便于进行组织和实施。

本研究调查按照流域进行分层，可同时对不同的流域（子总体）及总体进行参数估计。将十大流域分为 16 个子总体，根据项目方案总体要求，在每个子总体中通过典型抽样各抽取 1 个城市，在 16 个城市内开展调查。

（三）调查样本总量的确定及在各城市中样本量的分配

由于各城市水厂覆盖的人口规模不同，样本量在各城市的不同分配方式会对总体估计量的精度产生一定的影响，在总费用固定的情况下，要使方差最小的样本量分配方式可选择最优分配，假设各地平均抽样费用一致，则本研究调查使用奈曼最优分配方式确定调查样本总量及各城市的样本量。

在分层随机抽样中，每层的样本量 n_h 都与层的大小 N_h 成比例，$n_h/n = N_h / N = W_h$。分层随机抽样奈曼最优分配方式总样本量的计算，如式（1-1）所示。

$$n = \frac{(\sum_{h=1}^{L} W_h S_h)^2}{V + \frac{1}{N} \sum_{h=1}^{L} W_h S_h^2} \, 。$$

（1-1）

层样本量计算，如式（1-2）所示。

$$n_h = n \times W_h = rt \cdot \frac{W_h S_h}{\sum_{h=1}^{L} W_h S_h} \, ,$$

（1-2）

其中：V 为均值估计量的方差为 100；N 为研究总数；$W_h = N_h/N$，为第 h 层的总体层权；

S_h^2 为第 h 层的总体方差，根据北京、上海、成都及河南饮水调查文献资料估算。

为了便于调查工作的实施，各地调查人数取整，各城市分配样本量如表 1-2 所示。

表 1-2　样本量估算参数及样本量

流域	省份	城市名称	N_h/万人	S_h	W_h	$W_h S_h$	$W_h S_h^2$	w_h	n	分配样本量/个	调查样本量/个
长江	四川	射洪	19.10	800	0	16.6	12681.0	0	166.4	200	250①
长江	湖南	长沙	22.70	900	0	23.1	20750.2	0	219.9	300	300
黄河	甘肃	兰州	209.00	900	0.2	212.3	191048.5	0.2	2024.6	1000	600②
黄河	内蒙古	呼和浩特	20.00	950	0	21.4	20369.9	0	204.5	300	300
黄河	河北	石家庄	10.00	950	0	10.7	10185.0	0	102.3	150	150①
珠江	广东	佛山	49.88	750	0.1	42.2	31663.7	0	402.7	500	500
珠江	广西	北海	21.00	750	0	17.8	13330.7	0	169.5	200	250①
松花江	黑龙江	牡丹江	55.00	950	0.1	59.0	56017.3	0.1	562.4	700	600②
淮河	河南	郑州	177.00	900	0.2	179.8	161797.1	0.2	1714.6	1000	600②
海河	天津	天津	60.00	950	0.1	64.3	61109.8	0.1	613.5	700	600②
辽河	辽宁	沈阳	33.00	950	0	35.4	33610.4	0	337.4	1000	600②
浙闽片河流	浙江	平湖	22.16	750	0	18.8	14067.0	0	178.9	200	300
西北诸河	新疆	库尔勒	15.00	900	0	15.2	13711.6	0	145.3	150	200①
西南诸河	云南	腾冲	12.00	800	0	10.8	8667.1	0	103.3	100	150①
巢湖	安徽	巢湖	12.00	800	0	10.8	8667.1	0	103.3	200	300
太湖	江苏	无锡	132.40	750	0.1	112.0	84028.1	0.1	1068.5	1000	600②

注：①第二批 5 个地区调查，根据与地方协商结果调查样本量为在分配样本量上加 50 个调查样本。②当分配样本量大于 600 时，调查样本量取 600；当分配样本量小于 300 时，调查样本量取 300。

二、抽样步骤

（一）城市内调查点的抽样步骤及样本量分配

每个城市在选定的水厂供水范围内，按照东、南、西、北、中 5 个方位各随机选择 1 个街道/乡镇，每个街道/乡镇再随机选择 1 个社区/行政村作为调查点，开展人群饮水摄入量调查。如果水厂覆盖范围少于 5 个街道/乡镇，则将供水范围内的所有街道/乡镇纳入调查范围即可。每个城市的样本量在所选取的调查社区/行政村内平均分配。抽样步骤如图 1-2 所示。

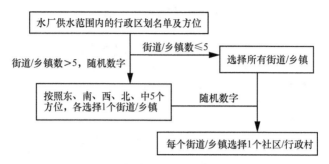

图 1-2　各城市调查点的抽样步骤

（二）社区/行政村内调查人群抽样原则及人群特征要求

1. 社区/行政村内调查人群抽样原则

在社区/行政村内抽样必须遵循随机原则。具体抽样方法可根据获得的人口学数据资料确定，但抽样方案须反馈至环境所，经确认后再实施。以下抽样方法可任选其一（图1-3）。

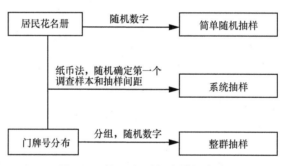

图 1-3　社区/行政村内抽样方法

（1）简单随机抽样

按照居民名册，使用随机数字（如 Excel 随机数字，可参照后述案例）的方式抽取。

（2）系统抽样

按照居民名册或居民居住门牌号，采用随机数字确定第一个样本和抽样间距，进行系统抽样。可采用纸币法，随机抽取一张纸币，取该纸币号码中最后几位数作为种子数来确定第一个样本，再随机抽取一张纸币，取其最后几位数（位数与抽样间隔位数相同）作为抽样间距。自第一个样本开始，按照固定的抽样间隔抽取样本，直至达到样本量要求。

（3）整群抽样

根据本社区/行政村住户分布的实际情况，按地理位置及调查总人数，每 10~30 户为一群，将剩余户随机均匀地分配到邻近各群中，使所有住户都在抽样群中；按简单随机抽样原则，每社区/行政村随机抽取所需要的群组成调查样本。如果抽取群内调查人数超过调查样本量，则在抽取的最后一个群中无须全部调查，达到样本量要求时即可停止调查。

2. 调查人群特征要求

18 岁及以上的成人居民均纳入本研究调查范围。

根据文献报告，影响人群饮水量及饮水习惯的因素主要有年龄、性别及风俗习惯等。因此，在抽样时要考虑这些因素对抽样样本代表性的影响。由于每个水厂只在一个城市内供水，而每一个城市的风俗习惯相近，因此，在每一调查点的调查中需要对调查人群的性别和年龄进行调整。在本研究调查中，按照 18~24 岁、25~34 岁、35~44 岁、45~54 岁、55~64 岁、≥65 岁划分为 6 个年龄段，各调查点每个年龄组的样本量平均分配，男女各半。

三、现场调查方法

一年分两次进行问卷（夏季、冬季各一次），采用问卷调查和自填式日志相结合的方法进行调研，每次调查时间共 7 天。

（一）问卷调查

调查第一天由调查员入户与居民进行面对面问卷调查，由调查员根据居民对问卷的回答填写问卷，并收集保存问卷。

其中，饮水量的调查，由调查员出示标准调查量杯，较为准确地估算调查对象饮水量；涉水时间的调查，由调查员出示秒表，部分涉水活动请调查对象现场演示，直接记录时间。

（二）自填式日志

调查第 2~第 7 天由调查对象自己填写自填式日志（每天 1 份），7 天后所有自填日志由调查员统一收回并保存。

四、数据录入和清洗

饮水暴露参数问卷调查表及自填式日志使用 EpiData3.1 软件建立数据库，录入计算机，实行双人双录入的方式，同时进行计算机逻辑核对，最后生成 SPSS 数据库。

五、统计分析方法

对调查数据运用 SPSS18.0 软件进行描述性分析和统计差异检验分析，计数资料采用 X^2 检验、Fisher 确切概率法，计量资料采用 t 检验、单因素方差分析，显著性检验水准：$\alpha = 0.05$。

第四节 质量控制与质量评价

调查工作的成败，关键在于数据收集工作的质量。而数据的收集与质量能否得到保证，调查的质量控制至关重要。为保证本项目调查能够高效有序地开展，并获取高质量的调查数据，特制订质量控制方案，对整个调查工作的各个环节实施严格的质量控制。同时要求在项目实施阶段都要对调查工作的质量进行实时动态监控，一旦发现问题及时采取应对措施。

一、质量控制

（一）现场调查前期的质量控制

1. 加强宣传

为保证调查工作的顺利进行，各地可根据当地情况，利用报纸、电台等媒体渠道及向目标社区分发统一印刷的宣传页等手段进行宣传。召开各居委会/村相关人员动员会，调动基层人员工作积极性。积极与相关部门沟通，争取当地政府部门的理解与支持。

2. 设置工作组

各调查区域所在的地方疾控中心成立现场调查工作小组，包含组长、调查员和质量控制员，其中质量控制员不可兼职。每个组员都应具备较强的工作责任心。调查小组可由4名成员组成，组员分工协作、职责明确。

3. 开展培训

调查点相关工作人员需学习并掌握工作方案，合理制订工作计划。

4. 准备物资

调查问卷及调查现场需要的量杯、秒表等由中国疾病预防控制中心环境与健康相关产品安全所统一准备，直接发放到各地区。调查前编写现场调查物资清单，清点调查工具和资料，设专人负责调查物资的管理。

5. 核实调查对象

现场调查前各调查点严格按照随机抽取所得的调查对象名单进行核实，严格执行调查对象的纳入标准；不符合纳入标准者，可执行置换，并在调查对象名单标注置换原因及置换后住户信息（参照附录B中"置换住户要求及方法"）。

（二）现场调查中的质量控制

入户调查时，要严格按照调查对象名单执行。询问方式要得当，注意保护调查对象的隐私。原则上不允许他人代答问卷，如果被调查对象存在其他导致沟通障碍的原因，可由熟悉其饮食起居的家人代答。如遇需要置换住户的情况，请严格按照置换要求及方法进行置换。

调查员需现场使用量杯等量具测量调查对象日常使用的水杯等；要求调查对象使用秒表测量日常洗手时间。

问卷调查员每完成一份问卷都要进行自查，确认无错漏项；调查员需在每天调查工作结束后，将问卷上交给质量控制员。

（三）现场调查结束后的质量控制

质量控制员对当日调查对象的应答率及时统计、审核所负责区域的调查问卷是否合格，不合格的及时返回填补信息。

二、质量评价

每份问卷是否有质量控制员审核、签字。发现未按要求审核的问卷，要求说明原因，并在一天内完成补审；问卷审核率应为100%。在回收的13 106份问卷中，经数据清洗，最终用于统计分析的样本量为12 803份，问卷有效率为97.7%。各调查点调查对象置换率不超过10%，问卷漏项率、逻辑错误率和填写不清率均低于5%。

其中，相关指标计算方法如下。

（1）漏项率＝出现漏项的问卷数/抽查问卷总数×100%；

（2）逻辑错误率＝出现逻辑错误的问卷数/抽查问卷总数×100%；

（3）填写不清率＝填写不清的问卷数/抽查问卷总数×100%。

第二章　饮水摄入量

第一节　基本概念

　　饮水摄入量是指人每天摄入水的体积，主要分为直接饮水摄入量、间接饮水摄入量和总饮水摄入量。本研究调查中直接饮水摄入量主要包括开水、生水、桶装水、瓶装水、茶水等；间接饮水摄入量主要包括粥、汤、汤面条等；总饮水摄入量为两者之和。

　　据文献报道，饮水摄入量主要与性别、年龄、人种、运动量等相关，受季节、气候、地域、饮食习惯等因素的影响。本研究选取我国重点流域及湖泊——长江、黄河、珠江、松花江、淮河、海河、辽河、浙闽片河流、西北诸河、西南诸河、巢湖、太湖等区域的 16 个主要城市（四川省射洪市、湖南省长沙市、甘肃省兰州市、内蒙古自治区呼和浩特市、河北省石家庄市、广东省佛山市、广西壮族自治区北海市、黑龙江省牡丹江市、河南省郑州市、天津市、辽宁省沈阳市、浙江省平湖市、新疆维吾尔自治区库尔勒市、云南省腾冲市、安徽省巢湖市、江苏省无锡市）；调查对象为这些城市典型水厂供水覆盖区域及水厂供水服务的人群中 18 岁及以上的成年居民；调查方法采用直接问卷调查及自填式日志相结合的方法；调查项目包括居民年日均直接饮水量、间接饮水量，不同季节日均直接饮水量、间接饮水量，不同地区年日均直接饮水量、间接饮水量，不同日期日均直接饮水量、间接饮水量，每日不同时间段直接饮水量、间接饮水量等。

第二节　饮水摄入量推荐参考值

　　本研究分别选取夏冬两季总饮水摄入量、直接饮水摄入量和间接饮水摄入量的中位值作为人群相应的饮水摄入量的推荐参考值，结果如表 2-1 所示。我国重点流域典型城市居民（成人）饮水摄入量，详见附表 A-1 至附表 A-19。

表 2-1　我国重点流域典型城市居民（成人）人群饮水摄入量推荐参考值

	日均饮水摄入量/mL		
	总体	男	女
总饮水摄入量	1647	1767	1545
直接饮水摄入量	1129	1200	1057
间接饮水摄入量	484	515	454

注：参考景钦华等编著的《护理学基础》及杨月欣主编的《中国食物成分表》中常见食物含水量：汤含水 95%、粥含水 85%、米饭含水 70.1%、馒头含水 40.3%、汤面条含水 72.3%（下同）。

第三节　与国外的比较

本研究所获取的直接饮水摄入量与美国、日本和韩国的比较如图 2-1 所示。

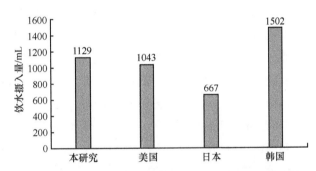

图 2-1　本研究所获取的直接饮水摄入量与国外的比较

第三章　涉水时间活动模式参数

第一节　基本概念

涉水时间活动模式参数是指暴露人群身体各个部位与水直接接触的活动时间。本研究调查选取我国重点流域及湖泊——长江、黄河、珠江、松花江、淮河、海河、辽河、浙闽片河流、西北诸河、西南诸河、巢湖、太湖等区域的16个主要城市（四川省射洪市、湖南省长沙市、甘肃省兰州市、内蒙古自治区呼和浩特市、河北省石家庄市、广东省佛山市、广西壮族自治区北海市、黑龙江省牡丹江市、河南省郑州市、天津市、辽宁省沈阳市、浙江省平湖市、新疆维吾尔自治区库尔勒市、云南省腾冲市、安徽省巢湖市、江苏省无锡市）；调查对象为这些城市典型水厂供水覆盖区域及水厂供水服务的人群中18岁及以上的成年居民；采用直接问卷调查及自填式日志相结合的方法；涉及的与水有关的时间活动模式参数主要包括刷牙、洗手、洗脸、洗碗、洗菜、洗衣服、洗澡、游泳、洗脚、洗头等。

第二节　涉水时间活动参数推荐参考值

本研究选取中位值作为人群涉水时间活动（刷牙、洗手、洗脸、洗碗、洗菜、洗衣服、洗澡、游泳、洗脚、洗头等）参数推荐参考值，结果如表3-1表示。我国重点流域典型城市居民（成人）涉水时间参数，详见附表A-20至附表A-62。

表3-1　我国重点流域典型城市居民（成人）人群涉水时间推荐参考值

	总计	男	女
刷牙时间（秒/天）	189	175	203
洗手时间（秒/天）	131	111	150
洗脸时间（秒/天）	176	153	206
洗脚时间（分钟/周）	15.0	13.7	17.1

续表

	总计	男	女
洗头时间（分钟/周）	10.0	7.7	12.7
洗碗时间（分钟/周）	10.0	3.0	27.2
洗菜时间（分钟/周）	1.4	0	7.1
手洗衣服时间（分钟/周）	1.4	0	15.0
洗澡时间（分钟/周）	46.6	41.8	52.1
游泳时间（分钟/月）	0	0	0

注：由于我国重点流域典型城市居民游泳人群占比极低，因此，我国重点流域典型城市居民（成人）人群游泳时间推荐参考值为0分钟/月。

第三节　与国外的比较

本研究所获取的洗澡及游泳时间与美国、日本和韩国居民洗澡及游泳时间的比较结果，如图3-1所示。

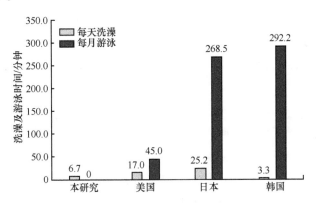

图3-1　本研究所获取的洗澡及游泳时间与国外的比较

第四章 体重、体表面积推荐参考值

第一节 基本概念

体重，指人体的重量；体表面积，指人体皮肤的总面积。在评价人体暴露环境污染物的暴露剂量时，这两项指标是必要参数。本研究调查选取我国重点流域及湖泊——长江、黄河、珠江、松花江、淮河、海河、辽河、浙闽片河流、西北诸河、西南诸河、巢湖、太湖等区域的16个主要城市（四川省射洪市、湖南省长沙市、甘肃省兰州市、内蒙古自治区呼和浩特市、河北省石家庄市、广东省佛山市、广西壮族自治区北海市、黑龙江省牡丹江市、河南省郑州市、天津市、辽宁省沈阳市、浙江省平湖市、新疆维吾尔自治区库尔勒市、云南省腾冲市、安徽省巢湖市、江苏省无锡市）；调查对象为这些城市典型水厂供水覆盖区域及水厂供水服务的人群中18岁及以上的成年居民；调查方法采用直接问卷调查及自填式日志相结合方法；调查项目包括居民的身高、体重。

第二节 体重、体表面积推荐参考值

本研究选取中位值作为体重、体表面积的推荐参考值，结果如表4-1所示。我国重点流域典型城市居民（成人）体重、体表面积，详见附表A-63至附表A-64。

表4-1 我国重点流域典型城市居民（成人）体重及体表面积推荐参考值

	平均每天饮水摄入量/mL		
	总体	男	女
体重/kg	64.1	70.1	58.6
体表面积/m²	1.73	1.83	1.63

注：体表面积 = $0.239 \times$（身高）$^{0.417} \times$（体重）$^{0.517}$。

第三节　与国外的比较

本研究所获取的体重与美国、日本和韩国的比较如图 4-1 所示，本研究所获取的体表面积与美国、日本和韩国的比较如图 4-2 所示。

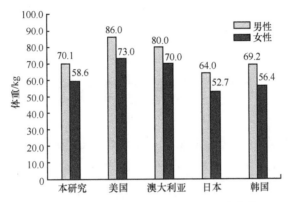

图 4-1　本研究所获取的体重与国外的比较

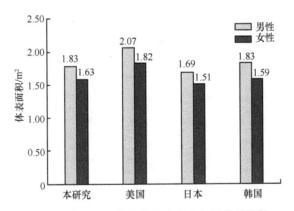

图 4-2　本研究所获取的体表面积与国外的比较

第五章 抽样方案案例

第一节 江苏省无锡市现场调查抽样方案

江苏省无锡市中桥水厂水源为太湖，生产能力为 60 万吨/日，服务人口 132.37 万人，服务范围涵盖崇安区、南长区、北塘区和滨湖区 4 个城区，24 个街道 1 个乡镇。

因水厂服务街道/乡镇的数量>5 个，因此，在地图上使用"⊠"将水厂供水范围分为东、南、西、北、中 5 个方位，将所有街道/乡镇分别分入各个方位中，再通过使用 Excel 表中随机数字的方法（图 5-1），在各个方位随机选择 1 个街道/乡镇、在选中的每个街道/乡镇再随机选择 1 个社区/行政村作为调查点，开展人群饮水摄入量调查。在水厂供水范围内的 25 个街道/乡镇中抽取出 5 个街道，并在街道中分别随机抽取出 1 个社区开展调查（表 5-1、表 5-2）。

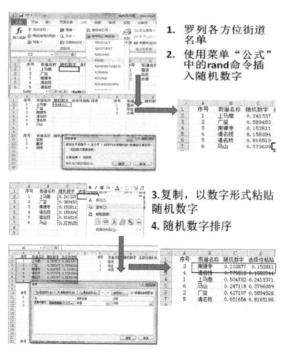

图 5-1 使用 Excel 表中随机数字进行随机抽样（以东面方位的街道选择为例）

表5-1 江苏无锡市调查点街道抽样

方位	所辖街道/乡镇	调查街道
东	6个街道：崇安区（上马墩、广益）；南长区（南禅寺、清名桥、扬名）；滨湖区（马山）	南禅寺
南	3个街道：滨湖区（雪浪、华庄、太湖）	太湖
西	2个街道、1个镇：滨湖区（荣巷、蠡湖、胡埭镇）	荣巷
北	8个街道：北塘区（黄巷、山北、北大街、惠山）；崇安区（崇安寺、通江、广瑞路、江海）	北大街
中	5个街道：南长区（龙桥、金星、金匮）；滨湖区（蠡园、河埒）	蠡园

表5-2 江苏无锡市调查点社区抽样

街道名称	所辖社区	调查地点	调样本量/个
南禅寺	辖10个社区：长街社区、塘南新村社区、南苑社区、妙光塔社区、槐古桥社区、风光里社区、柴机三区社区、谈渡桥社区、新江南社区、家乐花园社区	风光里社区	120
太湖	辖13个社区：梁南社区、东绛社区、周新社区、尚贤社区、大桥社区、南桥社区、湖东社区、申新社区、利农社区、蠡东社区、方庙社区、锡铁巷社区、糜巷桥社区	蠡东社区	120
荣巷	辖9个社区：太康社区、桃源社区、龙山社区、荣巷社区、梅园社区、青龙山社区、勤新社区、新峰社区、梁溪社区	太康社区	120
北大街	辖12个社区：南尖社区、五河一社区、梨花社区、锡澄新村社区、莲蓉园社区、古运河社区、后祁街社区、丽新路社区、凤宾路社区、黄巷社区、荷花里社区、五河二社区	梨花社区	120
蠡园	辖7个社区：西园社区、隐秀苑社区、环湖社区、湖滨苑社区、大箕山社区、湖景社区、渔港社区	湖景社区	120
合计	51个社区		600

在各城市样本分配方案中，无锡市需要调查600人，按照所有调查点平均分配样本量的抽样原则，则每个社区需要调查120人，其人口学分布特征如表5-3所示。

表5-3 每个社区调查对象的人口学分布特征 单位：人

年龄组	男	女	合计
18~24岁	10	10	20

续表

年龄组	男	女	合计
25~34 岁	10	10	20
35~44 岁	10	10	20
45~54 岁	10	10	20
55~64 岁	10	10	20
≥65 岁	10	10	20
合计	60	60	120

　　因为在调查点的选择中介绍过单纯随机抽样，在此以南长区南禅寺街道长街社区为例，介绍社区内整群抽样的步骤。

　　南禅寺街道长街社区是 2010 年 8 月由原通扬桥社区与部分长街社区合并而成的，以老城区居多。管辖范围：通扬新村、虹桥新村、虹桥下、扬名路、南河浜、南长街、张家弄、金钩桥、鸭子滩、定胜桥沿河、贺弄、日晖桥沿河等。东连古运河，南临太湖大道，西靠通扬路，北接永乐路，社区总面积为 21.7 万 m²。户籍人口总数为 3196 户、7989 人，流动人口为 643 户、1195 人。将常住人口以 30 户为一组，分为 128 组，使用随机数字随机选择 3 组作为调查对象（表 5-4），开展调查，直至满足调查样本量。

表 5-4　南禅寺街道长街社区内住户分组及抽样

小区/楼号	住户门牌号	组号#	是否样本
通扬新村住宅楼 1	1 单元-101 至 2 单元 602	1	
	……	……	
通扬新村住宅楼 2	……	……	
……	……	……	
通扬新村住宅楼 n	X 单元-101 至 Y 单元-602	6	是
……	……	……	
虹桥新村	……	11	是
虹桥下	……	……	

续表

小区/楼号	住户门牌号	组号#	是否样本
扬名路	……	35	
南河浜	……	……	
南长街	……	75	是
张家弄	……	……	
金钩桥	……	……	
鸭子滩	……	……	
定胜桥沿河	……	……	
日晖桥沿河	……	……	
合计		128	

注：#为住宅楼均按照楼号、单元号及门牌号从小到大依次排列，每30户为一组，参与抽样；无号码者按照地理位置按东→西、南→北、低→高的顺序依次排列分组；抽样采用随机数字的方式随机抽取组号。

每组需要调查40人，人口学特征如表5-5所示。

表5-5 南禅寺街道长街社区每组调查对象的人口学分布特征 单位：人

年龄组	男	女	合计
18~24岁	3	3	6
25~34岁	3	3	6
35~44岁	4	4	8
45~54岁	4	4	8
55~64岁	3	3	6
≥65岁	3	3	6
合计	20	20	40

由于整群抽样是按户调查，为满足各性别及年龄组样本量的要求，调查点在调查过程当中需要在每日调查结束时，统计调查人群的分布情况，对于调查人数偏少的年龄段，需要及时补充。

第二节　四川省射洪市现场调查抽样方案

四川省射洪市川投水务集团射洪有限责任公司水源为涪江河（长江支流嘉陵江水系，取水口位于射洪市广兴镇龙滩村，通过 7 m 引水渠取水），生产能力为 4.4 万吨/日，服务人口 19.1 万人，服务范围涵盖子昂街道、平安街道、广兴镇。因水厂服务街道/乡镇的数量<5 个，因此，将所有街道/乡镇全部纳入调查，在每个街道/乡镇再随机选择 1~2 个社区/行政村作为调查点（表5-6），开展人群饮水摄入量调查。在各城市样本分配方案中，射洪市需要调查 250 人，按照所有调查点平均分配样本量的抽样原则，则每个社区需要调查 50 人，其人口学分布特征如表5-7 所示。

表5-6　四川省射洪市调查点街道抽样

街道名称	管辖社区数量/个	管辖社区名称	调查地点	调查样本/个
子昂街道	14	保河社区、黄礤浩社区、三元宫社区、德胜社区、水浒宫社区、衙署街社区、何家桥社区、建设社区、机房街社区、佛南社区、凉帽山社区、王爷庙社区、南井沟社区、白莲山村	保河社区、佛南社区	100
平安街道	8	团结社区、银华社区、平安社区、太空社区、蟠龙社区、清家堰社区、大堰村社区、木孔垭社区	平安社区、蟠龙社区、	100
广兴镇	3	白衣庵村、新场村、六龙观村	六龙观村	50

表5-7　四川省射洪市每个社区调查对象的人口学分布特征　　　单位：人

年龄组	男	女	合计
18~24 岁	4	4	8
25~34 岁	4	4	8
35~44 岁	5	5	10
45~54 岁	4	4	8
55~64 岁	4	4	8
≥65 岁	4	4	8
合计	25	25	50

第三节 广西壮族自治区北海市现场调查抽样方案

广西壮族自治区北海市供水有限责任公司龙潭水厂水源为龙潭村地下水，生产能力为 10 万吨/日，服务人口 19.1 万人，服务范围为北海市建成区东南部（银滩镇）。因水厂服务街道/乡镇的数量<5 个，因此，将所有街道/乡镇全部纳入调查，在银滩镇再随机选择 5 个社区/行政村作为调查点，开展人群饮水摄入量调查（表 5-8）。在各城市样本分配方案中，北海市需要调查 250 人，按照所有调查点平均分配样本量的抽样原则，则每个社区需要调查 50 人，其人口学分布特征如表 5-9 所示。

表 5-8　广西壮族自治区北海市调查点街道抽样

乡镇名称	社区（村）名称	管辖社区数量/个	管辖小区名称	调查地点	调查样本/个
银滩镇	新村社区居委会	8	新村、沙湾、碧雅苑、中帮花园、怡丰苑、左岸雅居、晋海御园、世纪花园	晋海御园	50
	大墩海社区居委会	3	大墩海、渔业基地、大墩海度假村		
	南方社区居委会	2	南方、南方部队		
	曲湾村居委会	13	曲湾、古城岭、江边、红湾、小湾江、岭脚、小驿马、撑排路、稳圹、西塘中学、健力宝集团、石英砂矿、香园	小驿马	50
	龙潭村委会	8	龙潭上村、中村、冯家村、北海大学、北海合浦卫校、桂林电子学院、龙潭水厂、龙潭派出所		
	禾沟村委会	5	禾沟、松寿岭、周屋、王屋、田野		
	关井村委会	3	上关井、下关井、乾上		
	下村村委会	3	下村、西背岭、大冠沙盐场		
	和兴村委会	24	和塘村、大江村、赤江村、沙江村、马栏路、细垌村、和兴园、和兴小学、华联家纺有限公司、广东南路职业学校、银海区工业园、大江埠、银海区政府、箭绿园、海安教练场、海港丽景、聚宝堂、昌龙小区、海洋之窗、禾塘新村、还珠堂、广东南路空军部队、联合国广场、新世纪小区	昌龙小区	50
	北背岭村委会	5	北背岭、白牝壳、北背岭小区、飞翔山庄、京源矿泉水		

续表

乡镇名称	社区（村）名称	管辖社区数量/个	管辖小区名称	调查地点	调查样本/个
银滩镇	和平村委会	75	上江尾、下江尾、陈敬村、大骸、小骸、梁屋、旧村、大老虎村、小老虎村、烟丁、打席、丽华小区、银州南寨、贵兴市场、贵通小区、枫林蓝湾、经协花园、华兴小学、碳厂、华侨中学、祥光花园、银滩大桥、万泉城、和平小区、旅游区交警大队、海峰珍珠基地、蓝色海岸、华侨投资开发区、海警支队、广华小学、金海苑、京协花园、黄金海岸、留京花园、港亚新村、市公务员小区、金铭小区、精品广场、深海花园、新世纪花园、德福家具广场、新世纪大道明益花园、金中南珠花园、金海马中运公司、奇伟小区、安居商住楼、粮贸小区、皇都花园、顺怡花园、中帮花园B区、强远度假村、侨建新村、侨海楼、桥苑小区、汇景小区、侨宛社区、世纪公寓、丽景小区、地税局、东安驾校、侨东小区、翡翠园、龙珠新村、外运宿舍、正午水产、金辉广场、海旬花园、正天花园、贵海花园、绿海花园、赤天化花园、国税局宿舍、贵航公寓、望阳小区、匀海小区	小老虎村	50
	咸田村委会	8	西边村、晋海小区、银滩五号路、沙渔湾、高沙龙、东边村、咸田村、后背沙		
	电建村委会	6	东一巷、碧海银滩小区、东二巷、电建西路、电建北路、电建（移民）新村		
	白虎头村委会	6	东路、西路、中路、新建路、文教路、新港路	新建路	50
	其他	4	企事业单位、非农人口、集体户、国有三合口农场		

表5-9　广西壮族自治区北海市每个社区调查对象的人口学分布特征　　　单位：人

年龄组	男	女	合计
18~24岁	4	4	8
25~34岁	4	4	8

年龄组	男	女	合计
35~44 岁	5	5	10
45~54 岁	4	4	8
55~64 岁	4	4	8
≥65 岁	4	4	8
合计	25	25	50

附 录

附录 A 我国重点流域典型城市居民（成人）饮水暴露参数

附表 A-1 我国重点流域典型城市居民（成人）日均饮水摄入量

| | 性别 | N | 日均饮水摄入量/mL | | | | | | | |
			均值	P_5	P_{10}	P_{25}	P_{50}	P_{75}	P_{90}	P_{95}
总饮水摄入量	总计	12 803	1764	746	932	1254	1647	2153	2727	3163
	男	6131	1883	820	1009	1346	1767	2293	2891	3355
	女	6672	1654	706	872	1185	1545	2010	2543	2911
直接饮水摄入量	总计	12 803	1238	386	529	800	1129	1550	2050	2477
	男	6131	1322	430	571	857	1200	1671	2200	2636
	女	6672	1161	355	493	750	1057	1457	1920	2286
间接饮水摄入量	总计	12 803	522	191	244	346	484	655	840	982
	男	6131	555	209	271	369	515	698	884	1020
	女	6672	492	181	230	325	454	615	796	925

附表 A-2 我国重点流域典型城市居民（成人）分年龄段日均饮水摄入量

| | 年龄 | N | 日均饮水摄入量/mL | | | | | | | |
			均值	P_5	P_{10}	P_{25}	P_{50}	P_{75}	P_{90}	P_{95}
总饮水摄入量	18~24 岁	1474	1647	632	830	1171	1533	2006	2577	3041
	25~34 岁	2353	1691	739	895	1202	1565	2053	2579	2999
	35~44 岁	2298	1852	792	980	1308	1743	2278	2871	3285
	45~54 岁	2316	1813	806	979	1309	1698	2205	2789	3220
	55~64 岁	2227	1814	794	976	1301	1693	2217	2795	3254
	≥65 岁	2135	1723	685	920	1224	1611	2111	2655	3092

	年龄	N	日均饮水摄入量/mL							
			均值	P_5	P_{10}	P_{25}	P_{50}	P_{75}	P_{90}	P_{95}
直接饮水摄入量	18～24 岁	1474	1176	321	457	750	1079	1471	1943	2400
	25～34 岁	2353	1196	408	514	756	1074	1486	1964	2421
	35～44 岁	2298	1306	430	559	843	1195	1654	2170	2528
	45～54 岁	2316	1290	418	557	829	1171	1607	2137	2585
	55～64 岁	2227	1257	414	557	822	1143	1576	2081	2486
	≥65 岁	2135	1176	316	493	762	1081	1481	1943	2311
间接饮水摄入量	18～24 岁	1474	470	175	220	312	432	605	750	876
	25～34 岁	2353	492	179	227	325	461	616	781	913
	35～44 岁	2298	543	199	248	357	506	694	878	1017
	45～54 岁	2316	520	198	261	353	484	644	828	967
	55～64 岁	2227	547	204	264	365	510	682	868	1033
	≥65 岁	2135	545	194	252	355	495	688	900	1029

附表 A-3　我国重点流域典型城市居民（成人）分季节日均饮水摄入量

	季节	N	日均饮水摄入量/mL							
			均值	P_5	P_{10}	P_{25}	P_{50}	P_{75}	P_{90}	P_{95}
总饮水摄入量	夏季	6496	1903	835	1047	1382	1794	2314	2890	3367
	冬季	6307	1620	703	860	1148	1503	1974	2495	2889
直接饮水摄入量	夏季	6496	1364	464	636	906	1243	1686	2257	2679
	冬季	6307	1108	350	464	703	1007	1400	1864	2176
间接饮水摄入量	夏季	6496	535	185	244	352	496	677	867	1017
	冬季	6307	508	198	245	340	473	631	814	951

附表 A-4　我国重点流域典型城市居民（成人）分调查点日均饮水摄入量

	流域	调查点	N	日均饮水摄入量/mL							
				均值	P_5	P_{10}	P_{25}	P_{50}	P_{75}	P_{90}	P_{95}
直接饮水摄入量	长江	四川省射洪市	587	1227	685	753	906	1100	1400	1915	2162
		湖南省长沙市	606	1468	412	586	931	1348	1850	2503	2867
	黄河	甘肃省兰州市	1246	1289	529	679	854	1137	1514	2105	2606
		内蒙古自治区呼和浩特市	608	1471	557	719	971	1414	1878	2373	2770
		河北省石家庄市	344	1306	431	609	850	1179	1651	2211	2558
	珠江	广东省佛山市	1015	1246	369	529	797	1157	1564	2021	2578
		广西壮族自治区北海市	396	980	357	457	629	893	1153	1668	1848

续表

| 流域 | 调查点 | N | 日均饮水摄入量/mL | | | | | | | |
			均值	P_5	P_{10}	P_{25}	P_{50}	P_{75}	P_{90}	P_{95}
直接饮水摄入量	松花江 黑龙江省牡丹江市	1267	900	257	356	543	821	1171	1552	1812
	淮河 河南省郑州市	1265	1346	522	657	929	1204	1650	2204	2529
	海河 天津市	1226	1348	500	671	979	1300	1671	1993	2285
	辽河 辽宁省沈阳市	1217	1174	314	429	707	1043	1500	2071	2567
	浙闽片河流 浙江省平湖市	403	1410	379	579	936	1267	1868	2403	2664
	西北诸河 新疆维吾尔自治区库尔勒市	413	1456	551	671	957	1329	1757	2403	2849
	西南诸河 云南省腾冲市	322	1235	613	712	851	1105	1466	1927	2377
	巢湖 安徽省巢湖市	629	1309	403	514	787	1171	1689	2277	2649
	太湖 江苏省无锡市	1259	1048	307	427	663	986	1326	1737	2015
间接饮水摄入量	长江 四川省射洪市	587	600	325	371	461	567	700	848	1007
	长江 湖南省长沙市	606	402	160	218	280	364	492	618	740
	黄河 甘肃省兰州市	1246	443	185	238	316	415	545	675	744
	黄河 内蒙古自治区呼和浩特市	608	405	128	198	278	387	524	647	707
	黄河 河北省石家庄市	344	578	190	252	393	533	722	929	1085
	珠江 广东省佛山市	1015	644	284	348	463	598	778	984	1147
	珠江 广西壮族自治区北海市	396	770	349	435	551	705	923	1174	1376
	松花江 黑龙江省牡丹江市	1267	425	162	211	305	401	511	665	797
	淮河 河南省郑州市	1265	646	264	337	474	640	796	943	1074
	海河 天津市	1226	645	267	353	475	620	793	982	1071
	辽河 辽宁省沈阳市	1217	412	145	195	272	372	516	693	828
	浙闽片河流 浙江省平湖市	403	385	181	212	273	370	475	568	703
	西北诸河 新疆维吾尔自治区库尔勒市	413	445	171	204	277	406	551	745	841
	西南诸河 云南省腾冲市	322	639	256	340	475	614	797	979	1111
	巢湖 安徽省巢湖市	629	558	218	269	367	516	697	894	1053
	太湖 江苏省无锡市	1259	467	188	247	337	457	575	694	768

流域	调查点	N	日均饮水摄入量/mL							
			均值	P_5	P_{10}	P_{25}	P_{50}	P_{75}	P_{90}	P_{95}
长江	四川省射洪市	587	1834	1164	1254	1455	1720	2072	2510	2843
	湖南省长沙市	606	1891	710	914	1342	1749	2308	2961	3532
黄河	甘肃省兰州市	1246	1735	879	1010	1223	1565	2022	2678	3275
	内蒙古自治区呼和浩特市	608	1877	917	1067	1361	1798	2356	2827	3152
	河北省石家庄市	344	1884	827	1033	1347	1778	2269	2921	3473
珠江	广东省佛山市	1015	1907	838	982	1364	1757	2290	2897	3484
	广西壮族自治区北海市	396	1751	918	1049	1235	1618	2033	2719	2963
松花江	黑龙江省牡丹江市	1267	1325	550	708	952	1260	1596	2070	2428
淮河	河南省郑州市	1265	1992	1046	1248	1511	1866	2360	2933	3352
海河	天津市	1226	1993	939	1185	1537	1955	2396	2797	3116
辽河	辽宁省沈阳市	1217	1586	571	736	1059	1439	1984	2607	3067
浙闽片河流	浙江省平湖市	403	1795	676	905	1306	1666	2269	2829	3135
西北诸河	新疆维吾尔自治区库尔勒市	413	1913	851	1021	1373	1781	2236	2878	3508
西南诸河	云南省腾冲市	322	1896	1042	1131	1405	1714	2180	2895	3239
巢湖	安徽省巢湖市	629	1867	742	897	1262	1714	2303	3048	3406
太湖	江苏省无锡市	1259	1515	640	811	1104	1443	1844	2315	2598

（最左侧纵向合并单元格：总饮水摄入量）

附表 A-5 我国重点流域典型城市居民（成人）分流域、性别、年龄组日均直接饮水摄入量

流域	调查点	性别	年龄	N	日均直接饮水摄入量/mL							
					均值	P_5	P_{10}	P_{25}	P_{50}	P_{75}	P_{90}	P_{95}
长江	四川省射洪市	男	18~24 岁	4	1491	897	957	1140	1564	1914	1966	1983
			25~34 岁	44	1036	609	634	785	973	1157	1609	1930
			35~44 岁	54	1300	704	752	962	1145	1529	1973	2247
			45~54 岁	66	1358	691	811	950	1196	1484	2100	2711
			55~64 岁	47	1453	755	849	1075	1279	1840	2143	2524
			≥65 岁	75	1295	755	836	939	1124	1489	1948	2210
		女	18~24 岁	19	973	709	741	827	884	1000	1187	1339
			25~34 岁	45	1053	711	813	907	1000	1143	1316	1462
			35~44 岁	44	1181	640	742	878	1075	1283	1625	2013

续表

流域	调查点	性别	年龄	N	日均直接饮水摄入量/mL							
					均值	P₅	P₁₀	P₂₅	P₅₀	P₇₅	P₉₀	P₉₅
长江	四川省射洪市	女	45~54 岁	71	1232	693	771	966	1157	1339	1814	2093
			55~64 岁	43	1362	779	830	946	1271	1675	2135	2168
			≥65 岁	75	1065	676	729	832	979	1257	1429	1682
	湖南省长沙市	男	18~24 岁	47	1405	257	580	896	1229	1754	2625	3149
			25~34 岁	50	1510	309	575	917	1428	1970	2550	3045
			35~44 岁	43	1651	507	855	1087	1500	2107	2781	3050
			45~54 岁	57	1617	526	594	943	1379	2029	2707	3132
			55~64 岁	53	1675	722	792	1111	1650	2116	2650	2884
			≥65 岁	48	1573	707	844	1089	1380	1910	2473	2947
		女	18~24 岁	47	1256	190	406	740	1179	1621	2003	2339
			25~34 岁	53	1335	356	489	871	1207	1857	2125	2407
			35~44 岁	58	1344	469	635	885	1341	1688	2180	2403
			45~54 岁	50	1479	500	566	945	1486	1834	2153	2522
			55~64 岁	61	1460	393	637	926	1329	1663	2336	3712
			≥65 岁	39	1274	330	522	879	1286	1619	1979	2496
黄河	甘肃省兰州市	男	18~24 岁	96	1311	539	712	865	1175	1595	2186	2492
			25~34 岁	112	1340	566	708	929	1200	1516	2099	2524
			35~44 岁	95	1455	739	814	971	1307	1643	2507	2858
			45~54 岁	116	1514	566	701	925	1279	1878	2832	3183
			55~64 岁	107	1406	639	753	934	1240	1683	2228	2775
			≥65 岁	92	1101	527	571	809	1066	1245	1633	2017
		女	18~24 岁	88	1227	538	676	854	1107	1478	1931	2418
			25~34 岁	125	1280	484	589	937	1114	1471	1935	2332
			35~44 岁	95	1219	534	667	827	1043	1498	2118	2393
			45~54 岁	123	1264	547	680	839	1106	1469	2039	2738
			55~64 岁	100	1250	527	670	843	1149	1570	1929	2389
			≥65 岁	97	1031	467	633	779	953	1214	1481	1651
	内蒙古自治区呼和浩特市	男	18~24 岁	49	1525	779	851	1093	1414	1736	2701	3007
			25~34 岁	49	1405	551	745	1014	1274	1757	2140	2550
			35~44 岁	53	1616	585	819	943	1734	2000	2597	2750
			45~54 岁	50	1687	892	968	1179	1539	2031	2503	2870

流域	调查点	性别	年龄	N	日均直接饮水摄入量/mL							
					均值	P_5	P_{10}	P_{25}	P_{50}	P_{75}	P_{90}	P_{95}
黄河	内蒙古自治区呼和浩特市	男	55~64 岁	44	1564	776	827	1072	1446	1939	2406	2954
			≥65 岁	48	1425	333	591	965	1339	1772	2511	2692
		女	18~24 岁	52	1296	371	590	957	1206	1709	2121	2397
			25~34 岁	54	1502	571	687	1012	1479	1894	2347	2686
			35~44 岁	51	1391	682	786	922	1321	1796	2271	2344
			45~54 岁	54	1439	508	656	980	1340	1777	2237	2742
			55~64 岁	51	1511	636	729	964	1414	1968	2614	2896
			≥65 岁	53	1312	557	600	834	1334	1764	2198	2286
	河北省石家庄市	男	18~24 岁	28	1255	653	818	997	1107	1557	1856	2028
			25~34 岁	32	1283	619	717	851	1062	1689	2005	2484
			35~44 岁	31	1305	514	679	1029	1257	1577	1864	2182
			45~54 岁	27	1776	911	929	1270	1736	2168	2881	3150
			55~64 岁	27	1754	790	808	1183	1390	2216	3130	3341
			≥65 岁	26	1476	539	662	961	1225	1829	2411	2954
		女	18~24 岁	29	1019	297	325	650	929	1300	1866	2217
			25~34 岁	34	1038	402	448	745	1143	1265	1473	1524
			35~44 岁	30	1001	304	394	632	993	1233	1657	1875
			45~54 岁	30	1195	385	598	801	1013	1521	2120	2370
			55~64 岁	24	1288	510	574	914	1261	1642	1887	2004
			≥65 岁	26	1438	650	771	1007	1343	1664	2343	2623
珠江	广东省佛山市	男	18~24 岁	81	1194	400	564	829	1087	1536	1943	2085
			25~34 岁	88	1302	444	661	893	1143	1436	2204	2848
			35~44 岁	79	1358	488	615	825	1279	1729	2413	2525
			45~54 岁	89	1339	447	640	886	1293	1731	2046	2533
			55~64 岁	90	1278	332	549	918	1264	1591	1894	2259
			≥65 岁	86	1146	249	366	682	1207	1588	1850	1970
		女	18~24 岁	78	1278	550	625	805	1099	1537	1988	2774
			25~34 岁	89	1373	517	644	776	1025	1629	2603	2999
			35~44 岁	81	1306	516	643	847	1203	1536	2143	2307
			45~54 岁	86	1088	315	445	700	1007	1423	1731	1895
			55~64 岁	92	1112	368	421	588	1029	1388	1969	2590
			≥65 岁	76	1183	282	376	748	1075	1421	1914	2248

流域	调查点	性别	年龄	N	日均直接饮水摄入量/mL							
					均值	P_5	P_{10}	P_{25}	P_{50}	P_{75}	P_{90}	P_{95}
珠江	广西壮族自治区北海市	男	18~24 岁	20	1053	500	514	698	919	1141	1626	1921
			25~34 岁	42	1049	467	539	646	979	1212	1712	1777
			35~44 岁	38	1176	449	496	837	1049	1597	1955	2283
			45~54 岁	28	1019	441	631	811	920	1106	1751	1781
			55~64 岁	28	1053	436	465	636	982	1421	1666	1728
			≥65 岁	20	960	332	419	552	757	946	1470	1777
		女	18~24 岁	18	702	286	300	370	773	905	1041	1122
			25~34 岁	48	1074	457	526	706	1038	1303	1604	1889
			35~44 岁	40	894	294	449	621	863	1060	1425	1515
			45~54 岁	42	837	286	443	550	829	989	1295	1640
			55~64 岁	44	984	417	501	628	801	1094	1714	1983
			≥65 岁	28	806	264	485	636	811	932	1233	1336
松花江	黑龙江省牡丹江市	男	18~24 岁	12	1335	468	482	585	821	1624	3058	3597
			25~34 岁	99	835	244	427	516	743	1050	1420	1624
			35~44 岁	82	1025	289	433	658	900	1262	1842	2008
			45~54 岁	96	949	343	434	525	868	1189	1654	1850
			55~64 岁	149	1014	291	423	636	927	1371	1689	1951
			≥65 岁	140	967	199	271	609	920	1284	1670	1857
		女	18~24 岁	20	628	192	213	391	580	896	1127	1244
			25~34 岁	145	837	303	389	536	719	1057	1427	1614
			35~44 岁	106	890	271	366	520	831	1162	1514	1651
			45~54 岁	103	843	279	309	511	754	1064	1427	1596
			55~64 岁	163	888	237	357	568	843	1111	1534	1769
			≥65 岁	152	793	244	294	479	743	993	1370	1466
淮河	河南省郑州市	男	18~24 岁	85	1382	540	614	1000	1257	1666	2145	2345
			25~34 岁	114	1321	628	700	932	1131	1571	2263	2434
			35~44 岁	107	1475	652	742	1007	1371	1926	2360	2540
			45~54 岁	95	1502	577	741	1036	1409	1932	2240	2676
			55~64 岁	96	1509	591	779	1027	1371	1893	2400	2919
			≥65 岁	107	1369	428	544	850	1200	1643	2347	2987
		女	18~24 岁	100	1226	500	714	899	1164	1385	1826	2124

流域	调查点	性别	年龄	N	日均直接饮水摄入量/mL							
					均值	P_5	P_{10}	P_{25}	P_{50}	P_{75}	P_{90}	P_{95}
淮河	河南省郑州市	女	25~34 岁	132	1296	516	686	915	1256	1514	1914	2290
			35~44 岁	98	1311	528	630	906	1171	1661	2053	2465
			45~54 岁	118	1246	238	639	889	1171	1557	2075	2248
			55~64 岁	108	1345	480	692	923	1179	1699	2221	2519
			≥65 岁	105	1218	461	584	823	1114	1477	2072	2483
海河	天津市	男	18~24 岁	63	1232	334	610	895	1207	1451	1767	2235
			25~34 岁	89	1327	514	652	957	1300	1686	2029	2290
			35~44 岁	188	1426	529	674	1066	1410	1759	2101	2248
			45~54 岁	80	1578	883	997	1298	1582	1845	2046	2409
			55~64 岁	80	1484	706	882	1134	1348	1768	2279	2420
			≥65 岁	87	1431	510	709	1019	1350	1829	2131	2334
		女	18~24 岁	57	1237	411	624	844	1194	1407	1706	1995
			25~34 岁	108	1235	623	734	993	1143	1464	1837	1991
			35~44 岁	197	1336	376	530	933	1321	1679	1936	2437
			45~54 岁	95	1316	617	733	968	1286	1643	1920	2045
			55~64 岁	87	1267	601	747	996	1250	1486	1864	1982
			≥65 岁	95	1240	420	590	881	1229	1604	1818	1965
辽河	辽宁省沈阳市	男	18~24 岁	62	1237	358	424	671	1081	1499	2664	2871
			25~34 岁	115	1210	323	396	644	971	1539	2183	3086
			35~44 岁	79	1242	326	456	757	1136	1689	1987	2319
			45~54 岁	104	1303	416	550	762	1143	1756	2217	2495
			55~64 岁	93	1212	347	519	800	1100	1459	2069	2279
			≥65 岁	115	1185	311	500	817	1071	1507	1894	2474
		女	18~24 岁	82	1054	243	289	580	825	1407	1863	2557
			25~34 岁	116	1137	311	400	634	954	1350	2264	2882
			35~44 岁	91	1168	304	429	697	1000	1487	2221	2543
			45~54 岁	102	1065	286	466	707	989	1307	1756	2213
			55~64 岁	139	1120	341	521	786	1043	1411	1728	1895
			≥65 岁	119	1184	263	383	696	1079	1585	2082	2481

流域	调查点	性别	年龄	N	日均直接饮水摄入量/mL							
					均值	P_5	P_{10}	P_{25}	P_{50}	P_{75}	P_{90}	P_{95}
浙闽片河流	浙江省平湖市	男	18~24岁	12	1027	406	459	666	1079	1402	1581	1670
			25~34岁	26	1206	384	421	888	1221	1638	1924	2000
			35~44岁	38	1714	586	770	1239	1842	2182	2579	2820
			45~54岁	49	1768	634	879	1243	1629	2363	2644	2766
			55~64岁	37	1725	711	834	1171	1496	2291	2859	3166
			≥65岁	35	1578	547	697	1152	1586	2132	2436	2568
		女	18~24岁	10	1097	289	327	862	1121	1421	1578	1831
			25~34岁	37	1198	274	301	829	1152	1534	1971	2301
			35~44岁	38	1248	435	539	823	1084	1543	2163	2517
			45~54岁	54	1223	566	630	943	1139	1361	1906	2234
			55~64岁	40	1306	567	676	840	1207	1730	1946	2147
			≥65岁	27	1203	492	578	911	986	1421	2019	2310
西北诸河	新疆维吾尔自治区库尔勒市	男	18~24岁	10	836	270	365	643	851	1071	1214	1339
			25~34岁	36	1476	581	657	971	1374	1828	2356	2691
			35~44岁	48	1695	839	881	1173	1471	2029	2686	3362
			45~54岁	57	1668	564	669	1124	1521	2121	2661	2943
			55~64岁	15	1501	956	1010	1121	1307	1877	2169	2320
			≥65岁	12	1351	653	744	886	1304	1627	1919	2341
		女	18~24岁	11	1334	489	521	1014	1357	1818	1843	1854
			25~34岁	77	1377	552	685	953	1350	1713	2187	2526
			35~44岁	49	1554	523	626	1086	1415	1750	2349	3864
			45~54岁	70	1280	573	692	875	1149	1596	1997	2546
			55~64岁	12	1540	651	741	1061	1337	1649	2764	3051
			≥65岁	16	1241	523	679	946	1181	1371	1602	2109
西南诸河	云南省腾冲市	男	18~24岁	19	1536	542	871	1004	1329	1925	2366	2791
			25~34岁	23	1217	736	845	896	1103	1506	1793	1870
			35~44岁	27	1380	719	794	1031	1136	1531	2365	2466
			45~54岁	27	1634	839	880	1098	1299	1859	2906	3168
			55~64岁	30	1297	744	850	989	1132	1504	1840	2154
			≥65岁	30	1171	552	698	872	1153	1445	1699	1798
		女	18~24岁	11	1358	864	896	914	1400	1683	1786	1907

流域	调查点	性别	年龄	N	日均直接饮水摄入量/mL							
					均值	P_5	P_{10}	P_{25}	P_{50}	P_{75}	P_{90}	P_{95}
西南诸河	云南省腾冲市	女	25~34 岁	27	1132	701	725	874	1076	1176	1709	1930
			35~44 岁	34	1284	600	615	867	1183	1634	2256	2428
			45~54 岁	32	1105	537	554	781	977	1288	1641	2169
			55~64 岁	36	993	624	687	788	874	1089	1354	1737
			≥65 岁	26	949	592	679	753	821	1032	1416	1671
巢湖	安徽省巢湖市	男	18~24 岁	33	1056	279	413	614	911	1281	1744	2148
			25~34 岁	46	1409	441	493	692	1196	1725	2661	3124
			35~44 岁	58	1694	670	812	1111	1454	1897	2942	3781
			45~54 岁	65	1467	443	653	997	1371	1926	2240	2709
			55~64 岁	47	1451	543	656	964	1329	1846	2467	2606
			≥65 岁	48	1304	428	627	797	1204	1680	2320	2715
		女	18~24 岁	43	996	363	443	664	888	1214	1797	2195
			25~34 岁	68	1152	428	519	722	1103	1571	1813	1946
			35~44 岁	67	1300	458	571	818	1126	1679	2196	2630
			45~54 岁	66	1256	471	518	809	1139	1659	2112	2371
			55~64 岁	50	1304	391	500	907	1108	1657	2375	2489
			≥65 岁	38	1123	209	214	652	1012	1621	1854	2345
太湖	江苏省无锡市	男	18~24 岁	92	896	198	323	551	836	1143	1588	1802
			25~34 岁	112	1044	436	494	670	911	1336	1748	1962
			35~44 岁	94	1194	414	531	714	1096	1511	1826	2325
			45~54 岁	101	1196	429	564	824	1179	1464	1821	2200
			55~64 岁	115	1211	529	611	852	1136	1448	1857	2259
			≥65 岁	93	1348	504	611	907	1186	1821	2235	2682
		女	18~24 岁	96	866	215	296	495	729	1145	1400	2098
			25~34 岁	118	886	349	396	544	816	1089	1461	1742
			35~44 岁	105	1016	371	478	679	936	1269	1629	1935
			45~54 岁	113	985	290	351	629	957	1157	1515	1917
			55~64 岁	119	994	370	448	654	1021	1289	1523	1658
			≥65 岁	101	980	214	329	686	871	1313	1693	1867

附表 A-6　我国重点流域典型城市居民（成人）分流域、性别、年龄组日均间接饮水摄入量

流域	调查点	性别	年龄	N	日均间接饮水摄入量/mL							
					均值	P_5	P_{10}	P_{25}	P_{50}	P_{75}	P_{90}	P_{95}
长江	四川省射洪市	男	18~24 岁	4	544	361	387	465	514	593	726	770
			25~34 岁	44	618	325	399	496	579	746	905	977
			35~44 岁	54	616	352	391	483	573	732	889	1022
			45~54 岁	66	614	369	393	464	578	711	828	893
			55~64 岁	47	666	386	422	509	613	748	904	1092
			≥65 岁	75	652	360	392	488	654	745	957	1024
		女	18~24 岁	19	485	332	359	383	521	567	630	647
			25~34 岁	45	576	311	350	472	575	618	731	790
			35~44 岁	44	537	313	345	426	499	604	742	893
			45~54 岁	71	535	311	340	414	530	600	706	815
			55~64 岁	43	611	376	422	455	570	728	831	1073
			≥65 岁	75	608	365	377	470	546	710	857	1047
	湖南省长沙市	男	18~24 岁	47	380	88	162	251	358	532	637	657
			25~34 岁	50	419	209	276	328	400	485	583	710
			35~44 岁	43	420	202	214	265	364	516	718	740
			45~54 岁	57	487	292	316	347	449	539	751	901
			55~64 岁	53	461	251	269	314	407	566	662	803
			≥65 岁	48	461	219	246	302	380	574	708	914
		女	18~24 岁	47	298	118	155	220	275	348	519	611
			25~34 岁	53	355	112	173	256	313	461	549	620
			35~44 岁	58	366	199	227	261	336	460	564	601
			45~54 岁	50	374	238	239	265	364	431	501	551
			55~64 岁	61	421	188	239	282	371	503	571	851
			≥65 岁	39	365	95	141	264	326	433	513	621
黄河	甘肃省兰州市	男	18~24 岁	96	440	180	203	321	430	556	627	676
			25~34 岁	112	473	244	274	332	456	572	694	808
			35~44 岁	95	478	194	239	327	446	570	737	931
			45~54 岁	116	465	201	259	325	435	588	692	727
			55~64 岁	107	474	181	220	320	431	587	743	919
			≥65 岁	92	455	252	281	329	423	535	661	792

流域	调查点	性别	年龄	N	日均间接饮水摄入量/mL							
					均值	P_5	P_{10}	P_{25}	P_{50}	P_{75}	P_{90}	P_{95}
黄河	甘肃省兰州市	女	18~24 岁	88	397	205	232	280	360	476	630	712
			25~34 岁	125	409	180	214	305	387	488	618	682
			35~44 岁	95	452	176	199	316	409	517	700	863
			45~54 岁	123	433	214	256	320	405	515	631	707
			55~64 岁	100	446	198	227	309	426	569	681	721
			≥65 岁	97	392	164	192	300	377	495	577	607
	内蒙古自治区呼和浩特市	男	18~24 岁	49	466	255	275	355	427	620	672	707
			25~34 岁	49	418	129	155	271	414	550	672	698
			35~44 岁	53	444	225	246	338	425	563	624	659
			45~54 岁	50	454	146	236	314	473	595	707	753
			55~64 岁	44	432	184	198	331	404	555	690	730
			≥65 岁	48	350	125	149	231	333	451	531	644
		女	18~24 岁	52	346	114	159	242	316	445	526	625
			25~34 岁	54	410	107	192	266	360	575	661	689
			35~44 岁	51	425	175	232	280	396	545	656	711
			45~54 岁	54	376	130	203	266	370	462	594	623
			55~64 岁	51	364	137	199	278	357	427	583	630
			≥65 岁	53	386	187	203	290	353	443	580	721
	河北省石家庄市	男	18~24 岁	28	596	270	317	349	531	702	978	1292
			25~34 岁	32	529	162	240	408	526	633	744	928
			35~44 岁	31	616	327	392	508	616	717	803	975
			45~54 岁	27	672	359	397	455	603	740	1010	1362
			55~64 岁	27	648	246	292	514	617	754	992	1186
			≥65 岁	26	680	236	346	448	608	828	1158	1253
		女	18~24 岁	29	489	118	147	348	466	629	760	948
			25~34 岁	34	423	157	182	322	421	520	626	722
			35~44 岁	30	546	174	239	419	568	679	821	904
			45~54 岁	30	536	236	255	353	507	701	800	949
			55~64 岁	24	584	251	283	361	493	743	982	1108
			≥65 岁	26	677	257	312	480	600	935	1013	1094

续表

流域	调查点	性别	年龄	N	日均间接饮水摄入量/mL							
					均值	P_5	P_{10}	P_{25}	P_{50}	P_{75}	P_{90}	P_{95}
珠江	广东省佛山市	男	18~24 岁	81	622	291	369	472	604	719	875	1012
			25~34 岁	88	664	325	415	501	604	738	982	1167
			35~44 岁	79	696	274	393	497	713	882	1032	1067
			45~54 岁	89	711	371	414	549	692	851	1011	1046
			55~64 岁	90	767	326	427	540	760	907	1227	1384
			≥65 岁	86	725	331	397	501	678	904	1141	1275
		女	18~24 岁	78	498	237	273	318	461	661	756	816
			25~34 岁	89	561	263	298	415	552	671	857	1020
			35~44 岁	81	563	266	316	429	517	660	863	950
			45~54 岁	86	626	306	370	433	582	765	899	1060
			55~64 岁	92	615	254	324	453	542	744	923	1032
			≥65 岁	76	659	355	375	494	606	776	975	1092
	广西壮族自治区北海市	男	18~24 岁	20	627	332	337	457	603	776	886	913
			25~34 岁	42	820	419	510	573	779	943	1288	1539
			35~44 岁	38	867	438	506	614	775	966	1518	1650
			45~54 岁	28	727	361	397	504	681	1019	1064	1158
			55~64 岁	28	944	484	549	676	827	1265	1398	1619
			≥65 岁	20	927	531	561	659	856	1044	1256	2000
		女	18~24 岁	18	591	287	313	458	601	767	803	832
			25~34 岁	48	695	286	352	540	630	808	1146	1280
			35~44 岁	40	647	348	417	516	585	792	960	1058
			45~54 岁	42	759	441	450	598	712	918	1060	1225
			55~64 岁	44	786	380	479	557	701	1028	1173	1240
			≥65 岁	28	839	501	532	681	808	985	1280	1387
松花江	黑龙江省牡丹江市	男	18~24 岁	12	504	240	243	249	343	512	1229	1330
			25~34 岁	99	426	176	202	288	396	550	666	802
			35~44 岁	82	480	240	263	330	441	582	713	748
			45~54 岁	96	443	137	226	332	433	530	677	772
			55~64 岁	149	463	183	248	342	429	552	711	853
			≥65 岁	140	434	182	218	306	399	545	677	845

流域	调查点	性别	年龄	N	日均间接饮水摄入量/mL							
					均值	P_5	P_{10}	P_{25}	P_{50}	P_{75}	P_{90}	P_{95}
松花江	黑龙江省牡丹江市	女	18~24 岁	20	282	67	77	204	280	336	488	542
			25~34 岁	145	380	113	179	268	373	471	581	680
			35~44 岁	106	425	197	215	310	400	480	662	780
			45~54 岁	103	409	151	192	305	375	476	656	753
			55~64 岁	163	408	152	199	314	399	485	586	733
			≥65 岁	152	423	178	236	323	419	494	646	720
淮河	河南省郑州市	男	18~24 岁	85	614	229	306	414	559	785	946	999
			25~34 岁	114	613	246	308	467	617	763	868	1000
			35~44 岁	107	712	197	357	522	731	866	1093	1199
			45~54 岁	95	680	341	374	517	688	840	947	1011
			55~64 岁	96	713	353	435	550	691	852	1066	1165
			≥65 岁	107	657	271	355	486	654	811	937	1029
		女	18~24 岁	100	546	193	254	394	578	684	747	826
			25~34 岁	132	582	233	304	390	569	721	889	1087
			35~44 岁	98	642	287	333	456	662	760	956	984
			45~54 岁	118	662	334	400	524	663	805	923	1029
			55~64 岁	108	651	228	332	523	639	834	922	983
			≥65 岁	105	691	366	411	512	661	814	930	1099
海河	天津市	男	18~24 岁	63	581	262	345	441	554	704	881	940
			25~34 岁	89	625	301	362	463	616	759	907	988
			35~44 岁	188	690	296	395	523	667	856	1031	1142
			45~54 岁	80	697	350	417	498	676	826	1086	1191
			55~64 岁	80	721	418	445	524	703	849	1040	1071
			≥65 岁	87	768	338	434	603	725	916	1103	1159
		女	18~24 岁	57	538	198	227	318	553	656	928	982
			25~34 岁	108	569	337	383	464	558	663	758	819
			35~44 岁	197	604	214	312	455	579	781	932	1032
			45~54 岁	95	606	304	355	463	572	724	958	1095
			55~64 岁	87	621	262	349	479	616	746	835	979
			≥65 岁	95	685	256	373	536	664	881	1022	1111

流域	调查点	性别	年龄	N	日均间接饮水摄入量/mL							
					均值	P_5	P_{10}	P_{25}	P_{50}	P_{75}	P_{90}	P_{95}
辽河	辽宁省沈阳市	男	18~24岁	62	398	187	250	301	389	450	564	686
			25~34岁	115	397	151	209	271	358	491	661	728
			35~44岁	79	479	195	204	298	428	595	835	950
			45~54岁	104	402	171	202	282	368	504	643	723
			55~64岁	93	493	184	212	326	470	623	773	873
			≥65岁	115	471	154	215	296	443	586	750	946
		女	18~24岁	82	342	59	159	218	323	456	545	610
			25~34岁	116	350	115	151	214	319	426	594	750
			35~44岁	91	371	99	150	237	347	457	595	730
			45~54岁	102	367	160	194	268	354	448	556	607
			55~64岁	139	428	206	234	294	384	527	698	763
			≥65岁	119	441	137	205	263	365	544	836	1021
浙闽片河流	浙江省平湖市	男	18~24岁	12	375	233	274	298	387	457	496	512
			25~34岁	26	373	184	208	311	338	465	533	643
			35~44岁	38	380	187	209	268	335	413	617	888
			45~54岁	49	423	238	240	318	412	495	599	686
			55~64岁	37	432	234	249	345	387	471	660	717
			≥65岁	35	467	267	283	333	406	536	760	769
		女	18~24岁	10	299	180	184	237	260	339	484	486
			25~34岁	37	343	175	203	233	307	411	529	582
			35~44岁	38	310	87	134	211	287	392	506	551
			45~54岁	54	356	177	197	256	342	423	526	606
			55~64岁	40	402	215	225	320	393	486	559	593
			≥65岁	27	400	219	220	260	395	453	539	623
西北诸河	新疆维吾尔自治区库尔勒市	男	18~24岁	10	436	221	238	336	377	478	728	783
			25~34岁	36	491	223	239	314	411	599	828	945
			35~44岁	48	487	228	259	321	478	604	700	785
			45~54岁	57	504	170	224	347	470	643	832	862
			55~64岁	15	472	198	220	314	482	584	768	814
			≥65岁	12	496	254	289	397	525	559	649	746

流域	调查点	性别	年龄	N	日均间接饮水摄入量/mL							
					均值	P_5	P_{10}	P_{25}	P_{50}	P_{75}	P_{90}	P_{95}
西北诸河	新疆维吾尔自治区库尔勒市	女	18~24岁	11	290	206	209	226	248	350	367	410
			25~34岁	77	421	173	194	258	363	549	726	829
			35~44岁	49	414	153	161	233	396	530	743	806
			45~54岁	70	405	165	197	258	343	485	573	757
			55~64岁	12	457	240	312	334	426	513	551	792
			≥65岁	16	430	307	312	346	420	481	567	618
西南诸河	云南省腾冲市	男	18~24岁	19	621	303	411	491	577	787	901	924
			25~34岁	23	551	393	400	435	548	649	727	791
			35~44岁	27	777	425	469	643	791	877	1193	1275
			45~54岁	27	684	380	436	528	700	822	952	984
			55~64岁	30	773	413	441	597	747	857	1118	1270
			≥65岁	30	580	158	208	398	528	735	1063	1115
		女	18~24岁	11	447	155	162	281	432	619	758	789
			25~34岁	27	502	220	256	322	451	620	753	906
			35~44岁	34	657	363	420	519	689	783	815	931
			45~54岁	32	595	329	376	464	573	673	962	991
			55~64岁	36	686	267	373	553	622	828	1008	1099
			≥65岁	26	644	217	244	469	608	830	987	1104
巢湖	安徽省巢湖市	男	18~24岁	33	514	253	291	348	479	633	757	920
			25~34岁	46	596	259	288	422	560	706	955	1019
			35~44岁	58	621	304	341	433	598	755	890	978
			45~54岁	65	551	218	319	391	533	695	853	934
			55~64岁	47	576	244	282	348	529	730	885	1090
			≥65岁	48	523	201	270	318	447	699	956	1066
		女	18~24岁	43	484	172	266	367	450	631	729	785
			25~34岁	68	532	204	221	341	487	633	924	1031
			35~44岁	67	555	240	283	391	528	657	833	973
			45~54岁	66	580	271	319	372	557	706	891	1036
			55~64岁	50	581	233	276	356	554	716	899	1069
			≥65岁	38	564	93	195	298	487	741	905	1370

续表

流域	调查点	性别	年龄	N	日均间接饮水摄入量/mL							
					均值	P_5	P_{10}	P_{25}	P_{50}	P_{75}	P_{90}	P_{95}
太湖	江苏省无锡市	男	18~24 岁	92	486	93	253	354	462	631	757	899
			25~34 岁	112	475	264	293	347	456	562	693	763
			35~44 岁	94	503	222	291	420	513	615	724	753
			45~54 岁	101	485	188	305	382	486	565	713	757
			55~64 岁	115	546	243	279	422	556	642	776	865
			≥65 岁	93	552	239	291	390	513	662	797	933
		女	18~24 岁	96	374	193	202	259	360	433	572	614
			25~34 岁	118	402	161	193	283	385	511	636	724
			35~44 岁	105	423	201	235	313	411	512	587	717
			45~54 岁	113	418	163	248	316	428	531	601	651
			55~64 岁	119	484	221	294	384	490	584	657	697
			≥65 岁	101	459	188	232	344	456	556	667	764

附表 A-7 我国重点流域典型城市居民（成人）分流域、性别、年龄组日均总饮水摄入量

流域	调查点	性别	年龄	N	日均总饮水摄入量/mL							
					均值	P_5	P_{10}	P_{25}	P_{50}	P_{75}	P_{90}	P_{95}
长江	四川省射洪市	男	18~24 岁	4	2035	1415	1474	1651	2042	2426	2590	2645
			25~34 岁	44	1654	1067	1146	1346	1646	1824	2313	2481
			35~44 岁	54	1916	1270	1317	1565	1799	2171	2587	2902
			45~54 岁	66	1971	1209	1374	1605	1823	2190	2567	3442
			55~64 岁	47	2202	1274	1416	1662	2052	2547	2976	3390
			≥65 岁	75	1946	1193	1328	1552	1781	2182	2696	3312
		女	18~24 岁	19	1459	1150	1195	1238	1339	1536	1694	1920
			25~34 岁	45	1629	1162	1238	1383	1594	1779	1916	2107
			35~44 岁	44	1718	1169	1208	1393	1632	1870	2180	2530
			45~54 岁	71	1766	1128	1268	1454	1703	1928	2405	2732
			55~64 岁	43	1974	1316	1345	1558	1950	2391	2580	2596
			≥65 岁	75	1673	1145	1196	1392	1661	1855	2200	2373

流域	调查点	性别	年龄	N	日均总饮水摄入量/mL							
					均值	P_5	P_{10}	P_{25}	P_{50}	P_{75}	P_{90}	P_{95}
长江	湖南省长沙市	男	18~24岁	47	1784	379	909	1277	1672	2115	2930	3436
			25~34岁	50	1929	759	979	1359	1837	2378	3208	3531
			35~44岁	43	2072	722	1165	1613	1986	2632	3245	3427
			45~54岁	57	2180	915	949	1344	1976	2547	3694	4423
			55~64岁	53	2136	1045	1226	1486	2205	2444	3069	3763
			≥65岁	48	2123	1046	1295	1429	1910	2572	3284	3755
		女	18~24岁	47	1554	472	672	991	1475	1954	2357	2736
			25~34岁	53	1772	659	846	1238	1591	2234	2594	2798
			35~44岁	58	1710	788	883	1261	1648	2136	2543	2981
			45~54岁	50	1853	813	942	1433	1787	2199	2506	2834
			55~64岁	61	1881	764	1003	1343	1693	2090	2980	4283
			≥65岁	39	1639	425	728	1209	1687	2008	2461	2899
黄河	甘肃省兰州市	男	18~24岁	96	1752	943	1007	1224	1640	2117	2642	3091
			25~34岁	112	1813	957	1104	1333	1682	2035	2613	3158
			35~44岁	95	1934	1007	1089	1351	1763	2254	3223	3728
			45~54岁	116	1978	868	1028	1327	1731	2387	3351	3869
			55~64岁	107	1919	952	1129	1316	1719	2287	2845	3540
			≥65岁	92	1556	925	985	1177	1452	1770	2163	2641
		女	18~24岁	88	1624	897	949	1156	1468	1983	2398	3032
			25~34岁	125	1688	837	981	1226	1554	1917	2467	3171
			35~44岁	95	1670	917	1006	1142	1447	2003	2764	3127
			45~54岁	123	1697	900	1081	1249	1509	1952	2614	3141
			55~64岁	100	1696	859	972	1220	1621	2130	2445	2812
			≥65岁	97	1423	792	959	1078	1347	1651	1959	2190
	内蒙古自治区呼和浩特市	男	18~24岁	49	1991	1176	1271	1497	1890	2191	3219	3511
			25~34岁	49	1823	986	1074	1321	1687	2202	2780	2927
			35~44岁	53	2060	994	1116	1411	2127	2568	2998	3279
			45~54岁	50	2142	1377	1426	1645	2034	2540	2935	3498
			55~64岁	44	1995	1183	1242	1524	2036	2387	2777	3305
			≥65岁	48	1775	573	930	1300	1777	2254	2687	3096

流域	调查点	性别	年龄	N	日均总饮水摄入量/mL							
					均值	P₅	P₁₀	P₂₅	P₅₀	P₇₅	P₉₀	P₉₅

流域	调查点	性别	年龄	N	均值	P_5	P_{10}	P_{25}	P_{50}	P_{75}	P_{90}	P_{95}
黄河	内蒙古自治区呼和浩特市	女	18~24 岁	52	1642	684	890	1214	1529	2082	2534	2784
			25~34 岁	54	1912	861	1013	1356	1922	2392	2769	3102
			35~44 岁	51	1816	1059	1167	1264	1827	2379	2641	2766
			45~54 岁	54	1815	854	1049	1441	1708	2139	2807	2927
			55~64 岁	51	1875	1008	1124	1364	1735	2429	2912	3147
			≥65 岁	53	1698	875	956	1180	1662	2072	2500	2726
	河北省石家庄市	男	18~24 岁	28	1851	1125	1276	1566	1767	2017	2408	2840
			25~34 岁	32	1813	978	1018	1393	1750	2092	2465	2985
			35~44 岁	31	1922	959	1101	1536	1938	2207	2494	3000
			45~54 岁	27	2447	1453	1563	1861	2219	2672	3688	4067
			55~64 岁	27	2402	1106	1301	1687	2027	3042	4123	4622
			≥65 岁	26	2156	808	1146	1365	2024	2646	3774	4129
		女	18~24 岁	29	1508	471	547	1119	1456	1776	2638	2907
			25~34 岁	34	1460	741	805	1101	1501	1875	1974	2095
			35~44 岁	30	1547	806	861	1161	1513	1892	2391	2415
			45~54 岁	30	1731	1064	1099	1266	1512	1918	2899	3093
			55~64 岁	24	1872	784	957	1409	1829	2344	2929	3065
			≥65 岁	26	2115	1231	1390	1713	2155	2375	2733	3105
珠江	广东省佛山市	男	18~24 岁	81	1816	904	1131	1386	1651	2272	2643	2818
			25~34 岁	88	2007	1067	1205	1525	1791	2131	3192	3959
			35~44 岁	79	2108	813	1149	1458	1967	2628	3308	3695
			45~54 岁	89	2094	1038	1258	1561	2030	2416	3076	3600
			55~64 岁	90	2045	923	1115	1580	2021	2529	2888	3430
			≥65 岁	86	1879	553	851	1314	1950	2419	2895	3099
		女	18~24 岁	78	1777	856	953	1257	1582	2033	2814	3319
			25~34 岁	89	1934	924	1103	1289	1547	2378	3265	3732
			35~44 岁	81	1869	1005	1163	1331	1745	2130	2822	3229
			45~54 岁	86	1714	824	881	1279	1602	2162	2525	2869
			55~64 岁	92	1779	728	882	1063	1581	2235	2853	3469
			≥65 岁	76	1842	839	895	1254	1693	2259	2793	3190

流域	调查点	性别	年龄	N	日均总饮水摄入量/mL							
					均值	P_5	P_{10}	P_{25}	P_{50}	P_{75}	P_{90}	P_{95}
珠江	广西壮族自治区北海市	男	18～24 岁	20	1679	1037	1126	1252	1518	1874	2436	2994
			25～34 岁	42	1870	1125	1170	1330	1771	2310	2679	2878
			35～44 岁	38	2045	949	1065	1342	1847	2736	3124	3294
			45～54 岁	28	1746	918	1105	1433	1774	1965	2367	2739
			55～64 岁	28	1998	929	1024	1489	1859	2394	2891	2994
			≥65 岁	20	1905	1040	1094	1161	1663	2090	2784	3308
		女	18～24 岁	18	1293	647	894	1045	1230	1590	1843	1946
			25～34 岁	48	1768	1013	1074	1231	1669	2120	2558	3080
			35～44 岁	40	1541	815	988	1179	1414	1904	2121	2281
			45～54 岁	42	1597	809	959	1277	1593	1846	2370	2498
			55～64 岁	44	1769	921	1066	1237	1485	2147	2785	2949
			≥65 岁	28	1645	1017	1059	1231	1561	1822	2386	2745
松花江	黑龙江省牡丹江市	男	18～24 岁	12	1840	763	813	931	1228	1862	4306	4933
			25～34 岁	99	1261	543	747	911	1205	1480	1856	2326
			35～44 岁	82	1504	644	785	1142	1340	1861	2395	2459
			45～54 岁	96	1392	748	872	1014	1317	1611	2146	2348
			55～64 岁	149	1477	648	751	1066	1418	1810	2345	2586
			≥65 岁	140	1401	438	541	1096	1404	1732	2166	2439
		女	18～24 岁	20	910	273	397	693	948	1218	1351	1497
			25～34 岁	145	1217	539	650	903	1149	1419	1898	2218
			35～44 岁	106	1315	633	741	938	1217	1505	2032	2401
			45～54 岁	103	1252	607	706	888	1178	1492	1744	2372
			55～64 岁	163	1296	587	700	952	1288	1561	1909	2436
			≥65 岁	152	1216	613	682	872	1164	1431	1767	2004
淮河	河南省郑州市	男	18～24 岁	85	1997	951	1177	1519	1866	2357	2805	3082
			25～34 岁	114	1934	1103	1285	1467	1853	2314	2830	2964
			35～44 岁	107	2187	1198	1417	1658	2005	2737	3220	3672
			45～54 岁	95	2183	1183	1354	1664	2121	2623	3116	3437
			55～64 岁	96	2222	1273	1372	1576	2086	2793	3288	3738
			≥65 岁	107	2025	973	1213	1518	1873	2290	3002	3649

流域	调查点	性别	年龄	N	日均总饮水摄入量/mL							
					均值	P₅	P₁₀	P₂₅	P₅₀	P₇₅	P₉₀	P₉₅
淮河	河南省郑州市	女	18~24岁	100	1772	955	1182	1453	1747	2000	2389	2725
			25~34岁	132	1878	995	1259	1519	1831	2194	2533	2918
			35~44岁	98	1953	923	1245	1458	1767	2443	2908	3203
			45~54岁	118	1909	818	1274	1478	1869	2222	2913	3344
			55~64岁	108	1996	1061	1286	1543	1833	2369	2924	3220
			≥65岁	105	1915	1069	1137	1448	1743	2277	2836	3379
海河	天津市	男	18~24岁	63	1813	676	1169	1423	1786	2296	2602	2993
			25~34岁	89	1952	1028	1224	1475	1957	2437	2724	3104
			35~44岁	188	2116	983	1231	1708	2155	2552	2908	3244
			45~54岁	80	2274	1400	1650	1908	2265	2605	2942	3351
			55~64岁	80	2206	1163	1394	1712	2109	2594	3076	3451
			≥65岁	87	2199	1017	1176	1715	2138	2654	3099	3339
		女	18~24岁	57	1774	640	1148	1317	1755	2037	2397	2817
			25~34岁	108	1804	1122	1236	1505	1725	1997	2473	2679
			35~44岁	197	1940	737	975	1422	1960	2396	2711	3061
			45~54岁	95	1922	1078	1286	1526	1828	2341	2607	2785
			55~64岁	87	1888	1130	1258	1513	1825	2253	2551	2691
			≥65岁	95	1924	777	965	1415	1958	2382	2685	2872
辽河	辽宁省沈阳市	男	18~24岁	62	1636	552	737	1042	1495	1965	3131	3286
			25~34岁	115	1608	629	765	966	1338	2080	2806	3672
			35~44岁	79	1722	660	809	1124	1580	2215	2659	3324
			45~54岁	104	1706	652	905	1107	1531	2195	2801	2879
			55~64岁	93	1705	611	788	1298	1646	2056	2577	3215
			≥65岁	115	1656	681	858	1241	1526	1992	2558	2946
		女	18~24岁	82	1396	465	551	798	1223	1727	2349	3066
			25~34岁	116	1488	549	660	954	1294	1745	2721	3297
			35~44岁	91	1539	542	716	1020	1411	1912	2553	2896
			45~54岁	102	1433	631	802	1057	1378	1703	2253	2492
			55~64岁	139	1548	694	892	1157	1396	1913	2319	2706
			≥65岁	119	1626	505	647	1085	1511	2122	2621	2958

流域	调查点	性别	年龄	N	日均总饮水摄入量/mL							
					均值	P_5	P_{10}	P_{25}	P_{50}	P_{75}	P_{90}	P_{95}
浙闽片河流	浙江省平湖市	男	18~24 岁	12	1402	718	786	982	1403	1720	2022	2154
			25~34 岁	26	1578	610	688	1241	1583	2002	2493	2642
			35~44 岁	38	2095	905	1169	1599	2122	2653	3080	3395
			45~54 岁	49	2192	915	1359	1835	2169	2690	3116	3148
			55~64 岁	37	2156	1061	1272	1644	1907	2574	3474	3669
			≥65 岁	35	2045	1045	1255	1580	1966	2543	2975	3179
		女	18~24 岁	10	1396	538	566	1230	1492	1676	1811	2040
			25~34 岁	37	1541	478	589	1196	1528	1917	2361	2678
			35~44 岁	38	1558	635	791	1130	1412	1785	2625	2719
			45~54 岁	54	1579	892	932	1299	1447	1856	2333	2631
			55~64 岁	40	1708	822	921	1241	1597	2128	2368	2849
			≥65 岁	27	1603	862	898	1150	1420	1913	2458	2923
西北诸河	新疆维吾尔自治区库尔勒市	男	18~24 岁	10	1272	644	661	1177	1238	1406	1830	1927
			25~34 岁	36	1968	915	1023	1452	1733	2507	2805	3190
			35~44 岁	48	2182	1170	1341	1681	1939	2593	3163	4007
			45~54 岁	57	2172	908	1006	1557	2007	2744	3252	3804
			55~64 岁	15	2287	1468	1489	1618	1970	2538	2848	3840
			≥65 岁	12	1847	1059	1170	1304	1726	2385	2453	2801
		女	18~24 岁	11	1624	767	867	1361	1586	2080	2126	2211
			25~34 岁	77	1797	935	1053	1350	1702	2242	2645	2830
			35~44 岁	49	1968	800	1022	1366	1814	2187	3168	4307
			45~54 岁	70	1685	860	967	1283	1558	1962	2510	2928
			55~64 岁	12	1998	1086	1125	1537	1725	2581	3091	3291
			≥65 岁	16	1671	894	1077	1365	1656	1776	2050	2498
西南诸河	云南省腾冲市	男	18~24 岁	19	2157	1071	1196	1664	1849	2684	3234	3508
			25~34 岁	23	1768	1008	1307	1465	1647	2090	2322	2437
			35~44 岁	27	2295	1379	1462	1663	1934	2603	3346	3856
			45~54 岁	27	2318	1377	1428	1747	2085	2589	3509	3600
			55~64 岁	30	2188	1257	1382	1661	1974	2369	3189	3654
			≥65 岁	30	1751	1001	1039	1348	1680	2111	2379	2642

续表

流域	调查点	性别	年龄	N	日均总饮水摄入量/mL							
					均值	P_5	P_{10}	P_{25}	P_{50}	P_{75}	P_{90}	P_{95}
西南诸河	云南省腾冲市	女	18~24 岁	11	1805	1065	1086	1282	1917	2127	2544	2697
			25~34 岁	27	1633	1070	1131	1269	1521	1694	2306	2614
			35~44 岁	34	1941	967	1200	1429	1889	2430	3073	3158
			45~54 岁	32	1700	1094	1133	1257	1600	1919	2100	3043
			55~64 岁	36	1679	1100	1165	1326	1543	1817	2458	2800
			≥65 岁	26	1593	965	985	1162	1532	1809	2215	2755
巢湖	安徽省巢湖市	男	18~24 岁	33	1570	712	829	1049	1480	1913	2240	2853
			25~34 岁	46	2005	806	966	1317	1703	2614	3339	3775
			35~44 岁	58	2315	1107	1208	1683	2119	2751	3691	4507
			45~54 岁	65	2018	849	1050	1424	2078	2548	2937	3357
			55~64 岁	47	2027	904	982	1505	1771	2376	3316	3501
			≥65 岁	48	1826	782	960	1272	1765	2244	2984	3373
		女	18~24 岁	43	1479	677	862	1120	1321	1690	2361	2626
			25~34 岁	68	1684	753	854	1163	1607	2149	2575	2800
			35~44 岁	67	1856	823	944	1260	1639	2325	2829	3396
			45~54 岁	66	1836	828	909	1200	1749	2417	2855	3286
			55~64 岁	50	1884	686	1124	1412	1677	2329	3086	3229
			≥65 岁	38	1687	379	565	1079	1559	2114	2827	3473
太湖	江苏省无锡市	男	18~24 岁	92	1382	343	739	988	1348	1740	2176	2455
			25~34 岁	112	1519	863	934	1128	1373	1822	2320	2561
			35~44 岁	94	1697	718	959	1175	1632	2025	2410	2838
			45~54 岁	101	1681	799	1058	1296	1648	1978	2267	2618
			55~64 岁	115	1757	1067	1177	1404	1691	2004	2540	2754
			≥65 岁	93	1902	992	1175	1413	1743	2356	2815	3245
		女	18~24 岁	96	1240	516	672	794	1094	1485	1926	2657
			25~34 岁	118	1288	670	705	880	1210	1546	1968	2250
			35~44 岁	105	1439	742	866	1093	1343	1730	2152	2489
			45~54 岁	113	1403	591	757	1032	1338	1663	2096	2473
			55~64 岁	119	1477	679	884	1099	1491	1806	2061	2272
			≥65 岁	101	1439	545	767	1098	1420	1820	2105	2447

附表 A-8 我国重点流域典型城市居民（成人）分流域、性别、年龄组日均饮料摄入量

流域	调查点	性别	年龄	N	日均饮料摄入量/mL							
					均值	P_5	P_{10}	P_{25}	P_{50}	P_{75}	P_{90}	P_{95}
长江	四川省射洪市	男	18~24 岁	4	228	166	168	172	212	268	300	311
			25~34 岁	44	185	0	9	46	105	293	469	512
			35~44 岁	54	110	0	0	0	71	157	249	359
			45~54 岁	66	72	0	0	0	30	120	200	246
			55~64 岁	47	42	0	0	0	0	36	126	230
			≥65 岁	75	75	0	0	0	0	139	247	252
		女	18~24 岁	19	149	0	0	59	164	221	269	326
			25~34 岁	45	113	0	0	0	71	143	254	371
			35~44 岁	44	86	0	0	0	63	136	250	250
			45~54 岁	71	100	0	0	0	71	167	279	346
			55~64 岁	43	52	0	0	0	14	79	180	256
			≥65 岁	75	87	0	0	0	29	164	250	297
	湖南省长沙市	男	18~24 岁	47	216	0	0	29	86	261	754	1044
			25~34 岁	50	126	0	0	0	43	165	375	643
			35~44 岁	43	88	0	0	0	14	111	266	404
			45~54 岁	57	64	0	0	0	36	71	143	227
			55~64 岁	53	94	0	0	0	0	157	257	349
			≥65 岁	48	80	0	0	0	0	46	254	333
		女	18~24 岁	47	114	0	0	21	86	211	243	282
			25~34 岁	53	155	0	0	14	100	226	393	666
			35~44 岁	58	64	0	0	0	18	89	157	243
			45~54 岁	50	77	0	0	0	21	79	227	304
			55~64 岁	61	61	0	0	0	0	64	200	286
			≥65 岁	39	63	0	0	0	29	90	166	231
黄河	甘肃省兰州市	男	18~24 岁	96	264	0	25	71	154	323	764	830
			25~34 岁	112	185	0	0	48	125	230	445	620
			35~44 岁	95	111	0	0	0	71	176	285	331
			45~54 岁	116	81	0	0	0	36	114	182	293
			55~64 岁	107	55	0	0	0	29	73	153	220
			≥65 岁	92	86	0	0	0	43	109	214	307

续表

流域	调查点	性别	年龄	N	日均饮料摄入量/mL							
					均值	P_5	P_10	P_25	P_50	P_75	P_90	P_95
黄河	甘肃省兰州市	女	18~24 岁	88	164	0	0	41	136	230	338	415
			25~34 岁	125	154	0	0	36	114	219	314	372
			35~44 岁	95	100	0	0	14	57	129	254	356
			45~54 岁	123	132	0	0	16	79	195	299	382
			55~64 岁	100	89	0	0	0	57	115	218	298
			≥65 岁	97	80	0	0	14	50	114	203	276
	内蒙古自治区呼和浩特市	男	18~24 岁	49	274	0	0	43	150	407	589	960
			25~34 岁	49	141	0	0	0	86	179	316	486
			35~44 岁	53	92	0	0	0	71	129	240	294
			45~54 岁	50	60	0	0	0	0	62	202	247
			55~64 岁	44	57	0	0	0	21	109	158	204
			≥65 岁	48	41	0	0	0	0	45	143	164
		女	18~24 岁	52	217	0	0	71	157	295	448	722
			25~34 岁	54	119	0	0	0	71	211	272	295
			35~44 岁	51	63	0	0	0	29	82	200	250
			45~54 岁	54	47	0	0	0	21	71	141	198
			55~64 岁	51	63	0	0	0	14	114	207	228
			≥65 岁	53	68	0	0	0	43	143	179	213
	河北省石家庄市	男	18~24 岁	28	209	5	14	41	145	273	405	679
			25~34 岁	32	151	0	0	70	111	200	318	386
			35~44 岁	31	107	0	0	21	79	141	229	371
			45~54 岁	27	78	0	0	0	29	148	217	263
			55~64 岁	27	60	0	0	0	14	36	167	226
			≥65 岁	26	138	0	0	29	96	200	347	411
		女	18~24 岁	29	204	0	0	64	143	286	457	593
			25~34 岁	34	189	0	10	96	192	250	363	448
			35~44 岁	30	147	6	27	79	129	214	296	325
			45~54 岁	30	136	0	0	4	86	169	253	350
			55~64 岁	24	148	0	0	11	83	233	378	483
			≥65 岁	26	174	0	0	43	118	211	456	568

流域	调查点	性别	年龄	N	日均饮料摄入量/mL							
					均值	P_5	P_{10}	P_{25}	P_{50}	P_{75}	P_{90}	P_{95}
珠江	广东省佛山市	男	18~24岁	81	261	29	50	136	186	314	507	621
			25~34岁	88	225	0	0	34	76	207	348	1069
			35~44岁	79	97	0	0	0	47	139	289	409
			45~54岁	89	108	0	0	0	14	93	207	469
			55~64岁	90	82	0	0	0	13	98	236	426
			≥65岁	86	28	0	0	0	0	36	89	122
		女	18~24岁	78	184	0	14	45	121	245	421	494
			25~34岁	89	108	0	0	21	79	157	233	283
			35~44岁	81	95	0	0	0	50	136	229	414
			45~54岁	86	69	0	0	0	33	100	199	231
			55~64岁	92	93	0	0	0	0	43	143	286
			≥65岁	76	48	0	0	0	4	55	150	223
	广西壮族自治区北海市	男	18~24岁	20	202	0	32	71	125	252	349	498
			25~34岁	42	216	0	0	7	71	209	731	913
			35~44岁	38	257	0	0	0	71	212	768	1211
			45~54岁	28	23	0	0	0	0	39	74	92
			55~64岁	28	79	0	0	0	18	62	145	220
			≥65岁	20	47	0	0	0	7	62	146	176
		女	18~24岁	18	112	0	0	27	111	184	224	253
			25~34岁	48	169	0	0	6	57	241	348	720
			35~44岁	40	100	0	0	0	61	173	224	315
			45~54岁	42	24	0	0	0	0	29	70	108
			55~64岁	44	87	0	0	0	14	71	157	295
			≥65岁	28	25	0	0	0	0	5	52	159
松花江	黑龙江省牡丹江市	男	18~24岁	12	138	0	3	55	118	175	267	349
			25~34岁	99	126	0	0	14	86	189	297	400
			35~44岁	82	108	0	0	0	32	100	227	257
			45~54岁	96	45	0	0	0	0	43	107	256
			55~64岁	149	69	0	0	0	26	100	214	291
			≥65岁	140	106	0	0	0	39	163	273	358

续表

流域	调查点	性别	年龄	N	日均饮料摄入量/mL							
					均值	P_5	P_{10}	P_{25}	P_{50}	P_{75}	P_{90}	P_{95}
松花江	黑龙江省牡丹江市	女	18~24 岁	20	122	0	0	29	89	145	290	345
			25~34 岁	145	125	0	0	14	86	214	283	370
			35~44 岁	106	113	0	0	0	54	128	257	334
			45~54 岁	103	59	0	0	0	14	61	166	241
			55~64 岁	163	80	0	0	0	29	106	207	342
			≥65 岁	152	95	0	0	0	36	143	286	351
淮河	河南省郑州市	男	18~24 岁	85	212	0	0	57	150	286	524	606
			25~34 岁	114	206	0	0	0	131	286	586	758
			35~44 岁	107	151	0	0	0	71	211	391	525
			45~54 岁	95	104	0	0	0	36	119	243	319
			55~64 岁	96	62	0	0	0	0	37	146	261
			≥65 岁	107	115	0	0	0	7	157	373	444
		女	18~24 岁	100	188	0	0	13	119	259	486	586
			25~34 岁	132	177	0	0	0	96	263	482	686
			35~44 岁	98	128	0	0	0	64	200	341	403
			45~54 岁	118	78	0	0	0	29	114	252	296
			55~64 岁	108	112	0	0	0	29	173	343	434
			≥65 岁	105	98	0	0	0	35	143	370	426
海河	天津市	男	18~24 岁	63	289	0	0	57	200	411	629	1160
			25~34 岁	89	142	0	0	0	36	114	463	766
			35~44 岁	188	64	0	0	0	0	71	181	290
			45~54 岁	80	27	0	0	0	0	29	86	115
			55~64 岁	80	25	0	0	0	0	29	43	89
			≥65 岁	87	28	0	0	0	0	25	117	176
		女	18~24 岁	57	161	0	0	0	43	200	526	611
			25~34 岁	108	81	0	0	0	0	89	233	286
			35~44 岁	197	75	0	0	0	29	114	209	371
			45~54 岁	95	49	0	0	0	0	57	190	245
			55~64 岁	87	27	0	0	0	0	29	93	124
			≥65 岁	95	38	0	0	0	0	43	151	213

续表

流域	调查点	性别	年龄	N	日均饮料摄入量/mL							
					均值	P_5	P_{10}	P_{25}	P_{50}	P_{75}	P_{90}	P_{95}
辽河	辽宁省沈阳市	男	18~24 岁	62	222	0	0	35	143	346	544	635
			25~34 岁	115	335	0	0	57	171	371	857	1178
			35~44 岁	79	137	0	0	0	71	189	420	472
			45~54 岁	104	67	0	0	0	14	86	182	274
			55~64 岁	93	67	0	0	0	21	103	213	307
			≥65 岁	115	95	0	0	0	29	125	246	308
		女	18~24 岁	82	238	0	0	18	174	347	540	607
			25~34 岁	116	264	0	0	46	175	343	668	833
			35~44 岁	91	164	0	0	4	103	229	350	509
			45~54 岁	102	94	0	0	0	29	107	301	356
			55~64 岁	139	72	0	0	0	29	101	200	286
			≥65 岁	119	76	0	0	0	29	116	215	272
浙闽片河流	浙江省平湖市	男	18~24 岁	12	133	0	0	0	88	234	306	371
			25~34 岁	26	201	0	0	16	93	238	543	600
			35~44 岁	38	67	0	0	0	0	36	103	453
			45~54 岁	49	21	0	0	0	0	0	79	120
			55~64 岁	37	30	0	0	0	0	29	105	174
			≥65 岁	35	23	0	0	0	0	0	103	176
		女	18~24 岁	10	107	0	0	0	77	195	248	290
			25~34 岁	37	146	0	0	36	132	193	329	471
			35~44 岁	38	30	0	0	0	0	43	88	112
			45~54 岁	54	27	0	0	0	0	29	65	141
			55~64 岁	40	47	0	0	0	7	62	144	171
			≥65 岁	27	11	0	0	0	0	0	50	71
西北诸河	新疆维吾尔自治区库尔勒市	男	18~24 岁	10	247	32	64	111	275	348	439	455
			25~34 岁	36	197	0	0	21	96	320	478	673
			35~44 岁	48	153	0	0	17	86	283	413	457
			45~54 岁	57	124	0	0	34	100	143	339	363
			55~64 岁	15	76	0	0	20	36	114	186	229
			≥65 岁	12	212	24	44	67	171	342	400	479

续表

流域	调查点	性别	年龄	N	日均饮料摄入量/mL							
					均值	P_5	P_{10}	P_{25}	P_{50}	P_{75}	P_{90}	P_{95}
西北诸河	新疆维吾尔自治区库尔勒市	女	18~24 岁	11	187	29	57	85	186	258	277	409
			25~34 岁	77	166	0	0	57	116	223	332	521
			35~44 岁	49	160	0	0	71	157	236	300	304
			45~54 岁	70	137	0	0	35	107	179	317	418
			55~64 岁	12	72	0	0	0	46	104	202	231
			≥65 岁	16	179	0	7	48	136	273	438	453
西南诸河	云南省腾冲市	男	18~24 岁	19	303	19	32	45	200	368	905	986
			25~34 岁	23	128	0	0	25	71	175	259	386
			35~44 岁	27	52	0	0	0	29	90	154	176
			45~54 岁	27	82	0	0	0	44	100	210	282
			55~64 岁	30	117	0	0	0	46	164	224	503
			≥65 岁	30	51	0	0	0	18	41	143	238
		女	18~24 岁	11	302	0	0	18	36	575	614	1004
			25~34 岁	27	138	0	0	18	93	211	315	373
			35~44 岁	34	168	0	0	0	72	206	403	575
			45~54 岁	32	92	0	0	11	39	121	284	345
			55~64 岁	36	84	0	0	0	36	59	221	332
			≥65 岁	26	30	0	0	0	12	43	54	143
巢湖	安徽省巢湖市	男	18~24 岁	33	275	0	27	50	221	350	583	918
			25~34 岁	46	168	0	0	0	50	236	511	727
			35~44 岁	58	70	0	0	0	0	71	316	374
			45~54 岁	65	74	0	0	0	0	107	216	324
			55~64 岁	47	33	0	0	0	0	50	126	163
			≥65 岁	48	35	0	0	0	0	29	141	216
		女	18~24 岁	43	162	0	0	12	79	194	419	567
			25~34 岁	68	79	0	0	0	14	100	246	366
			35~44 岁	67	77	0	0	0	0	101	234	311
			45~54 岁	66	52	0	0	0	0	43	160	198
			55~64 岁	50	32	0	0	0	0	70	105	156
			≥65 岁	38	44	0	0	0	0	0	156	295

续表

流域	调查点	性别	年龄	N	日均饮料摄入量/mL							
					均值	P_5	P_10	P_25	P_50	P_75	P_90	P_95
太湖	江苏省 无锡市	男	18～24 岁	92	277	0	29	155	271	381	507	566
			25～34 岁	112	215	0	29	85	179	298	406	513
			35～44 岁	94	105	0	0	0	36	178	258	300
			45～54 岁	101	91	0	0	0	57	157	214	343
			55～64 岁	115	50	0	0	0	0	77	154	220
			≥65 岁	93	95	0	0	0	36	143	249	330
		女	18～24 岁	96	227	0	29	71	186	304	486	659
			25～34 岁	118	171	0	0	29	164	257	336	458
			35～44 岁	105	119	0	0	0	84	179	250	363
			45～54 岁	113	95	0	0	0	57	157	234	299
			55～64 岁	119	71	0	0	0	0	104	237	289
			≥65 岁	101	92	0	0	0	29	150	257	350

附表 A-9　我国重点流域典型城市居民（成人）分流域、性别、年龄组日均总水摄入量

流域	调查点	性别	年龄	N	日均总水摄入量/mL							
					均值	P_5	P_10	P_25	P_50	P_75	P_90	P_95
长江	四川省 射洪市	男	18～24 岁	4	2263	1612	1693	1936	2328	2655	2781	2823
			25～34 岁	44	1839	1178	1226	1553	1801	2044	2460	2853
			35～44 岁	54	2025	1358	1467	1626	1938	2297	2655	3041
			45～54 岁	66	2043	1345	1518	1697	1868	2307	2590	3442
			55～64 岁	47	2244	1316	1423	1788	2114	2624	2976	3390
			≥65 岁	75	2021	1223	1401	1620	1881	2287	2707	3312
		女	18～24 岁	19	1607	1233	1289	1452	1589	1641	1878	2119
			25～34 岁	45	1741	1300	1325	1475	1659	1923	2156	2379
			35～44 岁	44	1804	1194	1290	1494	1724	1944	2201	2615
			45～54 岁	71	1867	1128	1281	1560	1796	2035	2632	2794
			55～64 岁	43	2025	1335	1419	1601	2035	2486	2613	2835
			≥65 岁	75	1760	1209	1295	1500	1675	1933	2364	2480

续表

流域	调查点	性别	年龄	N	日均总水摄入量/mL							
					均值	P₅	P₁₀	P₂₅	P₅₀	P₇₅	P₉₀	P₉₅
长江	湖南省长沙市	男	18~24岁	47	1997	435	1017	1388	1879	2414	3404	3834
			25~34岁	50	2055	836	1023	1368	2035	2588	3236	3754
			35~44岁	43	2160	732	1177	1686	2137	2632	3248	3671
			45~54岁	57	2242	938	979	1423	1991	2645	3795	4423
			55~64岁	53	2230	1128	1317	1609	2295	2525	3192	3814
			≥65岁	48	2203	1058	1295	1585	1954	2747	3417	3770
		女	18~24岁	47	1669	510	739	1097	1703	2123	2436	2803
			25~34岁	53	1921	801	1054	1386	1694	2409	2693	2963
			35~44岁	58	1774	788	891	1298	1733	2159	2736	3064
			45~54岁	50	1930	829	973	1530	1815	2337	2796	3095
			55~64岁	61	1941	814	1051	1414	1693	2175	3151	4283
			≥65岁	39	1701	425	754	1275	1775	2058	2478	2915
黄河	甘肃省兰州市	男	18~24岁	96	2016	1076	1147	1366	1831	2497	3273	3582
			25~34岁	112	1998	1108	1222	1496	1824	2208	2828	3548
			35~44岁	95	2044	1060	1116	1497	1837	2353	3321	3842
			45~54岁	116	2059	986	1065	1368	1842	2419	3462	3994
			55~64岁	107	1973	1026	1150	1363	1764	2319	3039	3672
			≥65岁	92	1642	1005	1064	1247	1561	1827	2277	2693
		女	18~24岁	88	1788	973	1106	1351	1656	2115	2591	3177
			25~34岁	125	1842	903	1070	1328	1661	2040	2614	3488
			35~44岁	95	1770	956	1053	1211	1549	2069	2877	3354
			45~54岁	123	1829	1030	1154	1339	1663	2002	2826	3473
			55~64岁	100	1785	939	1103	1309	1671	2158	2589	2903
			≥65岁	97	1503	851	1017	1145	1441	1787	2043	2356
	内蒙古自治区呼和浩特市	男	18~24岁	49	2265	1441	1521	1740	2201	2418	3311	3582
			25~34岁	49	1964	1114	1204	1505	1897	2480	2883	3052
			35~44岁	53	2152	1074	1187	1512	2197	2852	3131	3331
			45~54岁	50	2201	1398	1493	1645	2037	2591	3129	3726
			55~64岁	44	2052	1196	1304	1561	2072	2464	2839	3392
			≥65岁	48	1816	676	962	1338	1777	2386	2737	3098

流域	调查点	性别	年龄	N	日均总水摄入量/mL							
					均值	P_5	P_{10}	P_{25}	P_{50}	P_{75}	P_{90}	P_{95}
黄河	内蒙古自治区呼和浩特市	女	18~24 岁	52	1859	893	967	1371	1774	2301	2602	3188
			25~34 岁	54	2031	987	1063	1452	1992	2543	2922	3131
			35~44 岁	51	1878	1070	1193	1341	1839	2517	2729	2929
			45~54 岁	54	1862	902	1095	1465	1751	2312	2807	3017
			55~64 岁	51	1937	1008	1124	1435	1796	2578	3027	3188
			≥65 岁	53	1766	937	1073	1287	1774	2200	2613	2825
	河北省石家庄市	男	18~24 岁	28	2060	1263	1509	1738	2035	2277	2591	3022
			25~34 岁	32	1963	1066	1109	1479	1861	2294	2958	3158
			35~44 岁	31	2029	1027	1332	1633	2004	2247	2687	3093
			45~54 岁	27	2525	1453	1580	1982	2388	2757	3760	4084
			55~64 岁	27	2462	1121	1368	1698	2063	3042	4549	4671
			≥65 岁	26	2294	923	1289	1601	2111	2696	3907	4331
		女	18~24 岁	29	1712	539	573	1265	1702	1970	3106	3158
			25~34 岁	34	1649	783	955	1287	1674	2006	2260	2441
			35~44 岁	30	1695	848	954	1260	1603	2103	2637	2822
			45~54 岁	30	1867	1101	1204	1349	1651	2115	2907	3191
			55~64 岁	24	2020	789	1022	1448	1861	2453	3255	3326
			≥65 岁	26	2289	1500	1679	1944	2169	2551	3030	3226
珠江	广东省佛山市	男	18~24 岁	81	2077	1129	1268	1578	1962	2558	2999	3167
			25~34 岁	88	2186	1141	1352	1634	1935	2274	3245	5111
			35~44 岁	79	2205	944	1170	1489	2054	2705	3564	3947
			45~54 岁	89	2202	1141	1351	1644	2083	2510	3416	3682
			55~64 岁	90	2127	945	1138	1634	2054	2575	3249	3498
			≥65 岁	86	1907	555	887	1314	1983	2452	2897	3121
		女	18~24 岁	78	1961	1026	1117	1392	1826	2206	3267	3614
			25~34 岁	89	2041	1085	1179	1417	1588	2493	3360	4263
			35~44 岁	81	1964	1084	1206	1378	1803	2225	3229	3450
			45~54 岁	86	1783	852	956	1382	1647	2278	2599	2881
			55~64 岁	92	1830	751	894	1100	1588	2245	3284	3522
			≥65 岁	76	1890	858	905	1272	1809	2281	2875	3247

流域	调查点	性别	年龄	N	日均总水摄入量/mL							
					均值	P_5	P_{10}	P_{25}	P_{50}	P_{75}	P_{90}	P_{95}
珠江	广西壮族自治区北海市	男	18~24 岁	20	1881	1040	1190	1403	1673	2197	2766	3073
			25~34 岁	42	2086	1143	1241	1413	1819	2377	3540	3674
			35~44 岁	38	2297	1077	1118	1378	2008	2933	3842	4036
			45~54 岁	28	1769	927	1155	1481	1781	1976	2410	2789
			55~64 岁	28	2077	935	1024	1596	1923	2437	2967	3089
			≥65 岁	20	1952	1040	1124	1238	1709	2165	3021	3349
		女	18~24 岁	18	1406	714	918	1128	1398	1750	1913	2179
			25~34 岁	48	1937	1026	1122	1268	1863	2209	2939	3551
			35~44 岁	40	1641	972	1027	1321	1520	1966	2306	2590
			45~54 岁	42	1620	809	959	1302	1606	1855	2384	2604
			55~64 岁	44	1834	1041	1070	1237	1610	2190	2793	3012
			≥65 岁	28	1670	1017	1078	1264	1586	1959	2401	2773
松花江	黑龙江省牡丹江市	男	18~24 岁	12	1977	834	884	1209	1416	1994	4316	4933
			25~34 岁	99	1387	610	808	1044	1329	1650	2062	2379
			35~44 岁	82	1605	757	845	1190	1434	1892	2488	2858
			45~54 岁	96	1437	748	931	1093	1365	1634	2160	2557
			55~64 岁	149	1546	731	842	1094	1488	1913	2397	2727
			≥65 岁	140	1507	438	562	1161	1509	1869	2345	2500
		女	18~24 岁	20	1032	368	413	854	987	1339	1476	1564
			25~34 岁	145	1342	565	754	1004	1248	1595	2040	2277
			35~44 岁	106	1422	714	825	1021	1299	1620	2282	2550
			45~54 岁	103	1310	674	775	966	1230	1530	2013	2385
			55~64 岁	163	1377	620	754	1033	1355	1699	2058	2500
			≥65 岁	152	1311	621	743	988	1285	1572	1917	2133
淮河	河南省郑州市	男	18~24 岁	85	2209	1150	1426	1719	2126	2702	3100	3323
			25~34 岁	114	2140	1294	1416	1665	2022	2529	3018	3448
			35~44 岁	107	2339	1323	1449	1714	2163	2909	3520	3962
			45~54 岁	95	2286	1268	1391	1753	2150	2729	3450	3826
			55~64 岁	96	2284	1273	1382	1621	2116	2800	3379	3831
			≥65 岁	107	2140	1102	1276	1625	1943	2441	3341	3802

流域	调查点	性别	年龄	N	日均总水摄入量/mL							
					均值	P_5	P_{10}	P_{25}	P_{50}	P_{75}	P_{90}	P_{95}
淮河	河南省郑州市	女	18～24 岁	100	1960	1180	1430	1695	1874	2163	2603	2819
			25～34 岁	132	2055	1098	1417	1642	2024	2443	2798	3117
			35～44 岁	98	2081	1170	1344	1589	1836	2495	3190	3507
			45～54 岁	118	1986	850	1296	1625	1905	2302	2973	3435
			55～64 岁	108	2107	1241	1370	1604	1930	2498	3077	3450
			≥65 岁	105	2013	1115	1236	1550	1850	2297	2946	3379
海河	天津市	男	18～24 岁	63	2102	851	1296	1608	2026	2471	3054	3191
			25～34 岁	89	2094	1068	1318	1573	2064	2557	3131	3281
			35～44 岁	188	2180	1049	1268	1715	2207	2635	3125	3370
			45～54 岁	80	2301	1400	1650	1922	2295	2607	2988	3353
			55～64 岁	80	2230	1177	1405	1712	2114	2641	3076	3451
			≥65 岁	87	2227	1041	1203	1715	2193	2654	3218	3339
		女	18～24 岁	57	1935	1024	1171	1345	1900	2281	2758	2990
			25～34 岁	108	1885	1147	1255	1583	1805	2159	2558	2714
			35～44 岁	197	2016	775	1017	1481	2041	2556	2881	3141
			45～54 岁	95	1971	1130	1309	1608	1876	2361	2632	2940
			55～64 岁	87	1915	1150	1272	1549	1841	2294	2571	2710
			≥65 岁	95	1963	794	1027	1425	2013	2411	2685	2910
辽河	辽宁省沈阳市	男	18～24 岁	62	1858	735	859	1391	1760	2293	3180	3428
			25～34 岁	115	1934	698	937	1173	1684	2272	3353	4308
			35～44 岁	79	1859	733	869	1288	1800	2288	2708	3426
			45～54 岁	104	1773	692	973	1154	1650	2291	2821	2879
			55～64 岁	93	1772	720	829	1349	1744	2092	2581	3215
			≥65 岁	115	1751	714	915	1331	1620	2085	2732	3217
		女	18～24 岁	82	1630	609	708	1008	1433	1941	2715	3079
			25～34 岁	116	1752	621	845	1100	1512	1944	3235	3825
			35～44 岁	91	1702	573	775	1182	1486	2115	2781	3043
			45～54 岁	102	1527	715	856	1135	1460	1796	2277	2583
			55～64 岁	139	1620	802	1003	1187	1503	2046	2418	2820
			≥65 岁	119	1702	544	741	1145	1556	2192	2659	3266

续表

流域	调查点	性别	年龄	N	日均总水摄入量/mL							
					均值	P₅	P₁₀	P₂₅	P₅₀	P₇₅	P₉₀	P₉₅
浙闽片河流	浙江省平湖市	男	18~24 岁	12	1535	1072	1088	1094	1403	1794	2196	2293
			25~34 岁	26	1780	781	850	1297	1701	2098	2651	2816
			35~44 岁	38	2162	907	1194	1623	2254	2754	3153	3395
			45~54 岁	49	2213	930	1385	1835	2169	2747	3116	3148
			55~64 岁	37	2186	1079	1301	1646	1999	2596	3474	3669
			≥65 岁	35	2068	1135	1281	1601	1966	2543	2975	3278
		女	18~24 岁	10	1503	688	718	1458	1603	1739	1811	2040
			25~34 岁	37	1687	643	804	1217	1716	1948	2649	2769
			35~44 岁	38	1588	635	791	1153	1441	1805	2633	2763
			45~54 岁	54	1607	892	932	1346	1472	1879	2342	2647
			55~64 岁	40	1755	899	1055	1246	1597	2188	2521	2886
			≥65 岁	27	1614	862	898	1150	1420	1928	2498	2928
西北诸河	新疆维吾尔自治区库尔勒市	男	18~24 岁	10	1519	847	936	1308	1509	1822	2046	2145
			25~34 岁	36	2164	968	1201	1555	2035	2706	3213	3620
			35~44 岁	48	2335	1219	1503	1780	2090	2697	3320	4056
			45~54 岁	57	2296	952	1177	1700	2187	2831	3333	3819
			55~64 岁	15	2363	1492	1568	1852	2096	2592	2858	3840
			≥65 岁	12	2059	1144	1316	1617	1919	2451	2749	3236
		女	18~24 岁	11	1811	938	966	1518	1937	2227	2314	2444
			25~34 岁	77	1964	1053	1197	1465	1880	2422	2779	3126
			35~44 岁	49	2128	919	1068	1552	2000	2330	3202	4667
			45~54 岁	70	1822	990	1081	1411	1732	2170	2594	2928
			55~64 岁	12	2070	1157	1242	1578	1855	2762	3101	3323
			≥65 岁	16	1850	913	1170	1603	1859	1990	2266	2655
西南诸河	云南省腾冲市	男	18~24 岁	19	2460	1263	1399	1748	2135	3104	3966	4127
			25~34 岁	23	1896	1397	1419	1567	1762	2240	2468	2547
			35~44 岁	27	2347	1392	1462	1698	1969	2681	3433	3998
			45~54 岁	27	2400	1432	1551	1870	2085	2679	3608	3790
			55~64 岁	30	2304	1257	1510	1688	2119	2514	3189	3709
			≥65 岁	30	1801	1031	1053	1358	1708	2230	2566	2644

流域	调查点	性别	年龄	N	日均总水摄入量/mL							
					均值	P_5	P_{10}	P_{25}	P_{50}	P_{75}	P_{90}	P_{95}
西南诸河	云南省腾冲市	女	18~24 岁	11	2107	1082	1122	1607	1926	2648	3431	3447
			25~34 岁	27	1771	1162	1226	1421	1649	1892	2331	2888
			35~44 岁	34	2109	999	1258	1542	1975	2589	3224	3413
			45~54 岁	32	1792	1149	1176	1352	1704	2001	2232	3276
			55~64 岁	36	1763	1100	1245	1379	1611	2048	2652	2821
			≥65 岁	26	1624	981	1001	1173	1557	1834	2215	2794
巢湖	安徽省巢湖市	男	18~24 岁	33	1845	901	1069	1254	1724	2300	2667	3291
			25~34 岁	46	2173	806	980	1417	1942	2668	3521	3829
			35~44 岁	58	2385	1123	1228	1697	2177	2986	3868	4667
			45~54 岁	65	2092	849	1088	1481	2136	2649	2948	3567
			55~64 岁	47	2060	941	999	1526	1787	2376	3384	3631
			≥65 岁	48	1861	857	970	1277	1776	2273	3116	3373
		女	18~24 岁	43	1641	714	888	1247	1566	1909	2607	2713
			25~34 岁	68	1763	789	854	1163	1674	2246	2679	2830
			35~44 岁	67	1933	823	1027	1298	1726	2325	2898	3593
			45~54 岁	66	1888	828	920	1200	1804	2472	2970	3314
			55~64 岁	50	1917	701	1147	1472	1755	2383	3094	3261
			≥65 岁	38	1731	379	586	1118	1559	2378	2827	3473
太湖	江苏省无锡市	男	18~24 岁	92	1660	471	993	1239	1582	2050	2666	2835
			25~34 岁	112	1734	1022	1113	1314	1609	2032	2491	2853
			35~44 岁	94	1802	784	1005	1359	1739	2104	2636	3193
			45~54 岁	101	1772	879	1115	1420	1791	2082	2453	2695
			55~64 岁	115	1807	1098	1256	1432	1704	2032	2540	2839
			≥65 岁	93	1997	1029	1231	1456	1854	2547	2921	3390
		女	18~24 岁	96	1466	752	889	1035	1376	1716	2239	2914
			25~34 岁	118	1459	843	926	1094	1339	1731	2199	2561
			35~44 岁	105	1557	799	1032	1197	1438	1856	2338	2566
			45~54 岁	113	1498	638	823	1128	1460	1735	2191	2494
			55~64 岁	119	1549	802	958	1136	1607	1898	2098	2348
			≥65 岁	101	1531	577	961	1205	1460	1950	2149	2662

附表 A-10 我国重点流域典型城市居民（成人）分流域、性别、季节日均直接饮水摄入量

流域	调查点	性别	季节	N	日均直接饮水摄入量/mL							
					均值	P_5	P_{10}	P_{25}	P_{50}	P_{75}	P_{90}	P_{95}
长江	四川省射洪市	男	夏季	150	1350	705	821	969	1222	1588	2036	2515
			冬季	140	1245	667	735	871	1104	1420	1954	2401
		女	夏季	154	1174	684	753	897	1079	1335	1681	2039
			冬季	143	1139	683	751	875	1057	1271	1666	1994
	湖南省长沙市	男	夏季	151	1807	596	786	1313	1707	2258	2956	3193
			冬季	147	1333	414	583	891	1151	1757	2307	2734
		女	夏季	154	1549	545	774	1125	1491	1841	2383	2743
			冬季	154	1181	315	450	685	1120	1493	1953	2229
黄河	甘肃省兰州市	男	夏季	314	1555	810	872	1114	1349	1846	2506	2874
			冬季	304	1162	458	576	770	982	1321	1851	2642
		女	夏季	314	1413	748	828	992	1239	1704	2225	2528
			冬季	314	1021	361	502	699	900	1193	1500	1942
	内蒙古自治区呼和浩特市	男	夏季	148	1590	486	800	991	1411	2064	2796	2998
			冬季	145	1486	649	834	1107	1507	1840	2070	2328
		女	夏季	159	1436	545	751	957	1243	1786	2544	2876
			冬季	156	1381	516	604	939	1414	1843	2126	2271
	河北省石家庄市	男	夏季	86	1504	621	732	968	1303	1776	2729	3161
			冬季	85	1424	629	733	1007	1321	1829	2265	2343
		女	夏季	87	1202	406	505	811	1143	1439	2068	2552
			冬季	86	1098	332	436	752	1059	1346	1907	2141
珠江	广东省佛山市	男	夏季	259	1390	306	561	957	1329	1760	2222	2714
			冬季	254	1147	381	544	770	1094	1432	1767	1998
		女	夏季	252	1397	509	630	871	1260	1662	2276	2824
			冬季	250	1046	343	421	636	929	1287	1829	2193
	广西壮族自治区北海市	男	夏季	88	1311	644	748	888	1061	1664	1938	2328
			冬季	88	815	357	410	525	775	1078	1347	1474
		女	夏季	110	1092	524	620	792	959	1373	1730	1901
			冬季	110	735	274	326	488	686	955	1074	1298

流域	调查点	性别	季节	N	日均直接饮水摄入量/mL							
					均值	P_5	P_{10}	P_{25}	P_{50}	P_{75}	P_{90}	P_{95}
松花江	黑龙江省牡丹江市	男	夏季	311	1007	246	407	666	929	1289	1671	1964
			冬季	267	925	275	404	529	813	1200	1665	1904
		女	夏季	354	908	277	379	591	843	1142	1526	1714
			冬季	335	773	232	303	451	664	961	1383	1599
淮河	河南省郑州市	男	夏季	315	1554	663	827	1068	1443	1979	2400	2729
			冬季	289	1282	463	586	857	1114	1511	2135	2544
		女	夏季	350	1402	518	729	1005	1346	1663	2227	2555
			冬季	311	1130	465	579	814	1044	1327	1921	2124
海河	天津市	男	夏季	296	1449	610	711	1110	1388	1772	2119	2454
			冬季	291	1389	504	707	1000	1334	1746	2057	2283
		女	夏季	320	1351	441	670	1012	1271	1673	1900	2065
			冬季	319	1215	491	642	877	1171	1493	1803	2001
辽河	辽宁省沈阳市	男	夏季	278	1471	559	719	943	1296	1826	2395	2924
			冬季	290	999	297	350	586	886	1243	1701	2174
		女	夏季	324	1338	424	564	840	1216	1657	2316	2753
			冬季	325	912	237	317	554	829	1136	1611	1905
浙闽片河流	浙江省平湖市	男	夏季	98	1699	463	754	1191	1573	2261	2649	2982
			冬季	99	1495	384	527	1129	1429	1951	2428	2641
		女	夏季	105	1333	350	640	921	1211	1643	2114	2708
			冬季	101	1124	336	571	793	1057	1350	1919	2221
西北诸河	新疆维吾尔自治区库尔勒市	男	夏季	90	1804	1021	1078	1249	1539	2138	2651	3485
			冬季	88	1299	446	577	779	1164	1729	2247	2725
		女	夏季	115	1580	790	874	1105	1410	1793	2311	3172
			冬季	120	1193	457	551	727	1086	1521	1804	2465
西南诸河	云南省腾冲市	男	夏季	77	1297	557	717	900	1149	1571	1918	2194
			冬季	79	1427	821	881	1029	1179	1700	2287	2821
		女	夏季	82	1081	548	599	783	973	1270	1747	1865
			冬季	84	1146	671	732	799	1005	1312	1888	2137

续表

流域	调查点	性别	季节	N	日均直接饮水摄入量/mL							
					均值	P₅	P₁₀	P₂₅	P₅₀	P₇₅	P₉₀	P₉₅

流域	调查点	性别	季节	N	均值	P_5	P_{10}	P_{25}	P_{50}	P_{75}	P_{90}	P_{95}
巢湖	安徽省巢湖市	男	夏季	145	1696	620	697	1100	1557	2164	2851	3184
			冬季	152	1172	418	479	705	1089	1457	1901	2132
		女	夏季	166	1454	537	748	1038	1361	1798	2337	2570
			冬季	166	950	286	401	589	846	1214	1689	1840
太湖	江苏省无锡市	男	夏季	312	1279	385	577	822	1164	1612	2134	2478
			冬季	295	1010	376	474	646	986	1286	1623	1819
		女	夏季	332	1039	261	359	641	1008	1322	1705	2010
			冬季	320	868	300	371	569	829	1086	1409	1645

附表 A-11　我国重点流域典型城市居民（成人）分流域、性别、季节日均间接饮水摄入量

流域	调查点	性别	季节	N	日均间接饮水摄入量/mL							
					均值	P_5	P_{10}	P_{25}	P_{50}	P_{75}	P_{90}	P_{95}
长江	四川省射洪市	男	夏季	150	646	315	373	448	601	784	980	1131
			冬季	140	617	393	437	498	613	709	812	902
		女	夏季	154	582	305	339	418	529	670	803	1093
			冬季	143	552	341	378	467	540	614	725	831
	湖南省长沙市	男	夏季	151	437	175	215	313	419	532	648	748
			冬季	147	444	223	259	308	389	537	721	860
		女	夏季	154	365	145	195	256	343	449	569	636
			冬季	154	366	149	194	258	337	429	549	604
黄河	甘肃省兰州市	男	夏季	314	500	185	263	358	485	605	716	855
			冬季	304	428	212	249	310	390	504	661	743
		女	夏季	314	457	188	251	339	432	553	689	738
			冬季	314	386	183	214	275	362	466	573	635
	内蒙古自治区呼和浩特市	男	夏季	148	406	120	172	280	393	528	667	707
			冬季	145	451	187	240	326	434	579	674	734
		女	夏季	159	379	125	188	265	349	466	635	679
			冬季	156	390	111	198	272	364	505	608	651

流域	调查点	性别	季节	N	日均间接饮水摄入量/mL							
					均值	P_5	P_{10}	P_{25}	P_{50}	P_{75}	P_{90}	P_{95}
黄河	河北省石家庄市	男	夏季	86	606	233	267	392	567	721	901	1373
			冬季	85	634	266	367	485	603	745	966	1105
		女	夏季	87	535	185	231	320	490	657	919	1033
			冬季	86	536	156	221	383	509	718	818	986
珠江	广东省佛山市	男	夏季	259	712	240	371	524	696	886	1065	1254
			冬季	254	685	342	400	494	632	812	982	1157
		女	夏季	252	615	283	321	450	570	747	945	1081
			冬季	250	560	257	301	417	525	660	859	990
	广西壮族自治区北海市	男	夏季	88	935	394	563	719	883	1027	1468	1703
			冬季	88	716	354	440	524	611	848	1172	1357
		女	夏季	110	795	374	463	605	748	975	1168	1344
			冬季	110	658	317	379	528	597	764	1005	1170
松花江	黑龙江省牡丹江市	男	夏季	311	439	167	204	304	409	547	688	834
			冬季	267	462	198	251	329	425	552	705	835
		女	夏季	354	403	139	188	293	394	478	632	750
			冬季	335	407	170	216	309	381	486	584	708
淮河	河南省郑州市	男	夏季	315	686	273	356	520	689	836	986	1111
			冬季	289	642	266	338	463	630	806	956	1090
		女	夏季	350	643	244	334	489	629	777	905	1041
			冬季	311	612	274	331	427	613	749	888	993
海河	天津市	男	夏季	296	687	323	383	521	670	833	1013	1118
			冬季	291	684	336	398	498	659	846	1022	1121
		女	夏季	320	611	216	296	461	609	734	915	1031
			冬季	319	603	244	342	458	570	748	949	1019
辽河	辽宁省沈阳市	男	夏季	278	438	191	215	290	403	555	686	834
			冬季	290	443	151	204	294	401	536	731	910
		女	夏季	324	407	146	185	273	375	507	662	767
			冬季	325	369	103	169	240	334	454	590	798

续表

流域	调查点	性别	季节	N	日均间接饮水摄入量/mL							
					均值	P_5	P_{10}	P_{25}	P_{50}	P_{75}	P_{90}	P_{95}
浙闽片河流	浙江省平湖市	男	夏季	98	421	190	222	308	390	501	711	779
			冬季	99	409	231	240	313	381	483	572	738
		女	夏季	105	364	142	188	246	347	476	549	668
			冬季	101	350	186	205	236	337	421	517	558
西北诸河	新疆维吾尔自治区库尔勒市	男	夏季	90	509	228	279	364	478	619	823	851
			冬季	88	470	184	224	305	417	593	783	873
		女	夏季	115	416	175	212	274	381	503	702	784
			冬季	120	407	156	178	229	345	512	650	829
西南诸河	云南省腾冲市	男	夏季	77	653	262	352	475	614	797	1073	1156
			冬季	79	686	376	410	513	672	832	950	1028
		女	夏季	82	614	254	267	455	583	783	1006	1117
			冬季	84	607	235	289	437	610	762	840	975
巢湖	安徽省巢湖市	男	夏季	145	598	272	296	409	556	749	944	1064
			冬季	152	537	217	271	347	488	679	845	967
		女	夏季	166	612	211	278	411	582	758	968	1087
			冬季	166	490	209	234	338	450	601	744	882
太湖	江苏省无锡市	男	夏季	312	520	195	284	361	502	647	788	874
			冬季	295	496	222	292	399	485	604	704	756
		女	夏季	332	434	127	216	313	425	535	666	755
			冬季	320	421	194	226	307	417	532	617	655

附表 A-12 我国重点流域典型城市居民（成人）分流域、性别、季节日均总饮水摄入量

流域	调查点	性别	季节	N	日均总饮水摄入量/mL							
					均值	P_5	P_{10}	P_{25}	P_{50}	P_{75}	P_{90}	P_{95}
长江	四川省射洪市	男	夏季	150	1995	1204	1338	1586	1918	2308	2736	3219
			冬季	140	1890	1163	1274	1536	1731	2134	2633	3197
		女	夏季	154	1757	1163	1222	1430	1686	1963	2382	2623
			冬季	143	1691	1153	1260	1396	1621	1852	2293	2589

流域	调查点	性别	季节	N	日均总饮水摄入量/mL							
					均值	P_5	P_{10}	P_{25}	P_{50}	P_{75}	P_{90}	P_{95}
长江	湖南省长沙市	男	夏季	151	2273	891	1236	1742	2166	2734	3533	3867
			冬季	147	1806	761	941	1294	1587	2265	2815	3229
		女	夏季	154	1914	801	1053	1477	1826	2212	2847	3157
			冬季	154	1575	569	768	1030	1457	1916	2384	2765
黄河	甘肃省兰州市	男	夏季	314	2055	1119	1267	1521	1876	2417	3194	3681
			冬季	304	1604	831	930	1142	1398	1834	2373	3146
		女	夏季	314	1870	1066	1158	1367	1664	2206	2766	3202
			冬季	314	1407	742	847	1034	1297	1648	2010	2398
	内蒙古自治区呼和浩特市	男	夏季	148	1996	943	1100	1431	1847	2452	3236	3523
			冬季	145	1937	1051	1225	1505	1896	2362	2643	2848
		女	夏季	159	1815	844	1081	1341	1699	2141	2834	3211
			冬季	156	1771	834	961	1233	1764	2309	2634	2807
	河北省石家庄市	男	夏季	86	2110	999	1093	1452	1949	2357	3738	4186
			冬季	85	2058	1063	1273	1587	1980	2335	3030	3473
		女	夏季	87	1737	735	919	1249	1638	1981	2726	3236
			冬季	86	1634	734	852	1213	1523	2031	2460	2791
珠江	广东省佛山市	男	夏季	259	2131	471	1120	1569	2083	2562	3303	3633
			冬季	254	1851	895	1068	1378	1722	2188	2739	3234
		女	夏季	252	2028	874	1030	1408	1843	2380	3112	3815
			冬季	250	1608	748	894	1135	1443	1938	2480	3046
	广西壮族自治区北海市	男	夏季	88	2250	1308	1533	1764	1972	2677	3138	3867
			冬季	88	1531	900	996	1124	1424	1841	2364	2623
		女	夏季	110	1887	1123	1238	1433	1736	2181	2766	2954
			冬季	110	1392	751	907	1076	1353	1661	1992	2155
松花江	黑龙江省牡丹江市	男	夏季	311	1446	455	750	1101	1374	1722	2235	2528
			冬季	267	1387	617	733	967	1285	1687	2241	2486
		女	夏季	354	1311	516	708	985	1271	1544	1929	2420
			冬季	335	1179	589	682	828	1071	1411	1732	2150

续表

流域	调查点	性别	季节	N	日均总饮水摄入量/mL							
					均值	P$_5$	P$_{10}$	P$_{25}$	P$_{50}$	P$_{75}$	P$_{90}$	P$_{95}$
淮河	河南省郑州市	男	夏季	315	2240	1288	1421	1737	2150	2682	3110	3546
			冬季	289	1924	881	1193	1452	1744	2215	2913	3535
		女	夏季	350	2047	1094	1333	1613	1951	2402	2911	3296
			冬季	311	1743	932	1134	1409	1625	2010	2557	2931
海河	天津市	男	夏季	296	2136	1072	1273	1736	2113	2527	2992	3327
			冬季	291	2074	1024	1258	1599	2034	2504	2960	3184
		女	夏季	320	1962	737	1153	1555	1903	2360	2659	2924
			冬季	319	1818	899	1090	1393	1761	2182	2611	2853
辽河	辽宁省沈阳市	男	夏季	278	1909	908	1008	1360	1796	2275	2946	3476
			冬季	290	1442	528	644	946	1309	1767	2323	2817
		女	夏季	324	1745	667	909	1207	1602	2119	2710	3274
			冬季	325	1281	463	594	877	1204	1535	2102	2445
浙闽片河流	浙江省平湖市	男	夏季	98	2120	639	1262	1555	2031	2670	3130	3456
			冬季	99	1904	779	973	1472	1835	2340	2861	3123
		女	夏季	105	1697	685	910	1256	1540	2006	2636	3102
			冬季	101	1474	572	861	1110	1390	1706	2297	2625
西北诸河	新疆维吾尔自治区库尔勒市	男	夏季	90	2313	1291	1448	1722	2064	2698	3144	4299
			冬季	88	1823	764	932	1192	1683	2128	2861	3257
		女	夏季	115	1995	1102	1295	1439	1814	2288	2857	3543
			冬季	120	1599	720	822	1157	1522	1952	2274	2771
西南诸河	云南省腾冲市	男	夏季	77	2044	1014	1160	1524	1859	2283	2944	3478
			冬季	79	2113	1303	1365	1531	2004	2425	3202	3470
		女	夏季	82	1695	1044	1108	1261	1555	1915	2460	3027
			冬季	84	1753	999	1077	1334	1639	1982	2673	2953
巢湖	安徽省巢湖市	男	夏季	145	2294	992	1236	1644	2126	2807	3642	3873
			冬季	152	1709	745	854	1127	1626	2096	2577	3054
		女	夏季	166	2066	954	1238	1567	1933	2536	3121	3406
			冬季	166	1440	618	725	1006	1304	1687	2352	2549

续表

流域	调查点	性别	季节	N	日均总饮水摄入量/mL							
					均值	P5	P10	P25	P50	P75	P90	P95
太湖	江苏省无锡市	男	夏季	312	1799	824	992	1297	1706	2231	2730	3080
			冬季	295	1506	794	924	1169	1463	1810	2118	2395
		女	夏季	332	1473	464	724	1066	1431	1803	2267	2590
			冬季	320	1289	659	731	940	1237	1543	1941	2132

附表 A-13　我国重点流域典型城市居民（成人）分流域、性别、季节日均饮料摄入量

流域	调查点	性别	季节	N	日均饮料摄入量/mL							
					均值	P5	P10	P25	P50	P75	P90	P95
长江	四川省射洪市	男	夏季	150	113	0	0	0	43	205	315	418
			冬季	140	74	0	0	0	29	114	200	250
		女	夏季	154	96	0	0	0	64	168	257	311
			冬季	143	89	0	0	0	29	146	250	284
	湖南省长沙市	男	夏季	151	131	0	0	0	36	144	357	700
			冬季	147	88	0	0	0	35	114	229	318
		女	夏季	154	87	0	0	0	29	119	243	346
			冬季	154	90	0	0	0	36	114	241	312
黄河	甘肃省兰州市	男	夏季	314	133	0	0	0	64	171	341	598
			冬季	304	125	0	0	6	71	161	296	404
		女	夏季	314	108	0	0	14	64	143	270	348
			冬季	314	134	0	0	29	86	200	319	386
	内蒙古自治区呼和浩特市	男	夏季	148	119	0	0	0	43	129	284	561
			冬季	145	104	0	0	0	36	179	283	407
		女	夏季	159	92	0	0	0	43	121	233	303
			冬季	156	99	0	0	0	54	177	250	305
	河北省石家庄市	男	夏季	86	151	0	0	21	93	196	354	570
			冬季	85	98	0	0	0	43	164	263	299
		女	夏季	87	200	0	9	56	136	259	469	567
			冬季	86	134	0	0	14	104	206	314	331

流域	调查点	性别	季节	N	日均饮料摄入量/mL							
					均值	P₅	P₁₀	P₂₅	P₅₀	P₇₅	P₉₀	P₉₅
珠江	广东省佛山市	男	夏季	259	140	0	0	0	71	171	382	525
			冬季	254	125	0	0	0	29	128	268	424
		女	夏季	252	92	0	0	0	43	142	229	379
			冬季	250	107	0	0	0	36	129	250	329
	广西壮族自治区北海市	男	夏季	88	221	0	0	0	71	216	727	1105
			冬季	88	82	0	0	0	36	84	179	321
		女	夏季	110	117	0	0	0	43	148	256	318
			冬季	110	61	0	0	0	0	55	187	288
松花江	黑龙江省牡丹江市	男	夏季	311	65	0	0	0	14	86	214	303
			冬季	267	120	0	0	1	57	178	271	346
		女	夏季	354	67	0	0	0	14	86	219	295
			冬季	335	127	0	0	14	79	179	294	395
淮河	河南省郑州市	男	夏季	315	183	0	0	0	71	246	556	738
			冬季	289	98	0	0	0	36	143	289	390
		女	夏季	350	133	0	0	0	43	199	372	506
			冬季	311	128	0	0	0	57	202	360	461
海河	天津市	男	夏季	296	91	0	0	0	0	72	250	416
			冬季	291	77	0	0	0	0	71	207	454
		女	夏季	320	64	0	0	0	0	50	200	358
			冬季	319	72	0	0	0	29	104	208	278
辽河	辽宁省沈阳市	男	夏季	278	182	0	0	0	57	226	533	799
			冬季	290	127	0	0	0	50	161	286	384
		女	夏季	324	157	0	0	0	57	185	473	663
			冬季	325	132	0	0	0	63	207	320	414
浙闽片河流	浙江省平湖市	男	夏季	98	65	0	0	0	0	36	156	444
			冬季	99	60	0	0	0	0	57	191	288
		女	夏季	105	56	0	0	0	0	64	183	249
			冬季	101	53	0	0	0	0	71	164	229

流域	调查点	性别	季节	N	日均饮料摄入量/mL							
					均值	P₅	P₁₀	P₂₅	P₅₀	P₇₅	P₉₀	P₉₅

流域	调查点	性别	季节	N	均值	P_5	P_{10}	P_{25}	P_{50}	P_{75}	P_{90}	P_{95}
西北诸河	新疆维吾尔自治区库尔勒市	男	夏季	90	156	0	0	29	100	214	429	470
			冬季	88	155	0	0	32	89	259	385	447
		女	夏季	115	143	0	0	46	114	196	300	420
			冬季	120	163	0	0	48	131	243	346	465
西南诸河	云南省腾冲市	男	夏季	77	122	0	0	0	44	171	363	486
			冬季	79	101	0	0	0	36	125	214	298
		女	夏季	82	97	0	0	0	36	134	260	561
			冬季	84	137	0	0	0	43	190	357	545
巢湖	安徽省巢湖市	男	夏季	145	117	0	0	0	14	143	384	565
			冬季	152	79	0	0	0	14	76	276	346
		女	夏季	166	85	0	0	0	0	100	264	418
			冬季	166	61	0	0	0	0	79	171	282
太湖	江苏省无锡市	男	夏季	312	147	0	0	0	73	219	384	508
			冬季	295	127	0	0	0	93	200	309	399
		女	夏季	332	111	0	0	0	43	173	306	457
			冬季	320	144	0	0	0	129	236	314	386

附表 A-14 我国重点流域典型城市居民（成人）分流域、性别、季节日均总水摄入量

流域	调查点	性别	季节	N	日均总水摄入量/mL							
					均值	P_5	P_{10}	P_{25}	P_{50}	P_{75}	P_{90}	P_{95}
长江	四川省射洪市	男	夏季	150	2109	1309	1463	1689	2005	2360	2860	3255
			冬季	140	1964	1203	1334	1569	1810	2226	2633	3197
		女	夏季	154	1853	1264	1307	1513	1778	2061	2484	2699
			冬季	143	1780	1191	1295	1489	1714	1934	2477	2725
	湖南省长沙市	男	夏季	151	2403	940	1273	1877	2285	2898	3757	4058
			冬季	147	1893	841	982	1351	1626	2329	2942	3263
		女	夏季	154	2001	810	1121	1575	1871	2378	2929	3287
			冬季	154	1664	650	825	1089	1559	2065	2486	2808

续表

流域	调查点	性别	季节	N	日均总水摄入量/mL							
					均值	P_5	P_{10}	P_{25}	P_{50}	P_{75}	P_{90}	P_{95}
黄河	甘肃省兰州市	男	夏季	314	2188	1161	1357	1617	2011	2555	3424	3836
			冬季	304	1729	913	1042	1244	1519	1926	2587	3353
		女	夏季	314	1978	1126	1204	1443	1780	2348	2952	3486
			冬季	314	1541	813	972	1139	1428	1795	2141	2549
	内蒙古自治区呼和浩特市	男	夏季	148	2114	1056	1183	1551	2046	2564	3385	3635
			冬季	145	2041	1188	1332	1540	2036	2421	2828	2976
		女	夏季	159	1907	927	1144	1438	1810	2271	2990	3231
			冬季	156	1870	938	1022	1310	1856	2428	2714	2909
	河北省石家庄市	男	夏季	86	2261	1060	1240	1551	2076	2467	4007	4390
			冬季	85	2156	1186	1343	1744	2061	2445	3262	3586
		女	夏季	87	1937	751	1042	1446	1774	2262	3168	3345
			冬季	86	1768	790	1004	1327	1681	2164	2633	2885
珠江	广东省佛山市	男	夏季	259	2271	517	1170	1715	2196	2723	3430	3781
			冬季	254	1960	905	1136	1448	1795	2308	2902	3288
		女	夏季	252	2119	949	1162	1496	1929	2493	3290	4038
			冬季	250	1700	815	934	1181	1530	2018	2768	3330
	广西壮族自治区北海市	男	夏季	88	2469	1436	1667	1841	2103	2975	3678	4172
			冬季	88	1613	926	1033	1185	1475	1916	2382	2722
		女	夏季	110	1996	1164	1255	1531	1830	2296	2834	3163
			冬季	110	1454	793	980	1106	1391	1770	2081	2314
松花江	黑龙江省牡丹江市	男	夏季	311	1511	476	774	1141	1471	1855	2363	2608
			冬季	267	1505	726	825	1079	1398	1771	2306	2620
		女	夏季	354	1377	516	749	1037	1341	1627	2089	2522
			冬季	335	1304	623	758	919	1198	1575	1908	2273
淮河	河南省郑州市	男	夏季	315	2423	1378	1556	1868	2307	2865	3430	3834
			冬季	289	2022	1021	1246	1511	1854	2348	2974	3598
		女	夏季	350	2179	1256	1485	1783	2087	2516	3107	3408
			冬季	311	1871	1039	1215	1530	1741	2133	2711	3119

流域	调查点	性别	季节	N	日均总水摄入量/mL							
					均值	P_5	P_{10}	P_{25}	P_{50}	P_{75}	P_{90}	P_{95}
海河	天津市	男	夏季	296	2227	1084	1380	1808	2206	2636	3133	3404
			冬季	291	2150	1075	1327	1640	2149	2576	3088	3304
		女	夏季	320	2026	781	1154	1580	1977	2440	2736	3045
			冬季	319	1890	1002	1134	1464	1828	2264	2707	2901
辽河	辽宁省沈阳市	男	夏季	278	2091	990	1206	1560	1927	2437	3258	3947
			冬季	290	1565	638	734	1031	1413	1874	2490	2915
		女	夏季	324	1901	812	1040	1351	1730	2295	2990	3535
			冬季	325	1413	512	688	990	1334	1684	2273	2708
浙闽片河流	浙江省平湖市	男	夏季	98	2184	816	1281	1644	2098	2769	3239	3470
			冬季	99	1964	869	1081	1487	1907	2468	2893	3137
		女	夏季	105	1753	816	984	1306	1577	2028	2650	3118
			冬季	101	1527	694	889	1110	1424	1802	2404	2654
西北诸河	新疆维吾尔自治区库尔勒市	男	夏季	90	2469	1496	1574	1907	2261	2824	3381	4299
			冬季	88	1978	802	963	1338	1829	2358	3178	3588
		女	夏季	115	2138	1167	1375	1611	1950	2463	2955	3725
			冬季	120	1763	809	922	1245	1713	2187	2499	3079
西南诸河	云南省腾冲市	男	夏季	77	2166	1052	1320	1621	2042	2408	2988	3574
			冬季	79	2214	1304	1396	1619	2034	2543	3419	3951
		女	夏季	82	1792	1060	1153	1365	1689	2047	2745	3059
			冬季	84	1890	1019	1122	1420	1699	2162	3121	3420
巢湖	安徽省巢湖市	男	夏季	145	2411	1106	1260	1709	2307	3050	3707	3967
			冬季	152	1788	772	940	1192	1688	2185	2748	3148
		女	夏季	166	2151	1045	1306	1667	2022	2614	3226	3451
			冬季	166	1501	625	757	1041	1364	1765	2436	2765
太湖	江苏省无锡市	男	夏季	312	1946	943	1175	1455	1841	2378	2894	3282
			冬季	295	1633	938	1051	1310	1596	1891	2319	2550
		女	夏季	332	1585	514	853	1161	1533	1936	2358	2721
			冬季	320	1433	799	929	1079	1365	1707	2029	2295

附表 A-15　我国重点流域典型城市居民（成人）分流域、性别、BMI 日均直接饮水摄入量

流域	调查点	性别	BMI	N	日均直接饮水摄入量/mL							
					均值	P_5	P_{10}	P_{25}	P_{50}	P_{75}	P_{90}	P_{95}
长江	四川省射洪市	男	BMI<18.5	4	906	713	723	754	839	991	1143	1194
			18.5≤BMI<23.0	86	1242	697	784	903	1126	1464	1929	2154
			23.0≤BMI<25.0	101	1300	667	750	936	1150	1414	2029	2464
			25.0≤BMI<30.0	93	1371	689	794	977	1241	1593	2111	2570
			BMI≥30.0	6	1247	895	934	1015	1104	1484	1705	1765
		女	BMI<18.5	31	1045	644	736	801	943	1256	1443	1574
			18.5≤BMI<23.0	151	1178	682	757	906	1071	1320	1671	2093
			23.0≤BMI<25.0	62	1139	718	773	888	1025	1250	1736	1820
			25.0≤BMI<30.0	50	1189	659	748	932	1156	1381	1682	1925
			BMI≥30.0	3	1163	1015	1029	1073	1146	1245	1304	1323
	湖南省长沙市	男	BMI<18.5	12	2012	563	641	1270	1689	2737	3742	4166
			18.5≤BMI<23.0	137	1539	480	613	949	1443	2021	2599	2868
			23.0≤BMI<25.0	80	1561	577	667	1036	1417	1989	2556	3144
			25.0≤BMI<30.0	60	1568	511	817	1062	1375	1971	2572	2962
			BMI≥30.0	9	1661	530	650	1036	1329	1843	3043	3542
		女	BMI<18.5	37	1319	357	418	886	1129	1686	2183	2371
			18.5≤BMI<23.0	160	1253	457	557	833	1206	1591	1943	2301
			23.0≤BMI<25.0	56	1255	224	397	817	1316	1628	2004	2164
			25.0≤BMI<30.0	47	1782	494	683	1279	1521	2172	2931	3754
			BMI≥30.0	8	2145	1091	1311	1554	1732	2262	3363	4153
黄河	甘肃省兰州市	男	BMI<18.5	31	1396	555	586	878	1240	1574	2892	2986
			18.5≤BMI<23.0	267	1326	535	723	861	1171	1550	2245	2778
			23.0≤BMI<25.0	145	1360	571	711	931	1193	1650	2209	2651
			25.0≤BMI<30.0	155	1406	637	718	914	1246	1681	2281	2758
			BMI≥30.0	20	1449	775	836	992	1206	1544	2781	2900
		女	BMI<18.5	71	1169	486	671	786	1100	1441	1921	2253
			18.5≤BMI<23.0	292	1222	522	672	838	1091	1457	1954	2274
			23.0≤BMI<25.0	147	1172	315	543	831	1067	1416	1827	2439
			25.0≤BMI<30.0	103	1299	581	669	833	1057	1474	2323	2898
			BMI≥30.0	15	1217	630	819	946	1214	1421	1593	1943

流域	调查点	性别	BMI	N	日均直接饮水摄入量/mL							
					均值	P_5	P_{10}	P_{25}	P_{50}	P_{75}	P_{90}	P_{95}
黄河	内蒙古自治区呼和浩特市	男	BMI<18.5	8	1008	333	352	489	900	1254	1658	2093
			18.5≤BMI<23.0	147	1494	566	784	929	1477	1916	2454	2888
			23.0≤BMI<25.0	86	1605	850	937	1194	1518	1880	2596	2775
			25.0≤BMI<30.0	47	1621	774	843	1089	1457	2032	2474	2864
			BMI≥30.0	5	1766	1099	1104	1121	1571	2014	2624	2827
		女	BMI<18.5	21	1477	371	629	893	1379	2137	2428	2793
			18.5≤BMI<23.0	139	1398	435	666	971	1314	1857	2245	2535
			23.0≤BMI<25.0	91	1336	496	649	939	1264	1686	2103	2374
			25.0≤BMI<30.0	61	1533	586	650	1000	1443	1993	2543	2921
			BMI≥30.0	3	1107	739	749	779	829	1296	1577	1671
	河北省石家庄市	男	BMI<18.5	3	1001	914	927	968	1036	1051	1061	1064
			18.5≤BMI<23.0	52	1422	699	747	965	1264	1807	2254	2375
			23.0≤BMI<25.0	35	1565	589	626	921	1357	1925	2827	3242
			25.0≤BMI<30.0	65	1437	591	723	1010	1286	1771	2399	2947
			BMI≥30.0	16	1578	786	850	1172	1436	1827	2420	2669
		女	BMI<18.5	17	872	279	360	571	786	986	1565	1855
			18.5≤BMI<23.0	68	1117	318	420	755	1057	1346	2052	2150
			23.0≤BMI<25.0	33	1318	472	546	840	1193	1650	2196	2623
			25.0≤BMI<30.0	44	1168	518	614	960	1143	1425	1668	1906
			BMI≥30.0	11	1209	446	529	664	943	1526	2286	2645
珠江	广东省佛山市	男	BMI<18.5	35	1037	305	501	659	1019	1326	1636	1745
			18.5≤BMI<23.0	248	1290	391	577	832	1204	1643	2051	2524
			23.0≤BMI<25.0	93	1315	384	554	921	1282	1686	1995	2413
			25.0≤BMI<30.0	124	1250	220	465	854	1239	1518	1998	2667
			BMI≥30.0	13	1367	623	697	814	1286	1786	1891	2331
		女	BMI<18.5	69	1351	424	609	793	1034	1564	2603	2942
			18.5≤BMI<23.0	224	1154	399	510	754	989	1410	1929	2274
			23.0≤BMI<25.0	96	1204	388	445	702	1114	1572	1932	2679
			25.0≤BMI<30.0	95	1374	523	580	871	1269	1600	2276	3005
			BMI≥30.0	18	874	248	316	428	707	1191	1610	1998

续表

流域	调查点	性别	BMI	N	日均直接饮水摄入量/mL							
					均值	P₅	P₁₀	P₂₅	P₅₀	P₇₅	P₉₀	P₉₅
珠江	广西壮族自治区北海市	男	BMI<18.5	18	1250	513	529	642	1052	1489	1830	2328
			18.5≤BMI<23.0	92	1052	389	475	677	956	1348	1749	1824
			23.0≤BMI<25.0	38	1020	420	472	816	896	1177	1632	1937
			25.0≤BMI<30.0	26	1040	416	500	657	920	1099	1807	1866
			BMI≥30.0	2	999	865	880	924	999	1073	1117	1132
		女	BMI<18.5	32	911	328	424	556	886	1154	1494	1694
			18.5≤BMI<23.0	98	893	299	422	623	804	1053	1490	1680
			23.0≤BMI<25.0	40	974	469	486	648	961	1093	1502	1656
			25.0≤BMI<30.0	48	912	301	443	543	876	1089	1584	1780
			BMI≥30.0	2	756	690	697	719	756	792	814	821
松花江	黑龙江省牡丹江市	男	BMI<18.5	19	841	371	448	471	836	1100	1336	1444
			18.5≤BMI<23.0	187	844	185	283	515	764	1131	1443	1624
			23.0≤BMI<25.0	158	1006	312	423	618	914	1346	1757	2013
			25.0≤BMI<30.0	192	1072	349	444	654	990	1386	1806	1957
			BMI≥30.0	22	983	464	493	602	886	1252	1621	1635
		女	BMI<18.5	31	892	289	329	450	814	1153	1686	1729
			18.5≤BMI<23.0	268	835	214	298	502	779	1114	1445	1622
			23.0≤BMI<25.0	176	877	232	320	557	771	1064	1475	1800
			25.0≤BMI<30.0	185	804	309	358	521	729	1014	1416	1520
			BMI≥30.0	29	893	350	406	629	821	1207	1476	1536
淮河	河南省郑州市	男	BMI<18.5	17	1373	573	720	1049	1350	1793	1966	2180
			18.5≤BMI<23.0	237	1330	549	682	979	1200	1634	2216	2368
			23.0≤BMI<25.0	179	1373	555	629	893	1157	1786	2388	2662
			25.0≤BMI<30.0	162	1604	629	815	1079	1479	1956	2504	3127
			BMI≥30.0	9	1749	863	954	1190	1579	1746	2564	3307
		女	BMI<18.5	43	1279	685	743	950	1200	1468	2034	2113
			18.5≤BMI<23.0	324	1298	451	643	893	1197	1550	2130	2578
			23.0≤BMI<25.0	153	1271	504	653	900	1200	1557	2020	2146
			25.0≤BMI<30.0	134	1222	467	604	818	1112	1477	2098	2281
			BMI≥30.0	7	1248	637	674	946	1239	1454	1779	1939

续表

流域	调查点	性别	BMI	N	日均直接饮水摄入量/mL							
					均值	P$_5$	P$_{10}$	P$_{25}$	P$_{50}$	P$_{75}$	P$_{90}$	P$_{95}$
海河	天津市	男	BMI<18.5	22	913	126	345	487	889	1321	1671	1712
			18.5≤BMI<23.0	141	1362	457	657	979	1300	1714	2007	2400
			23.0≤BMI<25.0	133	1469	589	721	1131	1360	1814	2163	2410
			25.0≤BMI<30.0	258	1473	657	805	1116	1471	1787	2168	2322
			BMI≥30.0	33	1381	765	799	971	1334	1686	1859	2194
		女	BMI<18.5	31	1109	107	386	689	836	1257	1791	2792
			18.5≤BMI<23.0	241	1276	493	626	929	1213	1557	1886	2014
			23.0≤BMI<25.0	153	1373	640	739	1000	1307	1643	1927	2097
			25.0≤BMI<30.0	198	1243	424	619	959	1215	1529	1804	1976
			BMI≥30.0	16	1375	821	904	993	1220	1692	2154	2266
辽河	辽宁省沈阳市	男	BMI<18.5	13	1056	441	453	564	914	1564	1742	1803
			18.5≤BMI<23.0	202	1103	301	379	650	986	1383	1960	2580
			23.0≤BMI<25.0	166	1222	332	504	757	1054	1525	2178	2706
			25.0≤BMI<30.0	166	1376	459	577	888	1232	1770	2259	2696
			BMI≥30.0	21	1467	521	679	993	1295	1786	2307	3000
		女	BMI<18.5	58	915	243	311	503	893	1215	1487	1652
			18.5≤BMI<23.0	290	1075	235	369	637	929	1414	1873	2400
			23.0≤BMI<25.0	144	1142	357	440	698	1050	1411	2044	2530
			25.0≤BMI<30.0	147	1257	329	507	746	1114	1629	2245	2604
			BMI≥30.0	10	1576	1085	1126	1141	1454	1809	1984	2488
浙闽片河流	浙江省平湖市	男	BMI<18.5	6	806	371	400	462	625	1211	1393	1411
			18.5≤BMI<23.0	80	1528	381	521	1091	1471	1975	2427	2669
			23.0≤BMI<25.0	60	1604	382	626	1179	1540	2015	2641	2781
			25.0≤BMI<30.0	48	1792	874	983	1218	1661	2216	2622	2972
			BMI≥30.0	3	1721	1256	1326	1536	1886	1989	2051	2072
		女	BMI<18.5	8	898	356	418	579	893	1060	1439	1584
			18.5≤BMI<23.0	107	1272	318	566	904	1164	1610	2123	2419
			23.0≤BMI<25.0	54	1176	306	602	853	1139	1382	1755	2164
			25.0≤BMI<30.0	36	1287	631	689	925	1171	1532	1942	2043
			BMI≥30.0	1	379	379	379	379	379	379	379	379

续表

流域	调查点	性别	BMI	N	日均直接饮水摄入量/mL							
					均值	P_5	P_{10}	P_{25}	P_{50}	P_{75}	P_{90}	P_{95}
西北诸河	新疆维吾尔自治区库尔勒市	男	BMI<18.5	4	1617	1053	1076	1147	1394	1864	2335	2493
			18.5≤BMI<23.0	38	1463	638	762	992	1382	1757	2016	2610
			23.0≤BMI<25.0	46	1467	430	576	861	1461	1932	2132	2574
			25.0≤BMI<30.0	79	1629	639	811	1094	1393	2136	2596	2844
			BMI≥30.0	11	1681	384	593	1086	1286	2175	2736	3593
		女	BMI<18.5	20	1511	761	852	1151	1379	1660	2298	3125
			18.5≤BMI<23.0	107	1390	535	612	944	1257	1754	2219	2757
			23.0≤BMI<25.0	41	1271	550	629	886	1196	1604	1769	2086
			25.0≤BMI<30.0	55	1389	613	705	911	1157	1629	2155	2839
			BMI≥30.0	12	1442	600	733	996	1411	1762	1907	2364
西南诸河	云南省腾冲市	男	BMI<18.5	6	1260	646	735	956	1256	1466	1787	1941
			18.5≤BMI<23.0	53	1348	751	888	1034	1179	1693	1885	2244
			23.0≤BMI<25.0	41	1521	707	864	1021	1343	1821	2436	3076
			25.0≤BMI<30.0	55	1271	622	723	877	1129	1390	1856	2477
			BMI≥30.0	1	1360	1360	1360	1360	1360	1360	1360	1360
		女	BMI<18.5	14	1004	708	751	805	911	1066	1383	1545
			18.5≤BMI<23.0	75	1155	619	702	805	1043	1449	1878	1993
			23.0≤BMI<25.0	29	1008	559	596	781	881	1143	1445	1753
			25.0≤BMI<30.0	46	1156	554	644	781	1034	1299	1801	2380
			BMI≥30.0	2	929	926	926	928	929	931	932	932
巢湖	安徽省巢湖市	男	BMI<18.5	9	1345	686	705	1000	1200	1677	1887	2261
			18.5≤BMI<23.0	135	1378	380	546	900	1229	1707	2376	2790
			23.0≤BMI<25.0	66	1507	445	546	841	1436	1896	2822	3155
			25.0≤BMI<30.0	79	1417	498	658	880	1300	1793	2159	2646
			BMI≥30.0	8	1812	455	510	1034	1807	2382	2924	3401
		女	BMI<18.5	33	1171	300	441	629	1143	1637	2166	2284
			18.5≤BMI<23.0	180	1255	434	534	812	1099	1623	2216	2544
			23.0≤BMI<25.0	75	1096	443	496	726	1000	1396	1787	1983
			25.0≤BMI<30.0	44	1188	243	330	680	1100	1608	2242	2559

流域	调查点	性别	BMI	N	日均直接饮水摄入量/mL							
					均值	P_5	P_{10}	P_{25}	P_{50}	P_{75}	P_{90}	P_{95}
太湖	江苏省无锡市	男	BMI<18.5	15	918	284	433	574	914	1146	1496	1665
			18.5≤BMI<23.0	244	1086	303	464	711	1018	1393	1816	2084
			23.0≤BMI<25.0	197	1153	403	523	729	1114	1446	1836	2288
			25.0≤BMI<30.0	140	1257	485	571	755	1161	1588	2004	2359
			BMI≥30.0	11	1363	939	986	1004	1071	1832	1957	1963
		女	BMI<18.5	46	867	237	328	437	769	1171	1575	1860
			18.5≤BMI<23.0	366	944	288	368	623	886	1150	1520	1812
			23.0≤BMI<25.0	150	1001	352	414	636	964	1314	1581	1931
			25.0≤BMI<30.0	81	997	243	357	662	914	1271	1721	1929
			BMI≥30.0	9	721	331	377	414	671	986	1081	1201

附表 A-16 我国重点流域典型城市居民（成人）分流域、性别、BMI 日均间接饮水摄入量

流域	调查点	性别	BMI	N	日均间接饮水摄入量/mL							
					均值	P_5	P_{10}	P_{25}	P_{50}	P_{75}	P_{90}	P_{95}
长江	四川省射洪市	男	BMI<18.5	4	868	513	593	833	972	1007	1059	1076
			18.5≤BMI<23.0	86	639	374	432	510	611	731	859	954
			23.0≤BMI<25.0	101	649	363	391	491	622	733	982	1061
			25.0≤BMI<30.0	93	604	349	396	484	566	728	808	892
			BMI≥30.0	6	528	355	361	372	435	697	788	800
		女	BMI<18.5	31	516	352	364	415	492	593	674	720
			18.5≤BMI<23.0	151	546	313	340	422	525	618	767	860
			23.0≤BMI<25.0	62	599	314	418	494	575	668	743	1035
			25.0≤BMI<30.0	50	626	345	376	448	556	757	920	1104
			BMI≥30.0	3	582	509	518	543	584	623	646	654
	湖南省长沙市	男	BMI<18.5	12	456	169	185	290	430	562	723	859
			18.5≤BMI<23.0	137	460	204	250	320	434	555	730	786
			23.0≤BMI<25.0	80	390	202	239	288	360	461	612	660
			25.0≤BMI<30.0	60	454	212	237	315	400	531	696	753
			BMI≥30.0	9	472	219	300	342	392	453	907	923

流域	调查点	性别	BMI	N	日均间接饮水摄入量/mL							
					均值	P_5	P_{10}	P_{25}	P_{50}	P_{75}	P_{90}	P_{95}
长江	湖南省长沙市	女	BMI<18.5	37	327	97	152	226	311	374	492	620
			18.5≤BMI<23.0	160	361	147	183	265	342	461	544	610
			23.0≤BMI<25.0	56	368	145	204	255	317	406	570	662
			25.0≤BMI<30.0	47	392	193	238	266	340	436	553	681
			BMI≥30.0	8	478	213	242	336	427	534	810	878
黄河	甘肃省兰州市	男	BMI<18.5	31	469	268	315	378	442	557	655	689
			18.5≤BMI<23.0	267	468	179	243	329	433	578	719	804
			23.0≤BMI<25.0	145	450	199	243	303	436	572	665	703
			25.0≤BMI<30.0	155	477	236	277	327	443	569	714	938
			BMI≥30.0	20	430	179	220	286	438	528	616	656
		女	BMI<18.5	71	411	202	239	277	389	486	666	694
			18.5≤BMI<23.0	292	421	184	220	305	393	511	639	731
			23.0≤BMI<25.0	147	425	189	219	312	391	546	627	683
			25.0≤BMI<30.0	103	435	191	235	304	396	509	694	749
			BMI≥30.0	15	362	157	207	281	327	463	515	569
	内蒙古自治区呼和浩特市	男	BMI<18.5	8	331	167	188	258	306	337	495	589
			18.5≤BMI<23.0	147	455	179	235	339	456	580	670	725
			23.0≤BMI<25.0	86	422	150	219	303	405	531	671	723
			25.0≤BMI<30.0	47	384	112	164	237	351	540	649	707
			BMI≥30.0	5	303	145	173	256	278	351	448	481
		女	BMI<18.5	21	378	175	182	254	362	458	635	656
			18.5≤BMI<23.0	139	370	102	154	265	351	485	600	655
			23.0≤BMI<25.0	91	410	208	247	297	364	509	614	686
			25.0≤BMI<30.0	61	382	113	185	245	363	474	651	712
			BMI≥30.0	3	358	311	314	324	339	383	409	418
	河北省石家庄市	男	BMI<18.5	3	418	257	282	358	485	512	528	533
			18.5≤BMI<23.0	52	582	222	267	372	541	700	925	1220
			23.0≤BMI<25.0	35	624	299	361	412	603	680	905	1251
			25.0≤BMI<30.0	65	644	239	398	501	645	767	956	1074
			BMI≥30.0	16	675	230	298	428	566	727	1184	1440

流域	调查点	性别	BMI	N	日均间接饮水摄入量/mL							
					均值	P_5	P_10	P_25	P_50	P_75	P_90	P_95
黄河	河北省石家庄市	女	BMI<18.5	17	402	142	183	270	401	483	607	740
			18.5≤BMI<23.0	68	539	148	227	367	511	685	860	1015
			23.0≤BMI<25.0	33	506	162	201	310	433	629	908	1040
			25.0≤BMI<30.0	44	614	300	349	466	567	776	909	1022
			BMI≥30.0	11	503	207	298	372	431	645	742	856
珠江	广东省佛山市	男	BMI<18.5	35	622	318	377	484	593	749	909	976
			18.5≤BMI<23.0	248	738	395	455	539	683	894	1137	1251
			23.0≤BMI<25.0	93	701	324	373	485	679	820	1008	1376
			25.0≤BMI<30.0	124	638	183	316	464	616	769	1016	1051
			BMI≥30.0	13	718	364	412	569	677	739	954	1262
		女	BMI<18.5	69	564	260	291	405	502	671	863	1021
			18.5≤BMI<23.0	224	585	256	310	420	558	717	894	1003
			23.0≤BMI<25.0	96	574	267	301	409	534	731	877	932
			25.0≤BMI<30.0	95	638	355	376	462	579	763	937	1057
			BMI≥30.0	18	508	291	363	425	464	551	718	853
	广西壮族自治区北海市	男	BMI<18.5	18	898	482	538	603	777	1141	1326	1468
			18.5≤BMI<23.0	92	823	409	451	565	726	981	1433	1657
			23.0≤BMI<25.0	38	853	340	388	541	842	991	1370	1516
			25.0≤BMI<30.0	26	758	415	506	590	787	894	1031	1101
			BMI≥30.0	2	644	637	638	640	644	648	650	651
		女	BMI<18.5	32	833	409	516	617	772	1064	1224	1331
			18.5≤BMI<23.0	98	707	340	391	530	640	847	1094	1247
			23.0≤BMI<25.0	40	717	420	440	549	664	856	1015	1180
			25.0≤BMI<30.0	48	696	325	400	531	645	827	1093	1174
			BMI≥30.0	2	895	747	764	813	895	978	1027	1043
松花江	黑龙江省牡丹江市	男	BMI<18.5	19	459	206	261	288	396	562	712	910
			18.5≤BMI<23.0	187	418	110	195	289	389	521	651	751
			23.0≤BMI<25.0	158	468	228	253	337	443	559	734	816
			25.0≤BMI<30.0	192	465	189	215	332	426	554	713	889
			BMI≥30.0	22	440	244	274	297	395	607	655	731

续表

流域	调查点	性别	BMI	N	日均间接饮水摄入量/mL							
					均值	P$_5$	P$_{10}$	P$_{25}$	P$_{50}$	P$_{75}$	P$_{90}$	P$_{95}$
松花江	黑龙江省牡丹江市	女	BMI<18.5	31	382	142	211	285	343	495	538	711
			18.5≤BMI<23.0	268	402	126	186	291	385	486	639	720
			23.0≤BMI<25.0	176	405	157	213	311	380	479	599	741
			25.0≤BMI<30.0	185	412	174	214	318	401	483	576	724
			BMI≥30.0	29	406	171	217	311	370	473	583	739
淮河	河南省郑州市	男	BMI<18.5	17	629	261	288	422	673	744	952	1008
			18.5≤BMI<23.0	237	641	263	324	452	624	809	952	1040
			23.0≤BMI<25.0	179	669	183	325	489	680	818	968	1177
			25.0≤BMI<30.0	162	699	348	402	538	698	845	978	1093
			BMI≥30.0	9	687	445	466	487	620	925	1012	1018
		女	BMI<18.5	43	576	314	346	421	544	709	830	925
			18.5≤BMI<23.0	324	620	263	336	443	613	757	864	987
			23.0≤BMI<25.0	153	635	224	326	453	642	757	931	1023
			25.0≤BMI<30.0	134	655	299	330	490	650	802	965	1059
			BMI≥30.0	7	702	360	425	558	673	924	959	970
海河	天津市	男	BMI<18.5	22	567	277	345	424	559	634	803	847
			18.5≤BMI<23.0	141	670	332	386	496	646	830	1031	1116
			23.0≤BMI<25.0	133	701	317	378	515	679	904	1042	1130
			25.0≤BMI<30.0	258	696	346	420	535	677	841	976	1113
			BMI≥30.0	33	684	317	395	507	616	851	1107	1160
		女	BMI<18.5	31	511	205	235	327	509	628	796	916
			18.5≤BMI<23.0	241	620	278	360	475	610	751	914	1014
			23.0≤BMI<25.0	153	604	268	321	460	608	721	894	1001
			25.0≤BMI<30.0	198	610	212	336	461	584	741	976	1069
			BMI≥30.0	16	594	285	361	458	541	743	821	899
辽河	辽宁省沈阳市	男	BMI<18.5	13	375	220	235	285	310	353	511	722
			18.5≤BMI<23.0	202	413	158	201	285	380	504	652	854
			23.0≤BMI<25.0	166	448	171	205	279	389	569	742	910
			25.0≤BMI<30.0	166	472	192	234	324	451	587	747	833
			BMI≥30.0	21	431	249	257	302	371	637	676	681

流域	调查点	性别	BMI	N	日均间接饮水摄入量/mL							
					均值	P_5	P_{10}	P_{25}	P_{50}	P_{75}	P_{90}	P_{95}
辽河	辽宁省沈阳市	女	BMI<18.5	58	356	159	200	246	329	415	545	627
			18.5≤BMI<23.0	290	386	93	153	235	349	485	697	835
			23.0≤BMI<25.0	144	390	191	222	277	346	482	599	755
			25.0≤BMI<30.0	147	400	131	179	278	384	511	609	713
			BMI≥30.0	10	445	155	179	308	467	553	670	739
浙闽片河流	浙江省平湖市	男	BMI<18.5	6	398	214	243	327	450	496	501	504
			18.5≤BMI<23.0	80	401	101	225	299	387	474	649	756
			23.0≤BMI<25.0	60	429	243	295	333	392	490	634	766
			25.0≤BMI<30.0	48	419	219	240	295	373	491	663	755
			BMI≥30.0	3	476	255	269	312	383	594	720	762
		女	BMI<18.5	8	225	211	212	215	220	227	245	252
			18.5≤BMI<23.0	107	349	147	181	234	329	422	543	649
			23.0≤BMI<25.0	54	377	181	211	296	378	472	536	568
			25.0≤BMI<30.0	36	376	220	230	307	373	463	501	552
			BMI≥30.0	1	488	488	488	488	488	488	488	488
西北诸河	新疆维吾尔自治区库尔勒市	男	BMI<18.5	4	506	282	306	377	463	592	740	789
			18.5≤BMI<23.0	38	508	220	251	348	441	658	765	937
			23.0≤BMI<25.0	46	499	188	223	279	453	595	842	986
			25.0≤BMI<30.0	79	468	201	236	319	451	590	714	799
			BMI≥30.0	11	539	277	313	414	495	679	825	837
		女	BMI<18.5	20	334	202	208	229	289	378	514	568
			18.5≤BMI<23.0	107	401	163	184	242	328	503	726	818
			23.0≤BMI<25.0	41	412	152	162	239	384	529	605	776
			25.0≤BMI<30.0	55	451	194	239	305	415	532	637	722
			BMI≥30.0	12	444	258	294	321	361	524	716	773
西南诸河	云南省腾冲市	男	BMI<18.5	6	610	440	458	509	547	646	823	895
			18.5≤BMI<23.0	53	633	233	302	446	579	797	1017	1156
			23.0≤BMI<25.0	41	704	381	393	525	703	837	1015	1094
			25.0≤BMI<30.0	55	687	367	434	512	672	808	954	1160
			BMI≥30.0	1	644	644	644	644	644	644	644	644

流域	调查点	性别	BMI	N	日均间接饮水摄入量/mL							
					均值	P$_5$	P$_{10}$	P$_{25}$	P$_{50}$	P$_{75}$	P$_{90}$	P$_{95}$
西南诸河	云南省腾冲市	女	BMI<18.5	14	515	157	168	212	531	658	998	1153
			18.5≤BMI<23.0	75	563	265	340	391	574	698	794	820
			23.0≤BMI<25.0	29	622	245	354	480	605	751	956	1007
			25.0≤BMI<30.0	46	693	261	344	507	624	840	1028	1108
			BMI≥30.0	2	974	693	724	818	974	1131	1225	1256
巢湖	安徽省巢湖市	男	BMI<18.5	9	439	284	285	317	339	521	598	731
			18.5≤BMI<23.0	135	606	243	322	421	578	756	915	1066
			23.0≤BMI<25.0	66	541	218	273	349	501	668	963	1073
			25.0≤BMI<30.0	79	545	245	298	390	488	701	849	919
			BMI≥30.0	8	469	133	196	281	381	577	874	984
		女	BMI<18.5	33	559	205	271	386	561	723	882	936
			18.5≤BMI<23.0	180	548	217	247	354	536	676	831	932
			23.0≤BMI<25.0	75	515	192	253	347	461	644	917	1048
			25.0≤BMI<30.0	44	618	235	282	413	507	655	1125	1282
太湖	江苏省无锡市	男	BMI<18.5	15	469	186	262	336	456	501	829	851
			18.5≤BMI<23.0	244	489	185	269	354	465	622	741	768
			23.0≤BMI<25.0	197	514	220	294	412	514	610	735	798
			25.0≤BMI<30.0	140	531	285	311	391	514	651	791	867
			BMI≥30.0	11	581	302	330	390	543	775	858	935
		女	BMI<18.5	46	385	222	255	307	372	474	537	574
			18.5≤BMI<23.0	366	419	170	208	305	413	524	619	689
			23.0≤BMI<25.0	150	450	187	226	323	434	556	667	752
			25.0≤BMI<30.0	81	448	228	276	319	419	578	683	706
			BMI≥30.0	9	443	212	300	457	462	520	554	569

附表 A-17　我国重点流域典型城市居民（成人）分流域、性别、BMI 日均总饮水摄入量

流域	调查点	性别	BMI	N	日均总饮水摄入量/mL							
					均值	P$_5$	P$_{10}$	P$_{25}$	P$_{50}$	P$_{75}$	P$_{90}$	P$_{95}$
长江	四川省射洪市	男	BMI<18.5	4	1774	1392	1443	1596	1709	1887	2157	2247
			18.5≤BMI<23.0	86	1926	1184	1318	1554	1777	2266	2625	3026
			23.0≤BMI<25.0	101	1949	1199	1314	1570	1815	2163	2723	3173
			25.0≤BMI<30.0	93	1975	1183	1315	1539	1830	2310	2762	3305
			BMI≥30.0	6	1775	1387	1391	1467	1806	2047	2128	2151

流域	调查点	性别	BMI	N	日均总饮水摄入量/mL							
					均值	P_5	P_{10}	P_{25}	P_{50}	P_{75}	P_{90}	P_{95}
长江	四川省射洪市	女	BMI<18.5	31	1561	1154	1201	1256	1496	1815	1950	2125
			18.5≤BMI<23.0	151	1724	1129	1202	1415	1664	1902	2275	2616
			23.0≤BMI<25.0	62	1737	1263	1292	1425	1632	1884	2379	2585
			25.0≤BMI<30.0	50	1814	1130	1315	1572	1741	1977	2483	2532
			BMI≥30.0	3	1745	1668	1675	1696	1730	1787	1821	1833
	湖南省长沙市	男	BMI<18.5	12	2469	824	990	1598	1988	3347	4260	4888
			18.5≤BMI<23.0	137	2030	847	978	1415	1973	2442	3156	3624
			23.0≤BMI<25.0	80	2006	907	1066	1382	1844	2459	3029	3820
			25.0≤BMI<30.0	60	2022	878	1175	1478	1795	2507	3243	3529
			BMI≥30.0	9	2133	871	992	1270	2107	2781	3402	3918
		女	BMI<18.5	37	1645	618	806	1269	1479	2046	2469	2633
			18.5≤BMI<23.0	160	1640	655	866	1196	1583	2038	2390	2793
			23.0≤BMI<25.0	56	1623	572	782	1172	1687	2076	2359	2760
			25.0≤BMI<30.0	47	2173	765	1013	1588	1961	2587	3418	4435
			BMI≥30.0	8	2623	1477	1627	1940	2336	2694	4008	4675
黄河	甘肃省兰州市	男	BMI<18.5	31	1864	1000	1028	1289	1745	1993	3347	3531
			18.5≤BMI<23.0	267	1794	876	1029	1254	1640	2118	2739	3457
			23.0≤BMI<25.0	145	1810	986	1063	1297	1610	2112	2792	3262
			25.0≤BMI<30.0	155	1909	931	1073	1334	1669	2280	2937	3761
			BMI≥30.0	20	1879	1102	1184	1292	1700	2004	3096	3382
		女	BMI<18.5	71	1580	836	935	1104	1489	1868	2510	2681
			18.5≤BMI<23.0	292	1643	855	1028	1186	1479	1954	2474	2924
			23.0≤BMI<25.0	147	1598	786	917	1158	1464	1898	2387	2845
			25.0≤BMI<30.0	103	1733	909	1028	1161	1530	1953	2889	3461
			BMI≥30.0	15	1579	872	1085	1274	1578	1748	2120	2361
	内蒙古自治区呼和浩特市	男	BMI<18.5	8	1340	573	625	874	1128	1538	2081	2646
			18.5≤BMI<23.0	147	1949	958	1128	1374	1910	2414	2954	3282
			23.0≤BMI<25.0	86	2028	1193	1331	1642	1927	2332	2889	3264
			25.0≤BMI<30.0	47	2005	1034	1213	1528	1883	2492	2777	3223
			BMI≥30.0	5	2069	1261	1283	1348	1923	2527	2995	3152

流域	调查点	性别	BMI	N	日均总饮水摄入量/mL							
					均值	P5	P10	P25	P50	P75	P90	P95
黄河	内蒙古自治区呼和浩特市	女	BMI<18.5	21	1854	814	882	1223	1735	2447	3082	3140
			18.5≤BMI<23.0	139	1768	772	1040	1324	1691	2268	2701	2800
			23.0≤BMI<25.0	91	1746	859	1005	1300	1717	2045	2521	2954
			25.0≤BMI<30.0	61	1915	927	1067	1354	1814	2405	2851	3305
			BMI≥30.0	3	1465	1086	1105	1162	1256	1664	1909	1991
	河北省石家庄市	男	BMI<18.5	3	1419	1307	1316	1342	1385	1480	1536	1555
			18.5≤BMI<23.0	52	2004	1027	1210	1524	1966	2371	2967	3420
			23.0≤BMI<25.0	35	2189	1035	1104	1495	1931	2480	3751	4331
			25.0≤BMI<30.0	65	2081	1008	1342	1623	1980	2288	3309	3884
			BMI≥30.0	16	2253	1202	1354	1767	2023	2366	3344	3951
		女	BMI<18.5	17	1274	732	775	840	1187	1318	2139	2541
			18.5≤BMI<23.0	68	1656	630	908	1191	1543	2020	2643	2906
			23.0≤BMI<25.0	33	1824	727	820	1454	1706	2384	2682	3127
			25.0≤BMI<30.0	44	1781	1041	1142	1486	1709	1990	2446	2654
			BMI≥30.0	11	1712	720	960	1179	1514	1883	2959	3290
珠江	广东省佛山市	男	BMI<18.5	35	1770	792	998	1257	1591	2060	2565	2655
			18.5≤BMI<23.0	248	2046	920	1179	1471	1929	2447	3136	3510
			23.0≤BMI<25.0	93	2015	1001	1140	1512	2008	2439	2825	3320
			25.0≤BMI<30.0	124	1923	471	920	1477	1905	2270	2826	3476
			BMI≥30.0	13	2084	1294	1346	1432	1989	2239	2545	3415
		女	BMI<18.5	69	1976	920	994	1250	1565	2324	3388	4511
			18.5≤BMI<23.0	224	1739	825	917	1245	1536	2067	2754	3153
			23.0≤BMI<25.0	96	1778	751	884	1181	1655	2259	2517	3314
			25.0≤BMI<30.0	95	2019	920	1008	1412	1937	2360	3095	3565
			BMI≥30.0	18	1382	705	859	941	1382	1606	2069	2547
	广西壮族自治区北海市	男	BMI<18.5	18	2165	1096	1124	1348	2026	2431	3182	3508
			18.5≤BMI<23.0	92	1875	987	1106	1259	1754	2349	2943	3124
			23.0≤BMI<25.0	38	1876	1000	1063	1394	1800	2313	2804	2907
			25.0≤BMI<30.0	26	1798	969	1098	1459	1734	1964	2611	2736
			BMI≥30.0	2	1643	1516	1530	1572	1643	1713	1756	1770

流域	调查点	性别	BMI	N	日均总饮水摄入量/mL							
					均值	P_5	P_{10}	P_{25}	P_{50}	P_{75}	P_{90}	P_{95}
珠江	广西壮族自治区北海市	女	BMI<18.5	32	1744	905	1016	1201	1777	2117	2531	2950
			18.5≤BMI<23.0	98	1600	886	1005	1188	1452	1819	2352	2767
			23.0≤BMI<25.0	40	1691	1063	1140	1282	1577	1992	2264	2532
			25.0≤BMI<30.0	48	1607	841	967	1215	1538	1875	2515	2724
			BMI≥30.0	2	1651	1569	1578	1605	1651	1697	1724	1733
松花江	黑龙江省牡丹江市	男	BMI<18.5	19	1300	672	753	823	1339	1709	1888	2132
			18.5≤BMI<23.0	187	1262	381	518	901	1237	1595	1897	2175
			23.0≤BMI<25.0	158	1474	707	811	1091	1394	1755	2336	2559
			25.0≤BMI<30.0	192	1537	672	841	1140	1413	1857	2361	2615
			BMI≥30.0	22	1423	714	879	1102	1355	1740	2321	2462
		女	BMI<18.5	31	1274	451	557	815	1148	1606	2382	2510
			18.5≤BMI<23.0	268	1236	451	637	910	1211	1497	1876	2262
			23.0≤BMI<25.0	176	1282	600	720	917	1132	1447	1920	2461
			25.0≤BMI<30.0	185	1216	626	727	899	1117	1459	1707	2074
			BMI≥30.0	29	1298	642	718	970	1310	1619	1733	1847
淮河	河南省郑州市	男	BMI<18.5	17	2003	1018	1292	1524	1719	2365	2695	2981
			18.5≤BMI<23.0	237	1970	993	1292	1520	1874	2321	2903	3080
			23.0≤BMI<25.0	179	2042	1083	1240	1492	1848	2548	3013	3632
			25.0≤BMI<30.0	162	2304	1226	1409	1779	2151	2681	3388	3825
			BMI≥30.0	9	2436	1429	1662	1925	2201	2222	3585	4322
		女	BMI<18.5	43	1855	1142	1302	1489	1773	2040	2522	2839
			18.5≤BMI<23.0	324	1919	963	1227	1502	1812	2230	2894	3192
			23.0≤BMI<25.0	153	1906	898	1209	1499	1822	2205	2736	2941
			25.0≤BMI<30.0	134	1877	1074	1206	1413	1738	2288	2843	3088
			BMI≥30.0	7	1950	1303	1372	1505	1912	2395	2609	2657
海河	天津市	男	BMI<18.5	22	1480	531	642	1022	1389	1895	2474	2509
			18.5≤BMI<23.0	141	2032	1066	1222	1625	1991	2455	2937	3149
			23.0≤BMI<25.0	133	2171	969	1209	1748	2147	2606	2986	3432
			25.0≤BMI<30.0	258	2169	1168	1344	1732	2144	2575	3066	3216
			BMI≥30.0	33	2065	1309	1408	1584	2031	2503	2722	2835

续表

流域	调查点	性别	BMI	N	日均总饮水摄入量/mL							
					均值	P₅	P₁₀	P₂₅	P₅₀	P₇₅	P₉₀	P₉₅
海河	天津市	女	BMI<18.5	31	1620	523	643	1094	1480	1873	2281	3393
			18.5≤BMI<23.0	241	1895	969	1174	1455	1854	2343	2619	2885
			23.0≤BMI<25.0	153	1977	1006	1276	1573	1948	2309	2612	3006
			25.0≤BMI<30.0	198	1853	780	1055	1469	1809	2276	2648	2847
			BMI≥30.0	16	1969	1256	1374	1676	1869	2324	2594	2842
辽河	辽宁省沈阳市	男	BMI<18.5	13	1432	687	747	976	1224	2016	2123	2197
			18.5≤BMI<23.0	202	1516	549	674	956	1389	1873	2658	3140
			23.0≤BMI<25.0	166	1670	605	862	1105	1495	2146	2758	3151
			25.0≤BMI<30.0	166	1848	862	993	1319	1738	2233	2819	3446
			BMI≥30.0	21	1898	1027	1080	1394	1753	2188	2889	3140
		女	BMI<18.5	58	1271	550	592	813	1304	1545	1906	2161
			18.5≤BMI<23.0	290	1461	456	663	974	1305	1804	2478	2743
			23.0≤BMI<25.0	144	1532	633	786	1088	1382	1769	2541	2922
			25.0≤BMI<30.0	147	1657	605	770	1148	1497	2068	2624	3184
			BMI≥30.0	10	2021	1290	1314	1600	1955	2334	2563	2979
浙闽片河流	浙江省平湖市	男	BMI<18.5	6	1204	677	711	795	1053	1639	1849	1892
			18.5≤BMI<23.0	80	1929	613	948	1408	1884	2487	2942	3280
			23.0≤BMI<25.0	60	2033	802	1056	1561	1975	2576	2969	3191
			25.0≤BMI<30.0	48	2211	1326	1392	1643	2109	2675	3126	3474
			BMI≥30.0	3	2197	1646	1722	1951	2333	2511	2618	2654
		女	BMI<18.5	8	1123	574	639	813	1105	1291	1686	1817
			18.5≤BMI<23.0	107	1622	541	845	1203	1455	1942	2627	2764
			23.0≤BMI<25.0	54	1553	550	914	1233	1507	1754	2207	2653
			25.0≤BMI<30.0	36	1663	999	1119	1291	1461	1980	2291	2426
			BMI≥30.0	1	866	866	866	866	866	866	866	866
西北诸河	新疆维吾尔自治区库尔勒市	男	BMI<18.5	4	2122	1611	1682	1898	2021	2245	2643	2776
			18.5≤BMI<23.0	38	2094	1015	1168	1519	1988	2294	2985	4266
			23.0≤BMI<25.0	46	1965	718	895	1446	1943	2390	2922	3092
			25.0≤BMI<30.0	79	2097	1004	1169	1476	1944	2692	3092	3553
			BMI≥30.0	11	2219	750	835	1448	1810	2864	3264	4281

流域	调查点	性别	BMI	N	日均总饮水摄入量/mL							
					均值	P_5	P_{10}	P_{25}	P_{50}	P_{75}	P_{90}	P_{95}
西北诸河	新疆维吾尔自治区库尔勒市	女	BMI<18.5	20	1845	999	1096	1446	1686	1965	2596	3347
			18.5≤BMI<23.0	107	1791	791	968	1329	1626	2139	2787	3200
			23.0≤BMI<25.0	41	1683	835	926	1260	1632	2010	2319	2561
			25.0≤BMI<30.0	55	1840	991	1188	1386	1761	1951	2628	3209
			BMI≥30.0	12	1886	943	1064	1317	1959	2207	2345	2977
西南诸河	云南省腾冲市	男	BMI<18.5	6	1869	1129	1280	1656	1953	2086	2375	2509
			18.5≤BMI<23.0	53	2052	1204	1379	1474	1746	2289	3139	3254
			23.0≤BMI<25.0	41	2224	1309	1524	1753	2046	2705	3398	3455
			25.0≤BMI<30.0	55	2022	1012	1161	1399	1860	2310	2891	3721
			BMI≥30.0	1	2004	2004	2004	2004	2004	2004	2004	2004
		女	BMI<18.5	14	1519	977	997	1087	1239	1707	2343	2661
			18.5≤BMI<23.0	75	1718	1053	1149	1350	1578	1925	2603	2884
			23.0≤BMI<25.0	29	1630	1006	1161	1326	1566	1878	2054	2497
			25.0≤BMI<30.0	46	1848	1038	1109	1309	1781	2120	2936	3226
			BMI≥30.0	2	1904	1625	1656	1749	1904	2058	2151	2182
巢湖	安徽省巢湖市	男	BMI<18.5	9	1785	993	1034	1334	1679	1959	2683	2919
			18.5≤BMI<23.0	135	1985	817	986	1409	1859	2285	3111	3665
			23.0≤BMI<25.0	66	2048	772	922	1218	1896	2641	3512	3775
			25.0≤BMI<30.0	79	1962	973	1070	1354	1911	2326	2809	3364
			BMI≥30.0	8	2281	602	735	1489	2415	2818	3482	4070
		女	BMI<18.5	33	1730	636	856	1186	1622	2201	2922	3077
			18.5≤BMI<23.0	180	1803	735	898	1242	1644	2245	2816	3311
			23.0≤BMI<25.0	75	1611	789	854	1147	1533	2023	2548	2645
			25.0≤BMI<30.0	44	1806	488	682	1171	1622	2274	3109	3763
太湖	江苏省无锡市	男	BMI<18.5	15	1388	853	902	1044	1296	1453	2056	2538
			18.5≤BMI<23.0	244	1576	596	933	1174	1473	1871	2410	2621
			23.0≤BMI<25.0	197	1667	827	994	1235	1648	1988	2477	2757
			25.0≤BMI<30.0	140	1789	908	980	1250	1685	2152	2577	3082
			BMI≥30.0	11	1943	1364	1413	1803	1905	2188	2425	2483

流域	调查点	性别	BMI	N	日均总饮水摄入量/mL							
					均值	P_5	P_{10}	P_{25}	P_{50}	P_{75}	P_{90}	P_{95}
太湖	江苏省无锡市	女	BMI<18.5	46	1252	569	701	813	1193	1541	1914	2447
			18.5≤BMI<23.0	366	1364	623	723	965	1307	1657	2040	2351
			23.0≤BMI<25.0	150	1450	626	796	1109	1389	1782	2138	2399
			25.0≤BMI<30.0	81	1445	607	755	1038	1340	1817	2202	2464
			BMI≥30.0	9	1164	601	793	961	1015	1479	1612	1697

附表 A-18 我国重点流域典型城市居民（成人）分流域、性别、BMI日均饮料摄入量

流域	调查点	性别	BMI	N	日均饮料摄入量/mL							
					均值	P_5	P_{10}	P_{25}	P_{50}	P_{75}	P_{90}	P_{95}
长江	四川省射洪市	男	BMI<18.5	4	172	86	93	114	170	229	254	263
			18.5≤BMI<23.0	86	92	0	0	0	46	139	246	359
			23.0≤BMI<25.0	101	86	0	0	0	32	143	243	271
			25.0≤BMI<30.0	93	100	0	0	0	29	171	286	396
			BMI≥30.0	6	138	16	32	66	107	191	275	309
		女	BMI<18.5	31	95	0	0	0	71	182	257	271
			18.5≤BMI<23.0	151	104	0	0	0	57	189	257	318
			23.0≤BMI<25.0	62	86	0	0	0	50	143	248	257
			25.0≤BMI<30.0	50	71	0	0	0	29	100	228	262
			BMI≥30.0	3	0	0	0	0	0	0	0	0
	湖南省长沙市	男	BMI<18.5	12	93	0	0	0	57	159	249	296
			18.5≤BMI<23.0	137	141	0	0	0	43	143	386	746
			23.0≤BMI<25.0	80	71	0	0	0	14	106	222	308
			25.0≤BMI<30.0	60	96	0	0	0	36	150	268	344
			BMI≥30.0	9	98	0	0	14	43	71	260	351
		女	BMI<18.5	37	123	0	0	29	100	214	263	359
			18.5≤BMI<23.0	160	68	0	0	0	29	100	222	286
			23.0≤BMI<25.0	56	108	0	0	0	29	122	336	564
			25.0≤BMI<30.0	47	93	0	0	0	29	109	257	381
			BMI≥30.0	8	173	0	0	11	21	166	536	686

流域	调查点	性别	BMI	N	日均饮料摄入量/mL							
					均值	P_5	P_{10}	P_{25}	P_{50}	P_{75}	P_{90}	P_{95}
黄河	甘肃省兰州市	男	BMI<18.5	31	254	0	0	14	164	372	757	779
			18.5≤BMI<23.0	267	137	0	0	0	71	176	336	581
			23.0≤BMI<25.0	145	117	0	0	14	71	176	279	383
			25.0≤BMI<30.0	155	104	0	0	14	64	137	211	350
			BMI≥30.0	20	123	0	0	0	36	185	254	500
		女	BMI<18.5	71	134	0	0	29	90	201	300	354
			18.5≤BMI<23.0	292	133	0	0	29	86	193	321	396
			23.0≤BMI<25.0	147	93	0	0	0	57	129	214	288
			25.0≤BMI<30.0	103	121	0	0	1	71	150	309	387
			BMI≥30.0	15	104	0	0	7	65	150	241	313
	内蒙古自治区呼和浩特市	男	BMI<18.5	8	63	0	0	0	21	141	161	166
			18.5≤BMI<23.0	147	137	0	0	0	71	179	374	494
			23.0≤BMI<25.0	86	103	0	0	0	36	129	218	405
			25.0≤BMI<30.0	47	37	0	0	0	0	46	151	181
			BMI≥30.0	5	261	0	0	0	64	286	689	823
		女	BMI<18.5	21	141	0	0	0	71	186	250	413
			18.5≤BMI<23.0	139	105	0	0	0	57	157	280	354
			23.0≤BMI<25.0	91	80	0	0	0	29	121	250	293
			25.0≤BMI<30.0	61	86	0	0	0	43	143	214	229
			BMI≥30.0	3	24	0	0	0	0	36	57	64
	河北省石家庄市	男	BMI<18.5	3	86	1	3	7	14	129	197	220
			18.5≤BMI<23.0	52	186	0	0	34	121	271	411	632
			23.0≤BMI<25.0	35	89	0	0	7	57	156	204	248
			25.0≤BMI<30.0	65	104	0	0	0	74	143	247	350
			BMI≥30.0	16	95	0	0	0	18	162	298	341
		女	BMI<18.5	17	204	0	0	93	129	286	481	587
			18.5≤BMI<23.0	68	196	0	0	34	146	260	447	549
			23.0≤BMI<25.0	33	145	0	0	34	121	236	288	341
			25.0≤BMI<30.0	44	133	0	0	30	111	183	286	386
			BMI≥30.0	11	132	14	29	50	133	200	207	257

流域	调查点	性别	BMI	N	日均饮料摄入量/mL							
					均值	P_5	P_{10}	P_{25}	P_{50}	P_{75}	P_{90}	P_{95}
珠江	广东省佛山市	男	BMI<18.5	35	197	0	0	25	141	243	493	630
			18.5≤BMI<23.0	248	142	0	0	0	50	171	353	455
			23.0≤BMI<25.0	93	87	0	0	0	43	100	197	264
			25.0≤BMI<30.0	124	114	0	0	0	25	125	241	528
			BMI≥30.0	13	292	0	0	0	150	300	697	1109
		女	BMI<18.5	69	124	0	0	14	86	164	260	424
			18.5≤BMI<23.0	224	98	0	0	0	43	136	244	336
			23.0≤BMI<25.0	96	79	0	0	0	36	122	193	262
			25.0≤BMI<30.0	95	116	0	0	0	29	116	259	305
			BMI≥30.0	18	45	0	0	0	1	29	116	169
	广西壮族自治区北海市	男	BMI<18.5	18	178	0	0	2	37	159	527	757
			18.5≤BMI<23.0	92	162	0	0	0	71	152	406	956
			23.0≤BMI<25.0	38	126	0	0	0	36	100	257	354
			25.0≤BMI<30.0	26	137	0	0	0	32	127	464	597
			BMI≥30.0	2	107	43	50	71	107	143	164	171
		女	BMI<18.5	32	88	0	0	0	36	86	241	357
			18.5≤BMI<23.0	98	94	0	0	0	14	107	214	290
			23.0≤BMI<25.0	40	118	0	0	0	43	178	260	308
			25.0≤BMI<30.0	48	61	0	0	0	29	66	232	267
			BMI≥30.0	2	7	1	1	4	7	11	13	14
松花江	黑龙江省牡丹江市	男	BMI<18.5	19	66	0	0	0	36	104	201	211
			18.5≤BMI<23.0	187	87	0	0	0	29	92	214	324
			23.0≤BMI<25.0	158	97	0	0	0	31	177	271	357
			25.0≤BMI<30.0	192	94	0	0	0	43	132	243	314
			BMI≥30.0	22	69	0	0	0	42	103	156	225
		女	BMI<18.5	31	128	0	0	0	57	221	336	382
			18.5≤BMI<23.0	268	104	0	0	0	43	144	261	353
			23.0≤BMI<25.0	176	86	0	0	0	40	115	249	340
			25.0≤BMI<30.0	185	88	0	0	0	41	129	226	325
			BMI≥30.0	29	105	0	0	29	71	186	257	259

流域	调查点	性别	BMI	N	日均饮料摄入量/mL							
					均值	P_5	P_{10}	P_{25}	P_{50}	P_{75}	P_{90}	P_{95}
淮河	河南省郑州市	男	BMI<18.5	17	150	0	0	43	100	250	334	413
			18.5≤BMI<23.0	237	139	0	0	0	57	200	381	542
			23.0≤BMI<25.0	179	140	0	0	0	43	191	376	644
			25.0≤BMI<30.0	162	150	0	0	0	29	212	427	584
			BMI≥30.0	9	117	0	0	0	0	157	327	410
		女	BMI<18.5	43	172	0	0	0	76	293	497	558
			18.5≤BMI<23.0	324	152	0	0	0	83	231	400	505
			23.0≤BMI<25.0	153	116	0	0	0	36	171	353	446
			25.0≤BMI<30.0	134	85	0	0	0	29	108	291	392
			BMI≥30.0	7	37	0	0	0	0	79	91	96
海河	天津市	男	BMI<18.5	22	148	0	0	4	50	237	458	478
			18.5≤BMI<23.0	141	109	0	0	0	0	100	407	486
			23.0≤BMI<25.0	133	63	0	0	0	0	50	137	261
			25.0≤BMI<30.0	258	73	0	0	0	0	57	214	336
			BMI≥30.0	33	110	0	0	0	0	103	403	620
		女	BMI<18.5	31	82	0	0	0	29	113	271	327
			18.5≤BMI<23.0	241	89	0	0	0	29	114	257	371
			23.0≤BMI<25.0	153	57	0	0	0	0	71	184	276
			25.0≤BMI<30.0	198	52	0	0	0	0	43	161	252
			BMI≥30.0	16	24	0	0	0	0	7	86	132
辽河	辽宁省沈阳市	男	BMI<18.5	13	168	0	0	0	107	243	387	516
			18.5≤BMI<23.0	202	165	0	0	0	63	210	476	749
			23.0≤BMI<25.0	166	130	0	0	0	43	145	293	538
			25.0≤BMI<30.0	166	162	0	0	0	57	188	454	621
			BMI≥30.0	21	158	0	0	0	32	150	286	514
		女	BMI<18.5	58	178	0	0	0	139	271	405	512
			18.5≤BMI<23.0	290	171	0	0	0	71	229	432	611
			23.0≤BMI<25.0	144	110	0	0	0	43	171	286	395
			25.0≤BMI<30.0	147	116	0	0	0	43	153	310	513
			BMI≥30.0	10	85	0	0	0	46	121	173	275

流域	调查点	性别	BMI	N	日均饮料摄入量/mL							
					均值	P_5	P_{10}	P_{25}	P_{50}	P_{75}	P_{90}	P_{95}
浙闽片河流	浙江省平湖市	男	BMI<18.5	6	205	0	0	54	236	295	379	414
			18.5≤BMI<23.0	80	69	0	0	0	0	50	189	330
			23.0≤BMI<25.0	60	48	0	0	0	0	23	162	180
			25.0≤BMI<30.0	48	41	0	0	0	0	30	114	157
			BMI≥30.0	3	238	64	71	93	129	328	448	488
		女	BMI<18.5	8	29	0	0	0	0	0	69	149
			18.5≤BMI<23.0	107	48	0	0	0	0	70	158	186
			23.0≤BMI<25.0	54	69	0	0	0	29	99	204	280
			25.0≤BMI<30.0	36	59	0	0	0	7	49	200	319
			BMI≥30.0	1	0	0	0	0	0	0	0	0
西北诸河	新疆维吾尔自治区库尔勒市	男	BMI<18.5	4	99	15	31	77	108	130	159	169
			18.5≤BMI<23.0	38	114	0	0	22	71	149	309	365
			23.0≤BMI<25.0	46	182	0	0	46	130	327	398	461
			25.0≤BMI<30.0	79	153	0	0	24	100	229	383	487
			BMI≥30.0	11	224	0	0	50	93	429	457	600
		女	BMI<18.5	20	236	43	49	111	229	317	459	476
			18.5≤BMI<23.0	107	136	0	0	43	114	187	274	334
			23.0≤BMI<25.0	41	160	0	29	73	143	229	300	406
			25.0≤BMI<30.0	55	149	0	0	29	140	221	350	434
			BMI≥30.0	12	168	0	0	27	93	246	456	505
西南诸河	云南省腾冲市	男	BMI<18.5	6	200	7	14	33	81	227	504	623
			18.5≤BMI<23.0	53	113	0	0	0	36	136	326	428
			23.0≤BMI<25.0	41	139	0	0	0	50	186	295	514
			25.0≤BMI<30.0	55	81	0	0	0	36	107	180	244
			BMI≥30.0	1	0	0	0	0	0	0	0	0
		女	BMI<18.5	14	186	0	0	0	36	134	490	887
			18.5≤BMI<23.0	75	160	0	0	7	64	225	511	585
			23.0≤BMI<25.0	29	84	0	0	0	29	143	270	329
			25.0≤BMI<30.0	46	53	0	0	0	28	70	168	207
			BMI≥30.0	2	4	0	1	2	4	5	6	7

流域	调查点	性别	BMI	N	日均饮料摄入量/mL							
					均值	P_5	P_{10}	P_{25}	P_{50}	P_{75}	P_{90}	P_{95}
巢湖	安徽省巢湖市	男	BMI<18.5	9	151	0	0	0	0	229	417	584
			18.5≤BMI<23.0	135	110	0	0	0	29	132	334	468
			23.0≤BMI<25.0	66	54	0	0	0	0	71	164	225
			25.0≤BMI<30.0	79	102	0	0	0	6	86	343	409
			BMI≥30.0	8	149	0	0	0	0	143	479	622
		女	BMI<18.5	33	78	0	0	0	28	86	197	341
			18.5≤BMI<23.0	180	79	0	0	0	0	86	245	408
			23.0≤BMI<25.0	75	53	0	0	0	0	96	157	171
			25.0≤BMI<30.0	44	78	0	0	0	0	79	259	359
太湖	江苏省无锡市	男	BMI<18.5	15	274	0	0	11	250	324	676	842
			18.5≤BMI<23.0	244	150	0	0	0	114	230	377	436
			23.0≤BMI<25.0	197	128	0	0	0	71	189	317	440
			25.0≤BMI<30.0	140	112	0	0	0	50	186	295	393
			BMI≥30.0	11	149	0	0	39	57	189	397	471
		女	BMI<18.5	46	164	0	0	27	139	242	343	401
			18.5≤BMI<23.0	366	143	0	0	0	100	236	336	457
			23.0≤BMI<25.0	150	100	0	0	0	43	136	252	368
			25.0≤BMI<30.0	81	89	0	0	0	36	143	250	291
			BMI≥30.0	9	64	0	0	0	29	50	187	247

附表 A-19　我国重点流域典型城市居民（成人）分流域、性别、BMI 日均总水摄入量

流域	调查点	性别	BMI	N	日均总水摄入量/mL							
					均值	P_5	P_{10}	P_{25}	P_{50}	P_{75}	P_{90}	P_{95}
长江	四川省射洪市	男	BMI<18.5	4	1947	1511	1555	1687	1856	2116	2412	2510
			18.5≤BMI<23.0	86	2018	1298	1376	1620	1926	2273	2629	3042
			23.0≤BMI<25.0	101	2035	1260	1434	1638	1870	2317	2736	3173
			25.0≤BMI<30.0	93	2075	1248	1394	1645	1924	2393	2894	3305
			BMI≥30.0	6	1913	1447	1495	1626	1873	2172	2371	2444

流域	调查点	性别	BMI	N	日均总水摄入量/mL							
					均值	P_5	P_{10}	P_{25}	P_{50}	P_{75}	P_{90}	P_{95}
长江	四川省射洪市	女	BMI<18.5	31	1656	1237	1287	1416	1506	1908	2035	2346
			18.5≤BMI<23.0	151	1828	1163	1295	1500	1742	2010	2478	2805
			23.0≤BMI<25.0	62	1823	1298	1381	1513	1720	2032	2544	2629
			25.0≤BMI<30.0	50	1885	1276	1329	1627	1786	2090	2488	2585
			BMI≥30.0	3	1745	1668	1675	1696	1730	1787	1821	1833
	湖南省长沙市	男	BMI<18.5	12	2562	859	1060	1664	2251	3475	4265	4921
			18.5≤BMI<23.0	137	2169	938	1058	1503	2120	2662	3364	3897
			23.0≤BMI<25.0	80	2076	911	1119	1402	1942	2531	3029	3820
			25.0≤BMI<30.0	60	2117	998	1282	1593	1902	2524	3272	3555
			BMI≥30.0	9	2231	926	1058	1270	2178	2996	3419	3941
		女	BMI<18.5	37	1768	663	965	1414	1703	2189	2578	2633
			18.5≤BMI<23.0	160	1707	655	904	1291	1665	2110	2492	2799
			23.0≤BMI<25.0	56	1732	690	885	1311	1759	2149	2634	2795
			25.0≤BMI<30.0	47	2267	781	1200	1666	2056	2830	3597	4515
			BMI≥30.0	8	2796	1487	1647	2169	2406	3321	4033	4731
黄河	甘肃省兰州市	男	BMI<18.5	31	2119	1116	1329	1434	1803	2589	3524	3996
			18.5≤BMI<23.0	267	1931	980	1103	1379	1771	2227	3118	3576
			23.0≤BMI<25.0	145	1927	1064	1176	1380	1727	2294	3051	3483
			25.0≤BMI<30.0	155	2012	1036	1123	1372	1769	2308	3338	3761
			BMI≥30.0	20	2002	1136	1187	1347	1725	2183	3144	3882
		女	BMI<18.5	71	1714	968	1032	1254	1560	2016	2609	2966
			18.5≤BMI<23.0	292	1776	1006	1108	1297	1642	2044	2586	3190
			23.0≤BMI<25.0	147	1690	807	984	1227	1562	1998	2601	2997
			25.0≤BMI<30.0	103	1854	1028	1094	1222	1676	2028	3112	3742
			BMI≥30.0	15	1683	1011	1098	1292	1593	1967	2275	2510
	内蒙古自治区呼和浩特市	男	BMI<18.5	8	1403	676	696	965	1154	1538	2133	2758
			18.5≤BMI<23.0	147	2086	1102	1222	1505	2089	2536	3064	3370
			23.0≤BMI<25.0	86	2131	1320	1405	1658	2046	2415	2985	3365
			25.0≤BMI<30.0	47	2042	1034	1314	1535	1914	2537	2788	3357
			BMI≥30.0	5	2330	1705	1775	1987	2196	2527	2995	3152

流域	调查点	性别	BMI	N	日均总水摄入量/mL							
					均值	P_5	P_{10}	P_{25}	P_{50}	P_{75}	P_{90}	P_{95}
黄河	内蒙古自治区呼和浩特市	女	BMI<18.5	21	1996	893	947	1441	2067	2479	3082	3221
			18.5≤BMI<23.0	139	1874	927	1075	1367	1839	2371	2784	3003
			23.0≤BMI<25.0	91	1826	960	1072	1383	1782	2235	2677	3094
			25.0≤BMI<30.0	61	2001	1074	1124	1442	1958	2514	2904	3305
			BMI≥30.0	3	1489	1094	1119	1197	1327	1700	1923	1998
	河北省石家庄市	男	BMI<18.5	3	1505	1401	1416	1463	1542	1565	1579	1584
			18.5≤BMI<23.0	52	2190	1072	1312	1675	2170	2591	3180	3543
			23.0≤BMI<25.0	35	2277	1137	1234	1558	2004	2633	3785	4471
			25.0≤BMI<30.0	65	2185	1056	1441	1757	2069	2362	3374	4190
			BMI≥30.0	16	2348	1202	1361	1897	2179	2514	3481	3951
		女	BMI<18.5	17	1478	732	775	933	1267	1811	2522	2897
			18.5≤BMI<23.0	68	1852	681	1076	1336	1737	2221	2930	3158
			23.0≤BMI<25.0	33	1969	753	882	1454	1811	2573	3137	3290
			25.0≤BMI<30.0	44	1915	1075	1258	1577	1894	2216	2534	2729
			BMI≥30.0	11	1844	818	1093	1368	1714	2126	2959	3308
珠江	广东省佛山市	男	BMI<18.5	35	1966	983	1124	1449	1726	2280	2766	3028
			18.5≤BMI<23.0	248	2172	995	1210	1557	2035	2622	3267	3753
			23.0≤BMI<25.0	93	2102	1044	1142	1606	2064	2549	3034	3542
			25.0≤BMI<30.0	124	2036	502	966	1544	1962	2357	2985	3964
			BMI≥30.0	13	2358	1505	1561	1619	2139	2447	3050	4279
		女	BMI<18.5	69	2097	1006	1102	1351	1658	2422	3568	4749
			18.5≤BMI<23.0	224	1836	850	1033	1328	1631	2194	2872	3358
			23.0≤BMI<25.0	96	1857	835	941	1300	1734	2297	2689	3415
			25.0≤BMI<30.0	95	2095	984	1107	1500	1974	2488	3171	3614
			BMI≥30.0	18	1427	705	859	951	1445	1617	2078	2637
	广西壮族自治区北海市	男	BMI<18.5	18	2343	1102	1126	1430	2092	2681	3727	4036
			18.5≤BMI<23.0	92	2036	1039	1126	1390	1859	2437	3144	3746
			23.0≤BMI<25.0	38	1997	1025	1086	1426	1820	2324	3025	3153
			25.0≤BMI<30.0	26	1935	1033	1187	1498	1755	2097	3045	3582
			BMI≥30.0	2	1750	1559	1580	1644	1750	1856	1920	1941

续表

流域	调查点	性别	BMI	N	日均总水摄入量/mL							
					均值	P5	P10	P25	P50	P75	P90	P95
珠江	广西壮族自治区北海市	女	BMI<18.5	32	1832	920	1040	1255	1813	2192	2794	2982
			18.5≤BMI<23.0	98	1684	950	1016	1230	1533	1895	2568	2865
			23.0≤BMI<25.0	40	1809	1117	1155	1401	1745	2015	2415	2646
			25.0≤BMI<30.0	48	1669	881	967	1240	1620	1966	2640	2790
			BMI≥30.0	2	1658	1569	1579	1609	1658	1708	1737	1747
松花江	黑龙江省牡丹江市	男	BMI<18.5	19	1366	734	824	889	1537	1709	2004	2168
			18.5≤BMI<23.0	187	1346	399	520	991	1329	1630	1986	2347
			23.0≤BMI<25.0	158	1571	762	946	1161	1469	1878	2391	2654
			25.0≤BMI<30.0	192	1631	751	886	1178	1517	1936	2493	2760
			BMI≥30.0	22	1492	789	879	1153	1407	1875	2323	2543
		女	BMI<18.5	31	1402	458	557	959	1270	1869	2556	2624
			18.5≤BMI<23.0	268	1338	493	733	961	1289	1604	2062	2362
			23.0≤BMI<25.0	176	1367	624	768	979	1260	1596	2048	2561
			25.0≤BMI<30.0	185	1304	714	813	1003	1244	1572	1913	2136
			BMI≥30.0	29	1403	703	753	999	1422	1664	1804	2148
淮河	河南省郑州市	男	BMI<18.5	17	2152	1155	1340	1532	2126	2628	2901	3356
			18.5≤BMI<23.0	237	2109	1176	1360	1630	2013	2557	2999	3325
			23.0≤BMI<25.0	179	2182	1228	1309	1578	2002	2652	3351	3715
			25.0≤BMI<30.0	162	2453	1462	1597	1873	2281	2911	3675	3978
			BMI≥30.0	9	2552	1497	1684	1925	2205	2714	3711	4385
		女	BMI<18.5	43	2027	1465	1568	1742	1946	2235	2579	3002
			18.5≤BMI<23.0	324	2072	1129	1374	1644	1974	2410	3075	3475
			23.0≤BMI<25.0	153	2022	980	1293	1610	1907	2381	2889	3138
			25.0≤BMI<30.0	134	1962	1176	1280	1477	1806	2324	2997	3217
			BMI≥30.0	7	1987	1353	1401	1505	1912	2438	2700	2753
海河	天津市	男	BMI<18.5	22	1628	677	763	1072	1552	2245	2507	2518
			18.5≤BMI<23.0	141	2141	1120	1348	1712	2138	2539	3051	3310
			23.0≤BMI<25.0	133	2233	1057	1220	1769	2224	2739	3148	3432
			25.0≤BMI<30.0	258	2242	1244	1397	1766	2200	2669	3172	3360
			BMI≥30.0	33	2175	1351	1474	1717	2156	2615	2979	3171

续表

流域	调查点	性别	BMI	N	日均总水摄入量/mL							
					均值	P$_5$	P$_{10}$	P$_{25}$	P$_{50}$	P$_{75}$	P$_{90}$	P$_{95}$
海河	天津市	女	BMI<18.5	31	1702	523	643	1123	1580	1974	2281	3554
			18.5≤BMI<23.0	241	1984	1064	1175	1513	1935	2446	2765	2976
			23.0≤BMI<25.0	153	2034	1056	1287	1579	1986	2376	2683	3061
			25.0≤BMI<30.0	198	1905	864	1076	1484	1865	2333	2705	2939
			BMI≥30.0	16	1993	1256	1374	1721	1943	2324	2609	2864
辽河	辽宁省沈阳市	男	BMI<18.5	13	1600	782	884	1105	1655	2071	2338	2360
			18.5≤BMI<23.0	202	1681	676	768	1135	1527	2047	2677	3428
			23.0≤BMI<25.0	166	1797	706	865	1238	1618	2196	2821	3490
			25.0≤BMI<30.0	166	2007	888	1118	1432	1847	2368	2881	3487
			BMI≥30.0	21	2056	1027	1338	1651	1798	2413	2942	3354
		女	BMI<18.5	58	1449	602	748	1025	1444	1717	2321	2509
			18.5≤BMI<23.0	290	1631	518	778	1115	1460	1952	2623	3267
			23.0≤BMI<25.0	144	1642	728	844	1110	1471	1979	2803	3076
			25.0≤BMI<30.0	147	1773	707	878	1204	1625	2126	2706	3448
			BMI≥30.0	10	2106	1340	1362	1722	1955	2424	2812	3168
浙闽片河流	浙江省平湖市	男	BMI<18.5	6	1409	1062	1070	1088	1180	1639	1978	2085
			18.5≤BMI<23.0	80	1998	613	995	1432	1914	2557	3116	3346
			23.0≤BMI<25.0	60	2081	809	1131	1561	2028	2583	2988	3191
			25.0≤BMI<30.0	48	2252	1376	1457	1670	2109	2675	3251	3474
			BMI≥30.0	3	2435	2134	2170	2280	2462	2604	2690	2718
		女	BMI<18.5	8	1151	574	639	985	1105	1291	1686	1817
			18.5≤BMI<23.0	107	1670	743	888	1234	1540	1981	2648	2840
			23.0≤BMI<25.0	54	1621	701	914	1317	1547	1853	2332	2782
			25.0≤BMI<30.0	36	1722	1059	1164	1361	1617	2012	2320	2490
			BMI≥30.0	1	866	866	866	866	866	866	866	866
西北诸河	新疆维吾尔自治区库尔勒市	男	BMI<18.5	4	2221	1698	1756	1928	2078	2371	2801	2944
			18.5≤BMI<23.0	38	2208	1105	1409	1567	2065	2463	3031	4266
			23.0≤BMI<25.0	46	2147	761	1084	1672	2148	2486	3160	3373
			25.0≤BMI<30.0	79	2251	1135	1261	1701	2043	2793	3172	3709
			BMI≥30.0	11	2443	796	835	1668	2089	3280	3688	4493

流域	调查点	性别	BMI	N	日均总水摄入量/mL							
					均值	P_5	P_{10}	P_{25}	P_{50}	P_{75}	P_{90}	P_{95}
西北诸河	新疆维吾尔自治区库尔勒市	女	BMI<18.5	20	2081	1245	1268	1538	1835	2317	2900	3805
			18.5≤BMI<23.0	107	1927	935	1080	1446	1820	2339	2939	3365
			23.0≤BMI<25.0	41	1843	917	992	1475	1786	2197	2491	2643
			25.0≤BMI<30.0	55	1989	1041	1212	1534	1897	2186	2693	3225
			BMI≥30.0	12	2054	968	1083	1544	2295	2373	2555	3099
西南诸河	云南省腾冲市	男	BMI<18.5	6	2069	1652	1675	1760	1967	2291	2564	2661
			18.5≤BMI<23.0	53	2165	1320	1427	1591	1899	2565	3228	3662
			23.0≤BMI<25.0	41	2363	1309	1524	1756	2213	2705	3562	3838
			25.0≤BMI<30.0	55	2103	1045	1161	1462	1944	2390	2948	3801
			BMI≥30.0	1	2004	2004	2004	2004	2004	2004	2004	2004
		女	BMI<18.5	14	1705	977	997	1148	1538	1737	2903	3206
			18.5≤BMI<23.0	75	1878	1082	1213	1450	1649	2143	3018	3260
			23.0≤BMI<25.0	29	1714	1006	1206	1360	1595	2004	2218	2552
			25.0≤BMI<30.0	46	1902	1071	1136	1379	1808	2173	3031	3245
			BMI≥30.0	2	1907	1625	1657	1751	1907	2064	2158	2189
巢湖	安徽省巢湖市	男	BMI<18.5	9	1935	1011	1068	1334	1845	1959	3349	3420
			18.5≤BMI<23.0	135	2094	900	1138	1539	1915	2524	3344	3750
			23.0≤BMI<25.0	66	2102	816	984	1244	1930	2772	3562	3863
			25.0≤BMI<30.0	79	2063	988	1081	1383	1982	2547	3119	3404
			BMI≥30.0	8	2430	602	735	1826	2572	3068	3583	4120
		女	BMI<18.5	33	1809	636	856	1301	1658	2364	3036	3438
			18.5≤BMI<23.0	180	1882	794	999	1310	1749	2384	2868	3356
			23.0≤BMI<25.0	75	1664	789	859	1185	1580	2120	2560	2714
			25.0≤BMI<30.0	44	1884	548	700	1214	1757	2409	3194	3865
太湖	江苏省无锡市	男	BMI<18.5	15	1661	1108	1172	1270	1437	1819	2597	2723
			18.5≤BMI<23.0	244	1726	654	1018	1333	1627	2084	2569	2968
			23.0≤BMI<25.0	197	1796	1003	1171	1365	1742	2048	2670	2966
			25.0≤BMI<30.0	140	1901	1053	1195	1429	1790	2237	2787	3228
			BMI≥30.0	11	2093	1450	1456	1845	2181	2392	2589	2594

续表

流域	调查点	性别	BMI	N	日均总水摄入量/mL							
					均值	P_5	P_{10}	P_{25}	P_{50}	P_{75}	P_{90}	P_{95}
太湖	江苏省无锡市	女	BMI<18.5	46	1416	797	874	939	1290	1679	2522	2611
			18.5≤BMI<23.0	366	1507	743	948	1138	1438	1779	2171	2435
			23.0≤BMI<25.0	150	1550	733	860	1144	1481	1904	2272	2555
			25.0≤BMI<30.0	81	1535	658	922	1079	1478	1858	2202	2680
			BMI≥30.0	9	1229	630	850	1015	1285	1507	1622	1727

附表 A-20　我国重点流域典型城市居民（成人）每天刷牙时间

	N	平均每天刷牙时间/（秒/天）							
		均值	P_5	P_{10}	P_{25}	P_{50}	P_{75}	P_{90}	P_{95}
总计	12803	204	17	34	100	189	275	361	439
男	6131	192	17	33	89	175	260	354	416
女	6672	215	17	34	111	203	289	377	454
18~24 岁	1474	223	22	43	120	207	297	378	479
25~34 岁	2353	209	17	34	109	194	284	369	450
35~44 岁	2298	204	17	34	101	194	278	360	429
45~54 岁	2316	202	17	34	104	190	274	360	415
55~64 岁	2227	198	17	34	92	180	270	360	429
≥65 岁	2135	192	14	26	83	171	258	359	453

附表 A-21　我国重点流域典型城市居民（成人）分流域每天刷牙时间

流域	调查点	N	平均每天刷牙时间/（秒/天）							
			均值	P_5	P_{10}	P_{25}	P_{50}	P_{75}	P_{90}	P_{95}
长江	四川省射洪市	587	306	99	130	182	257	403	521	567
	湖南省长沙市	606	133	15	17	36	91	194	291	343
黄河	甘肃省兰州市	1246	236	110	137	171	206	277	358	428
	内蒙古自治区呼和浩特市	608	168	11	16	49	146	259	360	385
	河北省石家庄市	344	210	76	105	140	200	269	336	369
珠江	广东省佛山市	1015	209	17	26	55	152	291	464	600
	广西壮族自治区北海市	396	254	57	94	133	216	334	462	506

续表

流域	调查点	N	平均每天刷牙时间/（秒/天）							
			均值	P_5	P_{10}	P_{25}	P_{50}	P_{75}	P_{90}	P_{95}
松花江	黑龙江省牡丹江市	1267	171	17	34	77	160	240	328	361
淮河	河南省郑州市	1265	222	43	71	138	217	289	366	417
海河	天津市	1226	129	9	12	31	103	207	300	338
辽河	辽宁省沈阳市	1217	184	17	26	60	154	257	343	393
浙闽片河流	浙江省平湖市	403	119	9	12	20	84	186	282	342
西北诸河	新疆维吾尔自治区库尔勒市	413	254	60	91	154	242	336	411	486
西南诸河	云南省腾冲市	322	226	101	125	166	201	261	337	431
巢湖	安徽省巢湖市	629	238	51	88	143	229	323	377	429
太湖	江苏省无锡市	1259	246	69	95	171	240	309	361	419

附表 A-22 我国重点流域典型城市居民（成人）每天洗手时间

	N	平均每天洗手时间/（秒/天）							
		均值	P_5	P_{10}	P_{25}	P_{50}	P_{75}	P_{90}	P_{95}
总计	12 803	231	9	17	43	131	309	565	785
男	6131	206	8	14	39	111	271	510	696
女	6672	254	11	21	52	150	344	608	842
18~24 岁	1474	217	9	14	43	123	292	538	735
25~34 岁	2353	230	9	17	49	141	309	560	755
35~44 岁	2298	233	10	17	43	129	303	582	823
45~54 岁	2316	252	11	19	51	148	343	586	836
55~64 岁	2227	225	9	14	43	123	311	565	773
≥65 岁	2135	224	9	17	43	124	294	552	776

附表 A-23 我国重点流域典型城市居民（成人）分流域每天洗手时间

流域	调查点	N	平均每天洗手时间/（秒/天）							
			均值	P_5	P_{10}	P_{25}	P_{50}	P_{75}	P_{90}	P_{95}
长江	四川省射洪市	587	299	65	87	125	207	369	597	796

流域	调查点	N	平均每天洗手时间/（秒/天）							
			均值	P_5	P_{10}	P_{25}	P_{50}	P_{75}	P_{90}	P_{95}
长江	湖南省长沙市	606	103	4	7	17	43	111	279	439
黄河	甘肃省兰州市	1246	335	77	83	110	221	417	746	1043
	内蒙古自治区呼和浩特市	608	135	10	14	29	78	175	335	464
	河北省石家庄市	344	352	64	114	182	281	458	634	787
珠江	广东省佛山市	1015	179	6	7	15	71	217	523	735
	广西壮族自治区北海市	396	307	28	56	116	215	446	660	864
松花江	黑龙江省牡丹江市	1267	172	9	15	43	105	234	420	529
淮河	河南省郑州市	1265	206	9	11	28	100	266	569	788
海河	天津市	1226	107	6	10	17	34	87	327	483
辽河	辽宁省沈阳市	1217	263	12	21	43	146	360	662	965
浙闽片河流	浙江省平湖市	403	178	9	11	26	69	243	491	659
西北诸河	新疆维吾尔自治区库尔勒市	413	523	59	100	180	377	710	1246	1506
西南诸河	云南省腾冲市	322	274	69	80	115	175	333	600	773
巢湖	安徽省巢湖市	629	239	34	53	101	180	304	472	636
太湖	江苏省无锡市	1259	270	31	45	84	173	346	599	827

附表 A-24　我国重点流域典型城市居民（成人）每天洗脸时间

	N	平均每天洗脸时间/（秒/天）							
		均值	P_5	P_{10}	P_{25}	P_{50}	P_{75}	P_{90}	P_{95}
总计	12 803	223	9	17	77	176	299	463	600
男	6131	190	7	16	60	153	256	399	519
女	6672	252	13	26	97	206	343	519	664
18~24 岁	1474	245	11	26	90	193	324	502	672
25~34 岁	2353	234	9	17	83	183	320	490	626
35~44 岁	2298	224	9	17	76	177	304	474	607
45~54 岁	2316	224	9	18	80	180	294	456	575

续表

	N	平均每天洗脸时间／（秒/天）							
		均值	P_5	P_{10}	P_{25}	P_{50}	P_{75}	P_{90}	P_{95}
55~64 岁	2227	210	9	17	73	163	290	428	574
≥65 岁	2135	205	9	17	70	159	274	419	574

附表 A-25　我国重点流域典型城市居民（成人）分流域每天洗脸时间

流域	调查点	N	平均每天洗脸时间／（秒/天）							
			均值	P_5	P_{10}	P_{25}	P_{50}	P_{75}	P_{90}	P_{95}
长江	四川省射洪市	587	287	60	78	136	229	360	572	678
	湖南省长沙市	606	126	7	9	26	77	171	299	384
黄河	甘肃省兰州市	1246	289	108	139	165	222	334	521	697
	内蒙古自治区呼和浩特市	608	211	7	14	57	151	298	480	557
	河北省石家庄市	344	246	70	99	142	211	303	444	528
珠江	广东省佛山市	1015	208	4	6	26	108	275	566	798
	广西壮族自治区北海市	396	237	35	64	119	185	324	441	571
松花江	黑龙江省牡丹江市	1267	172	9	17	57	151	242	352	427
淮河	河南省郑州市	1265	210	9	13	75	170	295	436	527
海河	天津市	1226	130	5	7	17	77	191	334	402
辽河	辽宁省沈阳市	1217	217	9	17	52	163	297	480	615
浙闽片河流	浙江省平湖市	403	175	9	13	34	97	267	441	549
西北诸河	新疆维吾尔自治区库尔勒市	413	308	39	66	137	240	429	623	758
西南诸河	云南省腾冲市	322	272	112	140	171	214	322	419	641
巢湖	安徽省巢湖市	629	278	34	60	127	240	360	523	669
太湖	江苏省无锡市	1259	284	54	87	142	240	360	528	670

附表 A-26　我国重点流域典型城市居民（成人）每周洗脚时间

	N	平均每周洗脚时间／（分钟/周）							
		均值	P_5	P_{10}	P_{25}	P_{50}	P_{75}	P_{90}	P_{95}
总计	12 803	30.4	0	0	1.4	15.0	41.0	82.7	118.3
男	6131	27.9	0	0	1.0	13.7	37.9	75.3	107.7

	N	平均每周洗脚时间/（分钟/周）							
		均值	P_5	P_{10}	P_{25}	P_{50}	P_{75}	P_{90}	P_{95}
女	6672	32.7	0	0	2.0	17.1	44.8	90.2	126.5
18~24 岁	1474	23.7	0	0	0	10.0	30.3	66.3	97.4
25~34 岁	2353	26.1	0	0	0.9	11.7	36.2	71.2	105.0
35~44 岁	2298	26.6	0	0	0	11.2	36.3	72.9	103.6
45~54 岁	2316	30.9	0	0	2.0	16.1	42.7	84.2	116.9
55~64 岁	2227	33.0	0	0	2.9	19.0	44.0	90.0	124.9
≥65 岁	2135	40.6	0	0	5.0	23.6	60.0	106.5	141.5

附表 A-27　我国重点流域典型城市居民（成人）每周洗头时间

	N	平均每周洗头时间/（分钟/周）							
		均值	P_5	P_{10}	P_{25}	P_{50}	P_{75}	P_{90}	P_{95}
总计	12 803	19.3	0	0	1.4	10.0	26.4	49.9	69.4
男	6131	15.7	0	0	1.3	7.7	21.8	40.4	58.9
女	6672	22.6	0	0	2.6	12.7	31.0	57.6	79.5
18~24 岁	1474	23.4	0	0	2.9	12.9	31.5	60.0	82.7
25~34 岁	2353	22.0	0	0	2.1	12.4	31.2	56.4	77.1
35~44 岁	2298	19.0	0	0	1.4	10.0	25.1	49.1	68.6
45~54 岁	2316	18.4	0	0	1.4	10.0	25.3	47.1	66.8
55~64 岁	2227	18.1	0	0	1.4	8.2	24.2	47.9	65.6
≥65 岁	2135	15.9	0	0	1.4	7.5	22.4	40.5	58.6

附表 A-28　我国重点流域典型城市居民（成人）每周洗碗时间

	N	平均每周洗碗时间/（分钟/周）							
		均值	P_5	P_{10}	P_{25}	P_{50}	P_{75}	P_{90}	P_{95}
总计	12 803	37.6	0	0	0	10.0	48.0	111.0	162.5
男	6131	21.5	0	0	0	3.0	20.9	64.0	105.0
女	6672	52.4	0	0	5.0	27.2	71.0	142.0	198.6
18~24 岁	1474	16.6	0	0	0	0	15.0	50.9	88.7
25~34 岁	2353	24.8	0	0	0	6.0	30.0	75.0	113.7
35~44 岁	2298	34.2	0	0	0	10.0	45.3	94.5	140.5

续表

	N	平均每周洗碗时间/（分钟/周）							
		均值	P_5	P_{10}	P_{25}	P_{50}	P_{75}	P_{90}	P_{95}
45～54 岁	2316	45.6	0	0	0	19.0	60.3	132.8	180.0
55～64 岁	2227	48.6	0	0	0	20.0	64.3	137.4	190.6
≥65 岁	2135	49.7	0	0	0	18.0	64.5	139.6	205.4

附表 A-29　我国重点流域典型城市居民（成人）每周洗菜时间

	N	平均每周洗菜时间/（分钟/周）							
		均值	P_5	P_{10}	P_{25}	P_{50}	P_{75}	P_{90}	P_{95}
总计	12 803	24.3	0	0	0	1.4	26.8	79.1	122.9
男	6131	11.9	0	0	0	0	5.0	37.5	70.2
女	6672	35.7	0	0	0.3	7.1	49.3	106.7	150.1
18～24 岁	1474	8.3	0	0	0	0	1.4	25.2	49.8
25～34 岁	2353	14.0	0	0	0	0.3	9.4	44.3	72.8
35～44 岁	2298	22.7	0	0	0	0.9	24.9	73.6	115.0
45～54 岁	2316	29.9	0	0	0	4.3	37.8	93.9	137.9
55～64 岁	2227	32.7	0	0	0	4.3	42.6	103.5	144.2
≥65 岁	2135	33.5	0	0	0	2.9	43.6	102.9	151.5

附表 A-30　我国重点流域典型城市居民（成人）每周手洗衣服时间

	N	平均每周手洗衣服时间/（分钟/周）							
		均值	P_5	P_{10}	P_{25}	P_{50}	P_{75}	P_{90}	P_{95}
总计	12 803	25.9	0	0	0	1.4	30.0	82.2	128.5
男	6131	12.2	0	0	0	0	7.1	40.0	71.8
女	6672	38.4	0	0	0	15.0	51.1	111.0	156.1
18～24 岁	1474	17.7	0	0	0	0	20.0	62.4	91.1
25～34 岁	2353	20.3	0	0	0	0	21.4	62.8	103.8
35～44 岁	2298	24.6	0	0	0	0	30.0	80.0	122.1
45～54 岁	2316	30.2	0	0	0	4.9	37.3	94.6	140.0
55～64 岁	2227	31.2	0	0	0	5.4	39.4	97.0	149.6
≥65 岁	2135	28.7	0	0	0	4.3	31.0	91.9	137.8

附表 A-31　我国重点流域典型城市居民（成人）每周洗澡时间

| | N | 平均每周洗澡时间/（分钟/周） | | | | | | | |
		均值	P_5	P_{10}	P_{25}	P_{50}	P_{75}	P_{90}	P_{95}
总计	12 803	61.9	4.3	7.1	17.1	46.6	88.6	136.4	172.4
男	6131	56.2	4.3	5.7	15.0	41.8	79.8	123.3	153.8
女	6672	67.1	5.0	8.6	17.8	52.1	96.3	145.1	185.6
18~24 岁	1474	71.4	5.7	8.6	20.0	60.2	103.0	152.7	192.6
25~34 岁	2353	67.3	5.7	8.6	18.0	53.6	96.3	145.1	182.8
35~44 岁	2298	61.3	4.3	8.6	17.1	46.5	87.7	134.6	165.1
45~54 岁	2316	59.6	4.3	8.0	17.1	45.1	86.8	130.7	165.3
55~64 岁	2227	58.2	4.3	6.4	14.3	44.9	82.5	127.5	157.1
≥65 岁	2135	56.0	4.3	5.7	12.9	39.3	77.8	122.8	165.5

附表 A-32　我国重点流域典型城市居民（成人）每月游泳时间

| | N | 平均每月游泳时间/（分钟/月） | | | | | | | |
		均值	P_5	P_{10}	P_{25}	P_{50}	P_{75}	P_{90}	P_{95}
总计	12 803	8.1	0	0	0	0	0	0	60.0
男	6131	10.6	0	0	0	0	0	0	120.0
女	6672	5.9	0	0	0	0	0	0	0
18~24 岁	1474	17.8	0	0	0	0	0	60.0	180.0
25~34 岁	2353	12.9	0	0	0	0	0	0	123.6
35~44 岁	2298	9.7	0	0	0	0	0	0	120.0
45~54 岁	2316	4.9	0	0	0	0	0	0	0
55~64 岁	2227	4.5	0	0	0	0	0	0	0
≥65 岁	2135	1.9	0	0	0	0	0	0	0

附表 A-33　我国重点流域典型城市居民（成人）分流域、性别、年龄组每天刷牙时间

| 流域 | 调查点 | 性别 | 年龄组别 | N | 平均每天刷牙时间/（秒/天） | | | | | | | |
					均值	P_5	P_{10}	P_{25}	P_{50}	P_{75}	P_{90}	P_{95}
长江	四川省射洪市	男	18~24 岁	4	266	184	187	198	263	331	348	354
			25~34 岁	44	279	118	125	180	243	361	509	563
			35~44 岁	54	264	66	94	156	221	400	483	536
			45~54 岁	66	270	60	91	177	244	380	472	531
			55~64 岁	47	283	111	120	153	252	379	512	563
			≥65 岁	75	339	102	141	172	247	443	571	641

续表

流域	调查点	性别	年龄组别	N	平均每天刷牙时间/（秒/天）							
					均值	P_5	P_{10}	P_{25}	P_{50}	P_{75}	P_{90}	P_{95}
长江	四川省射洪市	女	18~24岁	19	381	187	215	241	323	501	581	641
			25~34岁	45	319	127	154	206	310	429	484	534
			35~44岁	44	278	76	134	179	240	382	450	497
			45~54岁	71	323	112	148	211	290	418	494	576
			55~64岁	43	323	134	163	241	326	388	472	524
			≥65岁	75	331	104	136	184	257	374	509	610
	湖南省长沙市	男	18~24岁	47	132	19	26	34	141	214	262	299
			25~34岁	50	118	9	17	40	86	178	235	295
			35~44岁	43	140	18	27	53	120	193	284	333
			45~54岁	57	124	16	17	43	100	166	296	353
			55~64岁	53	132	9	14	26	60	163	267	410
			≥65岁	48	113	17	28	43	72	170	261	301
		女	18~24岁	47	155	17	21	34	117	280	328	371
			25~34岁	53	149	17	19	37	134	254	302	321
			35~44岁	58	151	20	32	51	130	220	325	355
			45~54岁	50	130	11	26	36	97	203	275	284
			55~64岁	61	124	13	17	34	79	150	258	318
			≥65岁	39	124	17	33	51	103	159	240	306
黄河	甘肃省兰州市	男	18~24岁	96	252	117	146	173	206	271	389	523
			25~34岁	112	224	92	125	160	189	260	377	471
			35~44岁	95	221	117	139	171	206	257	317	382
			45~54岁	116	224	78	111	160	189	268	353	403
			55~64岁	107	223	103	133	169	193	257	347	376
			≥65岁	92	223	101	148	170	195	254	332	360
		女	18~24岁	88	260	130	174	196	233	314	364	409
			25~34岁	125	250	144	158	189	220	285	360	424
			35~44岁	95	241	137	163	189	223	281	338	405
			45~54岁	123	241	104	143	171	206	285	360	433
			55~64岁	100	231	112	132	171	214	277	351	411
			≥65岁	97	249	133	148	171	213	286	351	482

流域	调查点	性别	年龄组别	N	平均每天刷牙时间/（秒/天）							
					均值	P_5	P_{10}	P_{25}	P_{50}	P_{75}	P_{90}	P_{95}
黄河	内蒙古自治区呼和浩特市	男	18～24 岁	49	193	15	18	60	213	303	360	389
			25～34 岁	49	168	16	17	49	177	247	304	382
			35～44 岁	53	128	9	12	51	97	200	265	340
			45～54 岁	50	154	14	19	49	126	247	343	362
			55～64 岁	44	174	25	26	70	158	244	351	366
			≥65 岁	48	121	7	13	51	106	174	234	278
		女	18～24 岁	52	194	14	25	46	187	337	369	387
			25～34 岁	54	201	14	19	43	138	320	419	540
			35～44 岁	51	190	13	26	78	174	296	352	393
			45～54 岁	54	165	11	12	30	168	260	362	386
			55～64 岁	51	168	9	16	84	157	242	358	372
			≥65 岁	53	155	7	9	45	133	243	305	365
	河北省石家庄市	男	18～24 岁	28	198	114	135	140	176	246	290	350
			25～34 岁	32	223	104	109	159	220	281	324	334
			35～44 岁	31	203	91	99	115	183	276	343	358
			45～54 岁	27	214	95	120	146	223	266	328	365
			55～64 岁	27	203	63	72	132	213	261	303	315
			≥65 岁	26	153	35	54	106	142	215	259	278
		女	18～24 岁	29	209	67	95	127	186	274	364	380
			25～34 岁	34	242	107	128	161	222	317	365	436
			35～44 岁	30	220	111	140	168	219	261	299	361
			45～54 岁	30	239	118	125	164	239	301	349	383
			55～64 岁	24	205	115	123	152	176	264	317	318
			≥65 岁	26	199	74	77	112	197	265	313	353
珠江	广东省佛山市	男	18～24 岁	81	245	17	43	86	201	334	549	634
			25～34 岁	88	170	19	40	69	135	220	333	475
			35～44 岁	79	145	16	22	34	120	206	302	360
			45～54 岁	89	176	13	17	56	140	230	357	554
			55～64 岁	90	212	9	17	34	114	262	537	871
			≥65 岁	86	155	9	17	44	106	204	326	482

续表

流域	调查点	性别	年龄组别	N	平均每天刷牙时间/（秒/天）							
					均值	P_5	P_{10}	P_{25}	P_{50}	P_{75}	P_{90}	P_{95}
珠江	广东省佛山市	女	18~24岁	78	276	17	34	106	242	394	595	669
			25~34岁	89	247	17	33	94	194	297	501	651
			35~44岁	81	237	34	51	92	190	310	529	607
			45~54岁	86	238	19	29	51	160	318	522	745
			55~64岁	92	201	17	26	52	126	283	478	587
			≥65岁	76	216	13	17	49	207	327	421	488
	广西壮族自治区北海市	男	18~24岁	20	233	116	125	137	211	302	370	510
			25~34岁	42	235	42	76	121	214	314	460	480
			35~44岁	38	321	110	122	148	255	365	486	565
			45~54岁	28	222	41	75	127	210	319	372	419
			55~64岁	28	274	71	92	126	236	341	404	447
			≥65岁	20	198	57	72	121	139	295	344	393
		女	18~24岁	18	295	51	131	180	290	342	398	567
			25~34岁	48	272	92	113	161	268	377	472	496
			35~44岁	40	271	61	93	152	200	311	376	540
			45~54岁	42	209	82	89	122	191	269	342	443
			55~64岁	44	260	41	96	118	228	350	482	642
			≥65岁	28	240	97	114	136	173	297	460	553
松花江	黑龙江省牡丹江市	男	18~24岁	12	228	51	53	91	214	293	478	502
			25~34岁	99	163	12	17	76	154	211	335	386
			35~44岁	82	195	17	36	89	173	304	360	360
			45~54岁	96	186	24	51	133	190	243	314	347
			55~64岁	149	145	17	25	62	131	198	296	341
			≥65岁	140	136	8	22	51	110	204	295	324
		女	18~24岁	20	187	56	57	118	171	221	359	376
			25~34岁	145	181	31	34	74	189	249	328	360
			35~44岁	106	202	34	51	91	192	295	360	407
			45~54岁	103	190	25	36	104	201	270	338	365
			55~64岁	163	162	22	41	72	144	239	312	347
			≥65岁	152	170	12	35	85	165	233	298	382

流域	调查点	性别	年龄组别	N	平均每天刷牙时间/（秒/天）							
					均值	P₅	P₁₀	P₂₅	P₅₀	P₇₅	P₉₀	P₉₅
淮河	河南省郑州市	男	18～24 岁	85	223	72	84	138	223	291	363	416
			25～34 岁	114	200	47	63	130	190	263	350	376
			35～44 岁	107	218	20	56	121	220	289	368	449
			45～54 岁	95	202	51	61	134	200	267	321	354
			55～64 岁	96	210	33	69	136	219	273	334	369
			≥65 岁	107	188	33	59	89	200	256	327	403
		女	18～24 岁	100	258	89	124	183	251	310	395	446
			25～34 岁	132	241	51	80	144	246	324	396	471
			35～44 岁	98	270	94	117	195	261	343	426	471
			45～54 岁	118	214	51	76	144	211	288	360	382
			55～64 岁	108	227	53	107	157	230	290	355	372
			≥65 岁	105	210	26	50	115	182	271	365	491
海河	天津市	男	18～24 岁	63	116	8	10	29	77	174	305	330
			25～34 岁	89	104	9	10	17	55	163	276	307
			35～44 岁	188	135	9	13	34	112	220	293	315
			45～54 岁	80	134	8	9	17	122	222	315	351
			55～64 岁	80	120	11	14	29	93	183	300	346
			≥65 岁	87	111	7	9	18	97	166	261	282
		女	18～24 岁	57	147	12	19	34	146	234	285	305
			25～34 岁	108	126	14	15	34	101	186	296	342
			35～44 岁	197	148	9	14	34	131	240	314	356
			45～54 岁	95	140	11	14	34	111	219	300	339
			55～64 岁	87	128	10	16	34	103	198	284	324
			≥65 岁	95	117	6	8	17	77	198	273	319
辽河	辽宁省沈阳市	男	18～24 岁	62	160	25	34	79	152	232	307	340
			25～34 岁	115	221	17	32	75	223	312	360	491
			35～44 岁	79	178	9	24	66	147	240	343	374
			45～54 岁	104	146	17	26	51	133	225	308	333
			55～64 岁	93	155	15	17	60	136	223	313	367
			≥65 岁	115	162	17	17	36	123	228	322	385

流域	调查点	性别	年龄组别	N	平均每天刷牙时间/（秒/天）							
					均值	P₅	P₁₀	P₂₅	P₅₀	P₇₅	P₉₀	P₉₅
辽河	辽宁省沈阳市	女	18~24 岁	82	230	21	34	58	146	274	375	543
			25~34 岁	116	218	24	34	71	180	293	360	446
			35~44 岁	91	227	21	34	100	223	297	364	475
			45~54 岁	102	160	17	34	57	152	244	301	326
			55~64 岁	139	173	17	17	56	134	240	343	394
			≥65 岁	119	181	17	28	51	154	242	333	478
浙闽片河流	浙江省平湖市	男	18~24 岁	12	95	7	9	15	39	75	313	383
			25~34 岁	26	122	9	9	17	97	171	281	369
			35~44 岁	38	122	8	17	19	59	225	266	312
			45~54 岁	49	102	9	9	17	81	169	247	315
			55~64 岁	37	124	13	17	39	103	166	298	319
			≥65 岁	35	70	9	9	17	37	104	173	231
		女	18~24 岁	10	166	42	50	85	119	223	363	379
			25~34 岁	37	178	9	17	34	206	257	364	376
			35~44 岁	38	123	17	17	34	64	201	291	360
			45~54 岁	54	132	9	9	24	123	185	294	346
			55~64 岁	40	103	14	17	17	60	173	217	262
			≥65 岁	27	106	17	17	30	83	159	225	304
西北诸河	新疆维吾尔自治区库尔勒市	男	18~24 岁	10	306	40	63	134	298	380	638	650
			25~34 岁	36	197	17	48	91	189	275	365	404
			35~44 岁	48	243	84	100	152	234	314	427	443
			45~54 岁	57	218	65	96	138	225	283	354	372
			55~64 岁	15	223	99	108	131	189	280	353	406
			≥65 岁	12	344	120	124	142	217	335	707	992
		女	18~24 岁	11	369	120	120	236	359	462	561	684
			25~34 岁	77	264	45	74	169	250	339	411	479
			35~44 岁	49	234	55	81	153	237	343	385	433
			45~54 岁	70	278	98	120	189	275	350	455	517
			55~64 岁	12	267	85	106	205	244	276	449	525
			≥65 岁	16	280	108	146	208	265	376	415	446

流域	调查点	性别	年龄组别	N	平均每天刷牙时间/（秒/天）							
					均值	P_5	P_{10}	P_{25}	P_{50}	P_{75}	P_{90}	P_{95}
西南诸河	云南省腾冲市	男	18~24 岁	19	265	90	116	164	206	252	532	676
			25~34 岁	23	227	125	151	171	215	273	331	401
			35~44 岁	27	190	84	105	150	182	233	258	283
			45~54 岁	27	184	84	86	128	180	233	279	296
			55~64 岁	30	265	137	159	173	241	305	445	535
			≥65 岁	30	224	123	127	164	189	243	307	399
		女	18~24 岁	11	258	157	160	175	197	226	267	566
			25~34 岁	27	215	102	110	169	189	239	301	432
			35~44 岁	34	227	116	148	171	196	244	382	420
			45~54 岁	32	240	144	151	188	236	266	340	360
			55~64 岁	36	233	112	136	169	209	272	334	377
			≥65 岁	26	211	116	127	171	197	263	306	320
巢湖	安徽省巢湖市	男	18~24 岁	33	234	59	103	153	246	334	375	403
			25~34 岁	46	218	51	62	129	197	317	350	362
			35~44 岁	58	239	96	106	168	240	318	355	375
			45~54 岁	65	228	70	108	139	214	306	390	426
			55~64 岁	47	247	45	118	146	240	324	362	376
			≥65 岁	48	197	32	34	104	172	283	352	388
		女	18~24 岁	43	255	78	100	179	230	347	380	431
			25~34 岁	68	229	61	97	137	201	319	375	398
			35~44 岁	67	258	114	133	169	251	341	381	414
			45~54 岁	66	266	44	70	134	256	366	446	483
			55~64 岁	50	254	87	129	159	222	298	398	438
			≥65 岁	38	207	13	25	140	208	264	357	380
太湖	江苏省无锡市	男	18~24 岁	92	209	48	77	129	218	263	343	358
			25~34 岁	112	232	80	117	148	230	286	345	449
			35~44 岁	94	218	35	80	140	240	274	346	364
			45~54 岁	101	230	73	84	146	240	296	343	390
			55~64 岁	115	239	80	109	161	236	290	360	373
			≥65 岁	93	268	70	89	172	240	337	419	534

续表

流域	调查点	性别	年龄组别	N	平均每天刷牙时间/（秒/天）							
					均值	P₅	P₁₀	P₂₅	P₅₀	P₇₅	P₉₀	P₉₅
太湖	江苏省无锡市	女	18~24 岁	96	269	84	174	231	257	322	367	405
			25~34 岁	118	249	71	105	191	240	302	360	405
			35~44 岁	105	265	89	110	206	241	343	381	422
			45~54 岁	113	245	73	103	173	240	309	367	407
			55~64 岁	119	275	81	111	204	256	330	413	550
			≥65 岁	101	251	77	108	168	240	323	360	425

附表 A-34　我国重点流域典型城市居民（成人）分流域、性别、年龄组每天洗手时间

流域	调查点	性别	年龄组别	N	平均每天洗手时间/（秒/天）							
					均值	P₅	P₁₀	P₂₅	P₅₀	P₇₅	P₉₀	P₉₅
长江	四川省射洪市	男	18~24 岁	4	141	52	57	72	115	184	247	268
			25~34 岁	44	281	77	96	121	174	294	467	810
			35~44 岁	54	213	38	59	118	171	226	423	497
			45~54 岁	66	251	54	86	123	204	312	509	542
			55~64 岁	47	377	39	63	104	186	470	870	1303
			≥65 岁	75	293	65	76	120	192	334	671	845
		女	18~24 岁	19	335	106	120	164	247	497	575	659
			25~34 岁	45	313	112	120	150	244	351	624	701
			35~44 岁	44	289	69	80	131	232	428	527	538
			45~54 岁	71	367	93	114	150	254	484	720	932
			55~64 岁	43	399	87	102	158	274	567	668	1002
			≥65 岁	75	247	75	89	119	184	286	545	636
	湖南省长沙市	男	18~24 岁	47	110	3	5	11	24	94	354	539
			25~34 岁	50	51	4	4	9	26	58	116	214
			35~44 岁	43	119	7	9	13	40	160	279	396
			45~54 岁	57	76	4	7	13	34	69	188	333
			55~64 岁	53	88	4	4	9	34	74	266	427
			≥65 岁	48	76	7	9	20	41	86	233	277

流域	调查点	性别	年龄组别	N	平均每天洗手时间/（秒/天）							
					均值	P_5	P_{10}	P_{25}	P_{50}	P_{75}	P_{90}	P_{95}
长江	湖南省长沙市	女	18~24岁	47	127	6	11	26	57	133	344	569
			25~34岁	53	143	7	15	29	69	176	349	486
			35~44岁	58	156	11	14	26	43	207	511	565
			45~54岁	50	96	9	11	21	47	144	243	305
			55~64岁	61	102	6	10	17	43	103	243	317
			≥65岁	39	89	10	14	29	69	117	212	233
黄河	甘肃省兰州市	男	18~24岁	96	336	74	76	96	174	416	695	1395
			25~34岁	112	289	75	83	111	215	378	563	817
			35~44岁	95	264	76	80	94	133	301	616	862
			45~54岁	116	316	77	83	111	221	386	660	916
			55~64岁	107	264	69	77	88	154	342	615	807
			≥65岁	92	299	74	77	97	178	370	561	951
		女	18~24岁	88	387	86	97	136	270	475	780	1199
			25~34岁	125	352	86	94	131	246	436	667	1090
			35~44岁	95	317	80	83	99	191	417	715	942
			45~54岁	123	455	92	98	152	299	596	1092	1272
			55~64岁	100	342	80	86	106	232	446	763	957
			≥65岁	97	381	81	87	126	259	513	790	869
	内蒙古自治区呼和浩特市	男	18~24岁	49	128	9	13	30	74	152	383	451
			25~34岁	49	106	9	21	32	77	126	264	316
			35~44岁	53	103	8	13	24	54	140	291	352
			45~54岁	50	121	14	17	27	83	170	275	351
			55~64岁	44	129	9	13	26	61	177	275	442
			≥65岁	48	101	7	9	17	50	140	226	365
		女	18~24岁	52	163	14	15	28	82	238	437	556
			25~34岁	54	185	13	17	39	120	229	420	479
			35~44岁	51	142	13	22	40	102	187	294	467
			45~54岁	54	128	14	22	31	86	194	270	321
			55~64岁	51	134	13	15	36	85	177	270	469
			≥65岁	53	169	10	15	29	66	156	374	636

流域	调查点	性别	年龄组别	N	平均每天洗手时间/（秒/天）							
					均值	P_5	P_{10}	P_{25}	P_{50}	P_{75}	P_{90}	P_{95}
黄河	河北省石家庄市	男	18~24 岁	28	259	127	150	185	234	318	419	454
			25~34 岁	32	330	98	147	175	281	461	612	648
			35~44 岁	31	280	102	133	191	279	348	396	453
			45~54 岁	27	324	94	103	154	266	481	605	666
			55~64 岁	27	370	55	93	186	304	461	656	852
			≥65 岁	26	336	47	81	152	235	518	711	911
		女	18~24 岁	29	263	46	63	123	217	394	459	528
			25~34 岁	34	433	104	127	209	404	596	832	928
			35~44 岁	30	386	131	148	259	362	461	609	711
			45~54 岁	30	511	98	120	228	406	558	1284	1540
			55~64 岁	24	338	72	142	223	323	466	568	596
			≥65 岁	26	377	80	132	225	306	486	735	777
珠江	广东省佛山市	男	18~24 岁	81	156	4	7	13	56	191	539	636
			25~34 岁	88	132	7	9	14	61	185	348	464
			35~44 岁	79	113	3	6	10	43	103	245	602
			45~54 岁	89	139	4	6	13	43	146	420	626
			55~64 岁	90	217	6	8	18	69	248	617	833
			≥65 岁	86	162	5	7	14	66	208	505	606
		男	18~24 岁	78	186	4	7	20	84	209	525	785
			25~34 岁	89	208	7	11	26	81	237	609	821
			35~44 岁	81	210	9	13	32	86	226	611	786
			45~54 岁	86	217	6	10	21	84	279	580	754
			55~64 岁	92	206	7	9	17	121	275	515	814
			≥65 岁	76	200	6	7	17	86	326	594	723
	广西壮族自治区北海市	女	18~24 岁	20	287	64	81	114	251	369	568	687
			25~34 岁	42	260	21	45	94	158	385	509	653
			35~44 岁	38	399	71	83	159	313	618	743	911
			45~54 岁	28	306	32	49	80	206	371	725	992
			55~64 岁	28	259	47	70	111	200	364	522	577
			≥65 岁	20	239	57	70	140	186	254	560	656

流域	调查点	性别	年龄组别	N	平均每天洗手时间/（秒/天）							
					均值	P_5	P_{10}	P_{25}	P_{50}	P_{75}	P_{90}	P_{95}
珠江	广西壮族自治区北海市	女	18~24岁	18	333	55	94	144	226	480	676	817
			25~34岁	48	287	27	42	144	185	436	537	661
			35~44岁	40	316	26	56	130	190	475	664	962
			45~54岁	42	319	27	75	149	246	396	702	867
			55~64岁	44	316	31	59	92	219	412	670	1073
			≥65岁	28	338	53	62	135	249	568	744	860
松花江	黑龙江省牡丹江市	男	18~24岁	12	188	8	13	28	156	350	409	427
			25~34岁	99	137	6	9	26	90	217	316	401
			35~44岁	82	220	9	13	35	108	305	544	599
			45~54岁	96	197	13	28	69	133	287	449	545
			55~64岁	149	143	12	17	34	86	163	325	475
			≥65岁	140	129	6	11	26	75	161	328	480
		女	18~24岁	20	190	11	17	84	155	321	394	411
			25~34岁	145	171	7	21	51	128	235	414	505
			35~44岁	106	205	14	21	51	140	291	524	680
			45~54岁	103	241	23	29	55	188	342	486	563
			55~64岁	163	153	13	17	34	87	214	390	481
			≥65岁	152	173	9	18	43	107	202	380	472
淮河	河南省郑州市	男	18~24岁	85	176	7	12	24	101	181	449	631
			25~34岁	114	196	4	9	14	68	227	531	810
			35~44岁	107	155	9	9	20	71	162	415	622
			45~54岁	95	197	12	14	28	88	273	564	706
			55~64岁	96	203	6	9	23	93	277	591	730
			≥65岁	107	181	6	11	28	98	242	475	667
		女	18~24岁	100	228	10	13	32	118	333	680	812
			25~34岁	132	276	10	13	38	121	462	821	959
			35~44岁	98	176	13	18	29	99	213	489	596
			45~54岁	118	203	11	17	30	101	260	467	639
			55~64岁	108	229	9	10	30	136	348	587	770
			≥65岁	105	228	11	15	30	119	294	556	773

续表

流域	调查点	性别	年龄组别	N	平均每天洗手时间/（秒/天）							
					均值	P_5	P_{10}	P_{25}	P_{50}	P_{75}	P_{90}	P_{95}
海河	天津市	男	18~24 岁	63	73	4	9	17	26	64	201	330
			25~34 岁	89	74	4	6	14	23	51	282	394
			35~44 岁	188	104	6	9	17	34	71	294	496
			45~54 岁	80	63	6	7	14	23	61	171	296
			55~64 岁	80	111	4	7	15	35	132	356	463
			≥65 岁	87	64	7	9	17	30	59	197	246
		女	18~24 岁	57	142	8	12	23	40	120	416	566
			25~34 岁	108	118	9	13	21	38	112	375	508
			35~44 岁	197	154	10	14	23	51	137	489	665
			45~54 岁	95	121	12	17	26	43	94	389	550
			55~64 岁	87	111	5	7	14	39	183	362	442
			≥65 岁	95	89	10	13	17	40	71	184	306
辽河	辽宁省沈阳市	男	18~24 岁	62	206	9	18	38	101	251	516	778
			25~34 岁	115	244	13	21	44	150	344	662	768
			35~44 岁	79	252	7	15	43	129	291	566	1202
			45~54 岁	104	223	8	17	37	127	306	584	679
			55~64 岁	93	188	7	9	30	101	236	459	689
			≥65 岁	115	291	14	23	43	161	405	745	1156
		女	18~24 岁	82	252	14	22	43	120	348	545	889
			25~34 岁	116	297	11	19	82	175	372	669	1129
			35~44 岁	91	334	15	30	76	186	398	711	1111
			45~54 岁	102	284	17	26	43	140	390	749	848
			55~64 岁	139	269	17	23	47	171	352	686	1081
			≥65 岁	119	282	14	21	51	173	437	675	885
浙闽片河流	浙江省平湖市	男	18~24 岁	12	45	8	9	11	21	84	103	112
			25~34 岁	26	164	5	9	18	43	196	494	576
			35~44 岁	38	127	4	9	18	43	172	333	488
			45~54 岁	49	138	11	14	23	86	150	404	439
			55~64 岁	37	214	7	9	34	87	291	647	843
			≥65 岁	35	133	8	16	26	51	178	430	464

流域	调查点	性别	年龄组别	N	平均每天洗手时间/（秒/天）							
					均值	P_5	P_{10}	P_{25}	P_{50}	P_{75}	P_{90}	P_{95}
浙闽片河流	浙江省平湖市	女	18~24岁	10	297	16	24	34	283	568	609	613
			25~34岁	37	322	14	24	51	180	411	792	924
			35~44岁	38	245	6	11	36	70	362	615	708
			45~54岁	54	175	10	14	21	108	231	362	604
			55~64岁	40	120	13	16	26	45	115	412	455
			≥65岁	27	158	7	10	24	51	181	396	492
西北诸河	新疆维吾尔自治区库尔勒市	男	18~24岁	10	378	63	119	153	187	467	638	1082
			25~34岁	36	324	16	42	110	231	555	687	788
			35~44岁	48	602	78	127	188	414	887	1283	1512
			45~54岁	57	477	69	98	167	351	604	1081	1412
			55~64岁	15	355	99	122	191	296	490	576	701
			≥65岁	12	440	98	101	178	262	638	828	1180
		女	18~24岁	11	474	106	154	222	300	743	971	1022
			25~34岁	77	417	50	98	146	292	563	920	1112
			35~44岁	49	584	49	86	217	512	785	1276	1410
			45~54岁	70	690	93	153	277	511	957	1495	1726
			55~64岁	12	690	157	201	272	527	1009	1393	1644
			≥65岁	16	703	146	156	257	588	850	1569	1767
西南诸河	云南省腾冲市	男	18~24岁	19	273	86	113	166	215	345	529	613
			25~34岁	23	181	79	81	85	126	236	301	488
			35~44岁	27	204	64	77	120	191	294	340	358
			45~54岁	27	266	68	96	127	196	327	528	534
			55~64岁	30	271	73	82	124	210	387	605	639
			≥65岁	30	222	65	69	96	137	192	429	653
		女	18~24岁	11	228	69	74	85	154	236	458	635
			25~34岁	27	213	80	93	110	171	278	365	412
			35~44岁	34	327	70	83	96	177	363	851	1050
			45~54岁	32	382	75	94	167	256	443	598	1087
			55~64岁	36	319	63	77	109	234	427	726	804
			≥65岁	26	319	106	117	120	152	343	817	1019

流域	调查点	性别	年龄组别	N	平均每天洗手时间/（秒/天）							
					均值	P_5	P_{10}	P_{25}	P_{50}	P_{75}	P_{90}	P_{95}
巢湖	安徽省巢湖市	男	18~24岁	33	160	37	51	64	113	189	290	359
			25~34岁	46	208	38	59	91	156	302	419	483
			35~44岁	58	262	35	63	118	186	359	481	707
			45~54岁	65	208	37	48	88	143	246	440	495
			55~64岁	47	219	33	39	85	180	274	467	533
			≥65岁	48	200	17	24	62	143	242	405	611
		女	18~24岁	43	264	56	73	101	176	362	539	814
			25~34岁	68	227	51	80	105	208	285	379	453
			35~44岁	67	292	42	75	143	228	350	555	696
			45~54岁	66	261	29	58	105	185	307	505	589
			55~64岁	50	270	74	94	113	213	332	515	714
			≥65岁	38	253	7	16	109	212	327	424	533
太湖	江苏省无锡市	男	18~24岁	92	165	16	27	51	110	199	322	498
			25~34岁	112	241	34	43	80	154	300	549	693
			35~44岁	94	269	25	31	64	169	309	617	1011
			45~54岁	101	237	36	54	74	161	364	527	694
			55~64岁	115	262	30	49	82	163	403	583	795
			≥65岁	93	351	32	54	89	204	383	756	1275
		女	18~24岁	96	258	42	50	94	181	322	559	766
			25~34岁	118	268	44	52	91	174	324	588	801
			35~44岁	105	307	37	63	120	193	371	676	1035
			45~54岁	113	246	41	60	99	189	343	518	648
			55~64岁	119	334	30	63	113	250	437	796	909
			≥65岁	101	293	33	59	109	236	394	651	755

附表 A-35 我国重点流域典型城市居民（成人）分流域、性别、年龄组每天洗脸时间

流域	调查点	性别	年龄组别	N	平均每天洗脸时间/（秒/天）							
					均值	P_5	P_{10}	P_{25}	P_{50}	P_{75}	P_{90}	P_{95}
长江	四川省射洪市	男	18~24 岁	4	363	94	99	111	359	611	630	636
			25~34 岁	44	195	67	76	100	148	222	403	490
			35~44 岁	54	186	38	50	113	166	239	331	395
			45~54 岁	66	209	50	62	107	176	258	356	480
			55~64 岁	47	221	46	69	119	210	261	449	539
			≥65 岁	75	271	67	87	133	194	337	528	684
		女	18~24 岁	19	508	154	163	217	347	680	968	1289
			25~34 岁	45	351	121	136	179	314	414	639	780
			35~44 岁	44	395	63	84	127	308	424	814	1191
			45~54 岁	71	376	76	107	236	309	490	600	791
			55~64 岁	43	311	67	86	195	257	447	600	621
			≥65 岁	75	280	61	86	139	227	341	547	638
	湖南省长沙市	男	18~24 岁	47	94	5	9	15	64	115	271	318
			25~34 岁	50	80	3	3	9	44	116	249	264
			35~44 岁	43	123	2	9	19	51	192	328	394
			45~54 岁	57	94	8	17	34	69	146	204	245
			55~64 岁	53	121	5	9	17	51	163	287	387
			≥65 岁	48	124	11	17	34	66	129	352	402
		女	18~24 岁	47	172	17	22	43	103	277	420	477
			25~34 岁	53	146	17	20	51	106	237	338	362
			35~44 岁	58	160	11	16	28	120	211	298	411
			45~54 岁	50	131	9	9	22	86	187	295	374
			55~64 岁	61	136	9	13	26	66	174	306	399
			≥65 岁	39	128	9	12	51	86	156	275	294
黄河	甘肃省兰州市	男	18~24 岁	96	246	79	103	151	194	279	407	495
			25~34 岁	112	259	109	140	160	188	312	445	636
			35~44 岁	95	236	83	126	153	192	279	393	529
			45~54 岁	116	281	96	126	153	222	313	431	668
			55~64 岁	107	243	77	108	153	186	265	440	504
			≥65 岁	92	238	122	134	153	189	284	381	523

续表

流域	调查点	性别	年龄组别	N	平均每天洗脸时间/（秒/天）							
					均值	P_5	P_{10}	P_{25}	P_{50}	P_{75}	P_{90}	P_{95}
黄河	甘肃省兰州市	女	18~24 岁	88	357	153	161	189	268	430	687	824
			25~34 岁	125	352	147	167	199	276	459	629	773
			35~44 岁	95	313	136	148	176	240	365	602	750
			45~54 岁	123	340	141	159	191	259	424	546	770
			55~64 岁	100	302	97	143	170	235	339	515	726
			≥65 岁	97	286	132	148	170	222	336	539	740
	内蒙古自治区呼和浩特市	男	18~24 岁	49	237	13	19	77	216	373	480	480
			25~34 岁	49	188	9	15	52	166	260	387	530
			35~44 岁	53	151	6	10	47	94	196	377	461
			45~54 岁	50	174	8	12	42	137	237	303	324
			55~64 岁	44	243	14	17	70	124	252	537	827
			≥65 岁	48	127	4	6	56	111	177	247	324
		女	18~24 岁	52	258	16	17	57	197	480	517	689
			25~34 岁	54	252	10	17	43	227	384	557	647
			35~44 岁	51	239	17	26	102	183	379	488	522
			45~54 岁	54	192	14	17	65	153	304	425	484
			55~64 岁	51	202	8	9	98	174	290	406	434
			≥65 岁	53	264	5	7	53	136	344	580	1111
	河北省石家庄市	男	18~24 岁	28	226	76	92	146	192	252	390	487
			25~34 岁	32	210	81	99	118	175	278	401	448
			35~44 岁	31	223	91	110	148	192	252	401	485
			45~54 岁	27	235	56	65	118	174	295	402	447
			55~64 岁	27	255	84	96	141	204	345	465	603
			≥65 岁	26	203	34	62	89	149	245	508	528
		女	18~24 岁	29	289	120	139	176	228	349	473	819
			25~34 岁	34	280	103	144	183	259	377	440	490
			35~44 岁	30	259	107	127	197	243	316	386	428
			45~54 岁	30	306	122	136	186	271	382	504	534
			55~64 岁	24	255	122	127	176	218	312	367	399
			≥65 岁	26	206	57	79	130	173	249	348	453

流域	调查点	性别	年龄组别	N	平均每天洗脸时间/（秒/天）							
					均值	P_5	P_{10}	P_{25}	P_{50}	P_{75}	P_{90}	P_{95}
珠江	广东省佛山市	男	18~24 岁	81	196	3	9	43	94	269	456	707
			25~34 岁	88	156	3	6	25	77	198	368	514
			35~44 岁	79	133	2	4	16	47	182	354	542
			45~54 岁	89	143	2	4	17	86	179	304	579
			55~64 岁	90	210	4	4	17	86	269	578	829
			≥65 岁	86	174	2	4	19	88	212	462	716
		女	18~24 岁	78	273	5	26	51	190	390	636	765
			25~34 岁	89	281	9	16	63	139	386	674	914
			35~44 岁	81	245	10	17	69	151	326	566	874
			45~54 岁	86	260	5	8	35	142	343	637	1036
			55~64 岁	92	243	4	7	51	130	347	708	810
			≥65 岁	76	184	4	6	26	111	279	499	595
	广西壮族自治区北海市	男	18~24 岁	20	202	77	82	114	156	270	331	388
			25~34 岁	42	185	35	58	99	150	221	379	437
			35~44 岁	38	292	82	103	143	230	346	419	724
			45~54 岁	28	231	9	12	76	209	357	448	544
			55~64 岁	28	211	65	89	124	164	299	407	425
			≥65 岁	20	205	87	105	128	178	191	380	585
		女	18~24 岁	18	320	36	90	170	260	473	652	683
			25~34 岁	48	257	43	82	146	228	358	477	527
			35~44 岁	40	287	71	81	136	210	358	564	601
			45~54 岁	42	219	52	56	99	183	262	414	538
			55~64 岁	44	218	20	44	108	162	298	412	469
			≥65 岁	28	218	75	89	128	181	345	411	453
松花江	黑龙江省牡丹江市	男	18~24 岁	12	234	34	34	96	196	320	502	554
			25~34 岁	99	144	4	9	48	129	221	322	348
			35~44 岁	82	202	8	15	52	165	245	407	553
			45~54 岁	96	182	14	36	87	161	245	362	419
			55~64 岁	149	137	9	17	51	114	193	259	315
			≥65 岁	140	135	8	17	51	104	190	288	344

续表

流域	调查点	性别	年龄组别	N	平均每天洗脸时间/（秒/天）							
					均值	P_5	P_{10}	P_{25}	P_{50}	P_{75}	P_{90}	P_{95}
松花江	黑龙江省牡丹江市	女	18~24岁	20	207	5	48	147	199	244	307	335
			25~34岁	145	182	9	17	51	165	256	353	450
			35~44岁	106	219	18	26	69	185	350	455	542
			45~54岁	103	196	17	26	60	179	274	401	461
			55~64岁	163	162	17	26	57	160	238	297	369
			≥65岁	152	182	17	26	60	145	230	350	481
淮河	河南省郑州市	男	18~24岁	85	195	9	14	84	171	287	405	466
			25~34岁	114	141	6	9	28	120	190	295	426
			35~44岁	107	178	5	11	53	137	234	384	521
			45~54岁	95	189	13	26	83	173	241	403	464
			55~64岁	96	189	7	12	53	135	275	396	558
			≥65岁	107	169	4	9	48	118	254	382	495
		女	18~24岁	100	305	37	59	152	261	388	597	646
			25~34岁	132	257	9	13	118	223	344	486	667
			35~44岁	98	249	11	17	120	239	342	482	529
			45~54岁	118	235	11	16	116	212	310	435	517
			55~64岁	108	217	9	19	101	192	316	425	531
			≥65岁	105	186	11	16	70	147	247	390	451
海河	天津市	男	18~24岁	63	119	6	7	16	71	176	304	389
			25~34岁	89	92	3	6	11	34	151	258	333
			35~44岁	188	109	4	7	13	54	166	290	354
			45~54岁	80	91	3	4	10	37	165	268	294
			55~64岁	80	95	4	6	13	43	136	297	383
			≥65岁	87	89	3	4	11	56	145	234	313
		女	18~24岁	57	166	9	12	34	143	234	347	366
			25~34岁	108	176	13	17	38	130	249	405	470
			35~44岁	197	181	9	14	34	144	256	399	518
			45~54岁	95	150	9	10	26	116	207	387	445
			55~64岁	87	120	6	6	13	80	175	313	392
			≥65岁	95	119	6	6	14	79	181	280	364

流域	调查点	性别	年龄组别	N	平均每天洗脸时间/（秒/天）							
					均值	P_5	P_{10}	P_{25}	P_{50}	P_{75}	P_{90}	P_{95}
辽河	辽宁省沈阳市	男	18~24 岁	62	147	6	8	34	130	230	288	359
			25~34 岁	115	240	9	17	58	171	329	544	711
			35~44 岁	79	194	4	9	74	168	287	463	510
			45~54 岁	104	173	6	9	34	132	232	394	461
			55~64 岁	93	159	7	16	43	117	214	343	447
			≥65 岁	115	188	13	17	45	126	247	386	608
		女	18~24 岁	82	287	18	34	75	227	362	527	867
			25~34 岁	116	281	16	31	111	214	368	605	729
			35~44 岁	91	305	24	51	123	272	369	629	770
			45~54 岁	102	202	17	18	47	158	291	406	529
			55~64 岁	139	191	17	34	51	147	289	431	522
			≥65 岁	119	223	17	27	73	165	299	466	648
浙闽片河流	浙江省平湖市	男	18~24 岁	12	120	9	9	15	50	146	228	397
			25~34 岁	26	206	9	11	19	60	359	569	621
			35~44 岁	38	134	0	7	22	89	229	300	313
			45~54 岁	49	139	11	13	26	69	231	326	358
			55~64 岁	37	197	11	15	26	137	291	541	585
			≥65 岁	35	134	10	17	19	53	191	391	422
		女	18~24 岁	10	186	36	38	64	132	315	401	432
			25~34 岁	37	261	9	15	51	223	433	520	554
			35~44 岁	38	175	18	34	41	69	265	494	567
			45~54 岁	54	190	9	11	43	137	225	524	635
			55~64 岁	40	172	9	17	46	79	243	413	456
			≥65 岁	27	174	26	27	40	157	292	339	414
西北诸河	新疆维吾尔自治区库尔勒市	男	18~24 岁	10	330	41	65	84	182	371	912	993
			25~34 岁	36	192	14	29	63	142	277	415	480
			35~44 岁	48	239	36	58	95	167	334	516	613
			45~54 岁	57	211	54	71	112	183	281	396	477
			55~64 岁	15	209	77	98	117	174	283	355	373
			≥65 岁	12	435	97	109	149	290	483	844	1260

续表

流域	调查点	性别	年龄组别	N	平均每天洗脸时间/（秒/天）							
					均值	P_5	P_{10}	P_{25}	P_{50}	P_{75}	P_{90}	P_{95}
西北诸河	新疆维吾尔自治区库尔勒市	女	18~24岁	11	473	133	137	252	500	624	757	805
			25~34岁	77	369	31	69	171	340	536	700	794
			35~44岁	49	276	34	84	141	206	362	577	621
			45~54岁	70	365	67	99	198	320	518	594	730
			55~64岁	12	387	101	103	117	319	535	752	889
			≥65岁	16	498	103	123	188	344	695	1069	1385
西南诸河	云南省腾冲市	男	18~24岁	19	272	133	140	159	206	293	407	607
			25~34岁	23	209	111	133	146	172	278	345	399
			35~44岁	27	204	116	139	153	183	211	313	395
			45~54岁	27	220	94	135	169	200	254	344	364
			55~64岁	30	284	109	135	170	202	332	472	754
			≥65岁	30	277	126	139	170	213	292	406	420
		女	18~24岁	11	297	188	189	208	274	386	403	433
			25~34岁	27	278	146	163	187	262	352	426	458
			35~44岁	34	380	165	170	188	245	465	911	998
			45~54岁	32	280	160	195	213	251	294	374	532
			55~64岁	36	275	93	116	161	214	323	450	591
			≥65岁	26	256	140	154	171	197	316	394	595
巢湖	安徽省巢湖市	男	18~24岁	33	220	42	87	121	199	275	387	428
			25~34岁	46	214	27	41	92	174	296	402	453
			35~44岁	58	269	55	67	118	226	354	536	612
			45~54岁	65	247	38	68	120	186	328	450	606
			55~64岁	47	254	28	41	106	233	321	457	538
			≥65岁	48	224	22	46	101	204	311	439	494
		女	18~24岁	43	337	54	91	144	252	449	674	859
			25~34岁	68	306	38	66	148	261	393	552	645
			35~44岁	67	343	71	125	174	295	422	564	737
			45~54岁	66	331	30	49	115	263	453	677	994
			55~64岁	50	301	71	110	159	271	357	441	597
			≥65岁	38	221	6	23	99	256	303	360	386

流域	调查点	性别	年龄组别	N	平均每天洗脸时间/（秒/天）							
					均值	P_5	P_{10}	P_{25}	P_{50}	P_{75}	P_{90}	P_{95}
太湖	江苏省无锡市	男	18~24 岁	92	198	17	52	101	183	255	352	507
			25~34 岁	112	257	77	95	137	214	322	445	612
			35~44 岁	94	246	44	76	120	190	274	562	645
			45~54 岁	101	237	51	70	120	206	264	426	547
			55~64 岁	115	250	61	84	118	210	326	433	553
			≥65 岁	93	294	63	87	143	249	360	514	771
		女	18~24 岁	96	333	102	130	184	263	395	595	780
			25~34 岁	118	361	64	95	191	277	440	595	807
			35~44 岁	105	315	86	112	168	252	410	553	728
			45~54 岁	113	280	63	102	154	234	352	544	579
			55~64 岁	119	320	84	108	178	291	377	573	685
			≥65 岁	101	298	56	96	173	270	399	514	609

附表 A-36　我国重点流域典型城市居民（成人）分流域、性别、年龄组每周洗脚时间

流域	调查点	性别	年龄组别	N	平均每周洗脚时间/（分钟/周）							
					均值	P_5	P_{10}	P_{25}	P_{50}	P_{75}	P_{90}	P_{95}
长江	四川省射洪市	男	18~24 岁	4	44.6	11.3	11.5	12.1	37.9	70.3	83.0	87.2
			25~34 岁	44	21.1	2.0	2.9	4.2	14.6	32.7	49.2	53.2
			35~44 岁	54	26.7	0	2.6	2.9	17.4	47.8	59.4	68.3
			45~54 岁	66	32.0	2.6	2.9	7.7	18.3	47.5	70.9	98.6
			55~64 岁	47	39.3	2.0	2.9	7.2	38.0	59.5	89.1	101.5
			≥65 岁	75	57.5	2.9	2.9	10.5	48.2	77.6	137.2	163.7
		女	18~24 岁	19	30.2	4.8	7.2	9.7	15.4	39.8	70.3	92.6
			25~34 岁	45	31.9	2.9	5.3	10.2	19.7	49.5	73.8	85.8
			35~44 岁	44	34.9	0.4	2.9	7.9	31.5	54.4	73.4	96.8
			45~54 岁	71	42.2	2.9	2.9	10.2	33.9	62.3	90.9	113.1
			55~64 岁	43	49.2	2.9	2.9	11.9	43.7	71.3	103.7	124.0
			≥65 岁	75	57.8	2.9	2.9	12.0	48.6	86.8	133.3	156.3

续表

流域	调查点	性别	年龄组别	N	平均每周洗脚时间/（分钟/周）							
					均值	P_5	P_{10}	P_{25}	P_{50}	P_{75}	P_{90}	P_{95}
长江	湖南省长沙市	男	18~24 岁	47	7.7	0	0	0	0.1	6.8	22.3	28.9
			25~34 岁	50	8.5	0	0	0	0.6	4.2	21.6	51.3
			35~44 岁	43	7.0	0	0	0	0.3	5.9	22.2	28.6
			45~54 岁	57	13.5	0	0	0	1.3	19.0	35.1	63.5
			55~64 岁	53	8.5	0	0	0	0	8.6	27.1	38.1
			≥65 岁	48	10.5	0	0	0	0.4	14.5	30.2	48.2
		女	18~24 岁	47	11.7	0	0	0	2.1	10.0	30.1	72.3
			25~34 岁	53	7.4	0	0	0	1.4	10.0	19.6	32.9
			35~44 岁	58	10.4	0	0	0	2.2	14.1	21.7	33.8
			45~54 岁	50	13.1	0	0	0	2.5	18.3	31.1	40.1
			55~64 岁	61	9.7	0	0	0	1.7	10.0	21.4	51.5
			≥65 岁	39	14.5	0	0	0	6.4	17.1	30.0	41.6
黄河	甘肃省兰州市	男	18~24 岁	96	36.1	4.3	5.0	10.0	24.2	47.3	81.6	105.4
			25~34 岁	112	40.2	2.9	4.3	7.4	29.0	57.8	81.5	114.3
			35~44 岁	95	44.5	2.9	5.0	14.8	33.6	64.2	85.9	118.8
			45~54 岁	116	45.2	3.4	5.0	15.0	33.6	60.2	89.5	134.7
			55~64 岁	107	44.6	4.3	5.0	10.0	30.0	60.9	100.6	126.2
			≥65 岁	92	47.1	4.7	8.6	15.0	34.7	58.5	98.8	142.4
		女	18~24 岁	88	48.9	3.5	5.7	13.4	36.8	71.2	98.1	123.8
			25~34 岁	125	46.4	2.9	3.5	15.9	36.2	67.1	106.1	120.0
			35~44 岁	95	41.7	4.1	7.7	11.4	30.0	49.4	95.5	113.1
			45~54 岁	123	52.6	4.4	9.0	20.0	40.1	70.5	115.2	154.0
			55~64 岁	100	49.8	5.7	10.0	16.7	40.0	60.1	117.2	153.2
			≥65 岁	97	49.6	5.0	8.0	18.2	35.0	75.5	109.5	121.0
	内蒙古自治区呼和浩特市	男	18~24 岁	49	40.4	2.6	4.1	10.2	27.2	61.9	101.5	131.4
			25~34 岁	49	32.9	1.1	5.0	13.7	27.3	49.5	69.1	75.3
			35~44 岁	53	35.1	2.9	5.5	15.0	24.3	39.6	74.0	99.5
			45~54 岁	50	53.3	4.6	6.8	16.3	30.7	56.2	122.7	181.5
			55~64 岁	44	49.0	7.1	12.9	17.8	44.1	69.8	103.1	111.6
			≥65 岁	48	59.1	3.6	6.3	20.1	46.6	80.8	135.4	171.6

流域	调查点	性别	年龄组别	N	平均每周洗脚时间/（分钟/周）							
					均值	P_5	P_{10}	P_{25}	P_{50}	P_{75}	P_{90}	P_{95}
黄河	内蒙古自治区呼和浩特市	女	18~24 岁	52	33.0	4.7	6.9	12.6	25.6	39.8	67.7	92.5
			25~34 岁	54	42.8	2.8	4.5	15.0	29.0	61.0	103.3	132.1
			35~44 岁	51	44.3	0.7	4.3	14.7	32.7	61.1	97.8	145.1
			45~54 岁	54	41.0	7.3	9.5	17.7	29.6	42.1	81.2	124.3
			55~64 岁	51	45.4	3.9	9.3	19.1	32.1	57.9	114.5	125.8
			≥65 岁	53	73.2	3.7	9.7	23.1	52.6	115.5	165.0	181.9
	河北省石家庄市	男	18~24 岁	28	14.8	0	0	1.0	9.8	24.8	32.9	44.0
			25~34 岁	32	29.2	0	0.1	8.0	15.5	36.6	53.9	101.3
			35~44 岁	31	35.0	0	0	9.3	19.0	45.6	81.4	102.1
			45~54 岁	27	38.7	0	0	4.8	33.0	50.8	90.4	130.2
			55~64 岁	27	41.9	0.3	2.2	8.5	32.9	60.9	99.4	110.7
			≥65 岁	26	44.1	0	0.4	5.5	19.5	55.8	139.5	154.5
		女	18~24 岁	29	24.6	0	0	10.0	23.1	29.2	51.4	69.0
			25~34 岁	34	25.8	0	0	3.3	14.5	41.8	73.4	87.8
			35~44 岁	30	26.3	0	0	3.1	18.2	39.6	53.2	65.9
			45~54 岁	30	36.8	0	0	4.2	18.0	63.0	93.3	126.5
			55~64 岁	24	39.2	0	0	10.3	22.8	61.3	93.1	134.4
			≥65 岁	26	53.4	0	0.4	8.6	36.6	68.4	139.3	178.4
珠江	广东省佛山市	男	18~24 岁	81	11.8	0	0	0	2.0	17.3	37.0	51.7
			25~34 岁	88	10.8	0	0	0	1.0	8.7	26.1	40.5
			35~44 岁	79	8.0	0	0	0	0.6	7.0	24.5	49.4
			45~54 岁	89	11.9	0	0	0	2.1	12.5	33.2	53.4
			55~64 岁	90	13.5	0	0	0	2.9	16.9	38.4	76.1
			≥65 岁	86	10.3	0	0	0	2.5	14.9	32.5	44.1
		女	18~24 岁	78	12.9	0	0	0	2.5	11.9	36.8	52.8
			25~34 岁	89	11.8	0	0	0	2.2	10.0	34.5	62.2
			35~44 岁	81	21.9	0	0	0	5.5	29.0	66.4	90.0
			45~54 岁	86	19.5	0	0	0	2.9	20.0	62.3	122.5
			55~64 岁	92	16.9	0	0	0	4.6	21.8	47.0	60.7
			≥65 岁	76	13.8	0	0	0.2	3.2	19.4	34.3	57.1

流域	调查点	性别	年龄组别	N	平均每周洗脚时间/（分钟/周）							
					均值	P_5	P_{10}	P_{25}	P_{50}	P_{75}	P_{90}	P_{95}
珠江	广西壮族自治区北海市	男	18~24 岁	20	11.0	0	0	2.0	8.0	13.8	27.0	33.8
			25~34 岁	42	13.2	0	0	3.1	8.0	17.3	35.0	40.0
			35~44 岁	38	16.6	0	0	0.4	9.6	23.8	46.6	54.5
			45~54 岁	28	13.7	0	0	4.0	7.2	15.4	32.8	42.6
			55~64 岁	28	15.6	0	0	0	5.6	16.0	40.0	65.1
			≥65 岁	20	30	0	0	2.9	10.2	40.0	89.1	126.5
		女	18~24 岁	18	18.9	0	0.3	2.8	11.1	19.2	52.2	57.4
			25~34 岁	48	18.7	0	0	1.0	6.1	20.8	58.5	74.4
			35~44 岁	40	13.5	0	0	2.3	10.2	19.0	32.2	35.4
			45~54 岁	42	15.5	0	0	1.2	6.1	22.7	37.7	58.2
			55~64 岁	44	21.2	0	0	0.7	11.4	31.3	56.7	70.6
			≥65 岁	28	20.2	0	0	1.5	10.9	23.4	53.2	61.7
松花江	黑龙江省牡丹江市	男	18~24 岁	12	39.3	3.6	5.0	5.5	24.5	43.3	113.8	126.7
			25~34 岁	99	26.0	1.0	1.7	6.0	16.8	34.1	49.5	70.2
			35~44 岁	82	43.0	1.3	2.3	10.0	27.8	63.0	102.2	149.8
			45~54 岁	96	46.9	4.1	6.9	15.0	30.1	68.1	113.7	143.9
			55~64 岁	149	35.0	4.1	5.0	10.0	23.7	36.0	82.0	118.9
			≥65 岁	140	37.2	2.1	4.3	12.7	25.5	53.2	80.0	104.0
		女	18~24 岁	20	40.7	8.2	8.6	11.0	26.8	45.2	73.2	135.6
			25~34 岁	145	41.1	1.4	2.9	9.8	27.0	54.7	106.3	145.1
			35~44 岁	106	49.3	3.3	5.0	11.0	35.0	68.1	120.5	159.3
			45~54 岁	103	43.1	2.0	5.0	10.0	30.7	58.9	110.7	139.6
			55~64 岁	163	45.6	5.0	6.6	16.6	30.0	57.9	105.8	132.9
			≥65 岁	152	55.0	3.2	5.0	18.8	40.2	70.4	121.7	173.2
淮河	河南省郑州市	男	18~24 岁	85	33.4	0	0	0	8.8	38.4	100.9	186.3
			25~34 岁	114	38.7	0	0	3.1	18.2	54.1	111.0	131.0
			35~44 岁	107	37.5	0	0	3.6	18.8	51.1	100.0	140.1
			45~54 岁	95	27.9	0	0	0	12.7	40.3	86.6	101.4
			55~64 岁	96	37.3	0	0	6.5	23.7	46.3	108.8	128.6
			≥65 岁	107	44.1	0	0	9.5	35.7	64.0	94.7	118.7

流域	调查点	性别	年龄组别	N	平均每周洗脚时间/（分钟/周）							
					均值	P_5	P_{10}	P_{25}	P_{50}	P_{75}	P_{90}	P_{95}
淮河	河南省郑州市	女	18~24 岁	100	25.6	0	0	0.9	13.2	29.9	65.3	81.5
			25~34 岁	132	44.8	0	0.1	11.2	33.3	65.7	108.2	118.4
			35~44 岁	98	35.2	0	0	0.9	20.1	36.7	105.7	132.6
			45~54 岁	118	39.1	0	0	2.1	24.6	59.5	105.1	137.6
			55~64 岁	108	46.7	0	0	2.7	28.6	73.8	121.3	140.0
			≥65 岁	105	46.9	0	0	5.3	28.8	68.8	127.5	158.3
海河	天津市	男	18~24 岁	63	6.2	0	0	0	0	5.7	27.6	29.9
			25~34 岁	89	4.0	0	0	0	0	2.9	11.8	29.3
			35~44 岁	188	9.4	0	0	0	0	9.8	26.6	47.6
			45~54 岁	80	6.7	0	0	0	0	9.8	24.2	30.2
			55~64 岁	80	7.6	0	0	0	0.6	7.1	30.0	30.0
			≥65 岁	87	22.2	0	0	0	5.7	24.7	71.7	105.3
		女	18~24 岁	57	5.1	0	0	0	0	10.0	17.1	21.2
			25~34 岁	108	5.4	0	0	0	0	4.3	22.4	30.3
			35~44 岁	197	10.3	0	0	0	0	10.8	36.0	43.7
			45~54 岁	95	9.6	0	0	0	0	10.0	33.2	44.0
			55~64 岁	87	10.5	0	0	0	0	15.0	30.4	36.4
			≥65 岁	95	26.6	0	0	0	9.4	34.2	81.4	108.0
辽河	辽宁省沈阳市	男	18~24 岁	62	29.5	0	0	5.2	19.0	45.9	84.1	93.1
			25~34 岁	115	24.6	0	0	0	17.3	33.5	62.9	80.0
			35~44 岁	79	37.6	0	0	1.6	17.1	67.1	100.1	135.2
			45~54 岁	104	29.5	0	0	1.8	16.8	44.6	70.0	99.2
			55~64 岁	93	42.5	0	0.3	5.7	22.7	70.0	119.0	134.8
			≥65 岁	115	51.0	0	0.5	11.7	25.7	82.0	135.4	148.1
		女	18~24 岁	82	35.3	0	0	4.5	21.5	50.4	100.8	121.9
			25~34 岁	116	34.4	0	0	4.0	20.3	54.8	88.4	128.1
			35~44 岁	91	43.3	0	0	0	21.3	72.6	114.3	134.2
			45~54 岁	102	43.1	0	0	8.5	20.0	61.1	126.0	139.7
			55~64 岁	139	49.5	0	0	8.1	29.9	76.1	135.3	146.8
			≥65 岁	119	60.2	0	4.1	10.2	36.8	91.1	146.8	182.0

续表

流域	调查点	性别	年龄组别	N	平均每周洗脚时间/（分钟/周）							
					均值	P_5	P_{10}	P_{25}	P_{50}	P_{75}	P_{90}	P_{95}
浙闽片河流	浙江省平湖市	男	18~24 岁	12	3.7	0	0	0	1.3	2.3	7.0	16.7
			25~34 岁	26	10.0	0	0	0	2.0	14.1	31.4	41.4
			35~44 岁	38	12.2	0	0	0	4.3	18.8	35.4	47.8
			45~54 岁	49	9.1	0	0	0	4.3	15.0	26.7	32.7
			55~64 岁	37	17.2	0	0	1.4	7.1	26.0	41.8	53.7
			≥65 岁	35	19.0	0	0	2.0	5.0	22.4	37.3	68.1
		女	18~24 岁	10	11.9	0	0	1.2	9.1	14.3	35.0	35.0
			25~34 岁	37	18.3	0	0	0	3.0	30.0	42.6	57.7
			35~44 岁	38	10.6	0	0	0	0.4	12.1	33.2	51.6
			45~54 岁	54	12.6	0	0	0	5.0	17.5	41.9	47.2
			55~64 岁	40	18.7	0	0	0	6.8	25.2	33.6	45.1
			≥65 岁	27	19.0	0	0	2.0	11.4	33.5	44.5	50.1
西北诸河	新疆维吾尔自治区库尔勒市	男	18~24 岁	10	48.9	6.4	8.2	9.0	13.1	49.2	164.3	173.7
			25~34 岁	36	31.7	0	2.1	6.5	17.7	57.6	70.5	74.0
			35~44 岁	48	24.1	0	1.4	5.0	12.3	32.5	52.5	71.3
			45~54 岁	57	38.1	0	0.6	4.5	21.5	58.9	97.0	113.1
			55~64 岁	15	55.1	11.4	12.7	16.8	31.0	61.9	127.0	161.6
			≥65 岁	12	58.7	7.6	9.7	27.6	45.3	71.9	101.2	144.2
		女	18~24 岁	11	61.6	7.6	8.2	18.1	42.1	92.0	135.2	157.6
			25~34 岁	77	33.8	2.1	3.6	9.0	25.5	49.8	71.4	113.2
			35~44 岁	49	33.4	1.7	2.5	7.9	20.0	43.0	94.6	113.2
			45~54 岁	70	55.4	3.6	5.0	16.2	35.9	72.3	140.5	166.8
			55~64 岁	12	55.8	12.2	13.7	17.3	24.0	48.2	179.2	200.0
			≥65 岁	16	90.1	5.4	7.3	34.1	64.7	144.1	200.2	201.0
西南诸河	云南省腾冲市	男	18~24 岁	19	29.9	4.8	5.0	12.2	26.0	34.9	54.3	84.6
			25~34 岁	23	22.2	2.5	3.4	10.8	17.7	29.5	45.5	55.0
			35~44 岁	27	35.2	3.7	4.6	10.7	23.0	51.9	71.7	79.3
			45~54 岁	27	36.2	3.9	8.6	18.1	25.8	43.3	74.4	119.8
			55~64 岁	30	32.2	10.6	13.1	18.1	24.7	32.1	65.4	76.6
			≥65 岁	30	34.1	3.8	4.9	15.9	30.0	45.6	68.9	78.4

流域	调查点	性别	年龄组别	N	平均每周洗脚时间/（分钟/周）							
					均值	P_5	P_{10}	P_{25}	P_{50}	P_{75}	P_{90}	P_{95}
西南诸河	云南省腾冲市	女	18~24 岁	11	35.1	8.2	10.3	16.9	25.6	30.9	37.0	99.8
			25~34 岁	27	20.8	3.6	6.3	9.4	15.5	30.2	38.7	44.8
			35~44 岁	34	38.2	4.3	5.3	17.2	35.0	46.3	70.7	94.0
			45~54 岁	32	28.0	7.0	10.2	14.1	25.8	32.3	51.5	61.7
			55~64 岁	36	40.4	8.8	15.1	20.1	29.9	43.3	66.6	74.3
			≥65 岁	26	23.2	1.6	2.0	6.2	19.7	39.8	47.9	53.6
巢湖	安徽省巢湖市	男	18~24 岁	33	23.4	0	0	0	14.6	33.2	53.1	86.0
			25~34 岁	46	26.2	0	0	0	12.3	33.2	85.2	107.5
			35~44 岁	58	28.8	0	0	0	15.2	43.0	76.6	88.8
			45~54 岁	65	26.3	0	0	0	16.4	37.4	71.8	93.4
			55~64 岁	47	29.1	0	0	0	20.3	45.5	69.4	92.0
			≥65 岁	48	29.5	0	0	0	22.2	43.0	75.9	92.4
		女	18~24 岁	43	24.8	0	0	0	12.2	37.4	56.1	75.4
			25~34 岁	68	25.5	0	0	0	10.1	38.9	81.4	94.4
			35~44 岁	67	30.7	0	0	0	21.3	48.6	82.7	121.8
			45~54 岁	66	27.8	0	0	0	22.1	46.7	65.8	92.9
			55~64 岁	50	38.1	0	0	0	20.5	57.1	93.6	130.8
			≥65 岁	38	33.7	0	0	0.5	22.7	51.7	74.1	108.1
太湖	江苏省无锡市	男	18~24 岁	92	8.9	0	0	0	0	12.2	23.8	36.5
			25~34 岁	112	15.0	0	0	0	0	13.8	39.8	83.9
			35~44 岁	94	14.8	0	0	0	5.0	19.6	41.5	65.4
			45~54 岁	101	22.1	0	0	0	11.1	25.6	61.4	91.8
			55~64 岁	115	20.1	0	0	0	9.3	28.4	61.7	79.7
			≥65 岁	93	31.4	0	0	0	16.4	45.1	86.9	113.0
		女	18~24 岁	96	12.0	0	0	0	0	12.4	34.6	50.9
			25~34 岁	118	15.0	0	0	0	0.9	19.7	39.5	60.5
			35~44 岁	105	14.9	0	0	0	1.4	18.0	37.1	68.7
			45~54 岁	113	22.1	0	0	0	6.7	30.0	63.1	90.1
			55~64 岁	119	29.1	0	0	0	14.7	30.8	87.2	164.1
			≥65 岁	101	41.4	0	0	0	20.0	57.6	102.9	144.3

附表 A-37　我国重点流域典型城市居民（成人）分流域、性别、年龄组每周洗头时间

流域	调查点	性别	年龄组别	N	平均每周洗头时间/（分钟/周）							
					均值	P_5	P_{10}	P_{25}	P_{50}	P_{75}	P_{90}	P_{95}
长江	四川省射洪市	男	18~24 岁	4	32.0	2.6	5.1	12.9	23.5	42.6	65.8	73.5
			25~34 岁	44	13.0	1.4	1.4	1.4	9.9	13.1	31.5	37.5
			35~44 岁	54	14.3	1.4	1.4	2.1	11.4	20.7	28.1	39.2
			45~54 岁	66	21.1	1.2	1.4	1.4	12.9	25.6	42.1	69.8
			55~64 岁	47	14.5	1.3	1.4	1.4	7.1	16.1	27.9	40.8
			≥65 岁	75	15.6	1.3	1.4	1.4	2.9	20.9	48.6	65.4
		女	18~24 岁	19	42.8	1.3	9.4	18.1	42.9	62.9	81.5	91.7
			25~34 岁	45	30.1	1.4	1.4	17.9	26.4	42.4	57.9	72.2
			35~44 岁	44	33.5	1.4	1.9	15.7	24.3	45.7	74.8	77.1
			45~54 岁	71	29.0	1.4	1.4	1.4	15.0	34.3	81.6	118.3
			55~64 岁	43	21.6	1.4	1.4	1.4	12.4	27.7	53.0	66.0
			≥65 岁	75	17.7	1.3	1.4	1.4	11.7	27.7	46.9	59.7
	湖南省长沙市	男	18~24 岁	47	5.1	0	0	0	1.3	5.5	13.7	23.2
			25~34 岁	50	4.8	0	0	0	0.6	6.6	14.4	26.6
			35~44 岁	43	7.2	0	0	0	2.1	8.5	22.1	23.0
			45~54 岁	57	2.8	0	0	0	0	2.9	8.0	15.2
			55~64 岁	53	4.2	0	0	0	0	4.3	8.6	14.0
			≥65 岁	48	3.8	0	0	0	0	1.2	15.6	27.4
		女	18~24 岁	47	13.5	0	0	3.1	8.6	14.8	34.8	51.1
			25~34 岁	53	11.8	0	0	1.4	4.3	15.0	31.4	54.0
			35~44 岁	58	12.8	0	0	0	5.0	12.3	32.3	63.9
			45~54 岁	50	8.8	0	0	0	5.0	12.9	24.9	32.9
			55~64 岁	61	6.5	0	0	0	2.9	8.6	16.4	25.7
			≥65 岁	39	4.8	0	0	0	1.4	4.3	17.7	21.8
黄河	甘肃省兰州市	男	18~24 岁	96	22.4	2.0	3.0	6.3	15.1	29.8	52.4	64.9
			25~34 岁	112	20.6	1.4	2.1	4.1	12.6	29.1	53.5	63.5
			35~44 岁	95	18.2	1.4	1.4	3.3	10.0	23.4	40.5	67.1
			45~54 岁	116	17.6	1.4	1.4	2.9	9.3	21.0	37.6	52.4
			55~64 岁	107	14.8	1.0	1.4	2.9	6.4	19.3	38.2	47.5
			≥65 岁	92	15.9	1.1	1.4	1.4	6.1	21.5	42.9	59.7

流域	调查点	性别	年龄组别	N	平均每周洗头时间/（分钟/周）							
					均值	P_5	P_10	P_25	P_50	P_75	P_90	P_95
黄河	甘肃省兰州市	女	18~24 岁	88	35.3	4.8	6.2	11.4	20.0	46.8	80.3	105.1
			25~34 岁	125	26.3	1.4	1.7	5.7	15.0	37.1	63.7	77.6
			35~44 岁	95	27.2	1.4	1.4	4.3	13.5	29.0	62.6	109.4
			45~54 岁	123	22.8	1.4	1.4	4.3	12.9	32.9	51.7	68.2
			55~64 岁	100	19.5	1.4	1.4	4.3	11.4	22.9	48.3	65.0
			≥65 岁	97	18.3	1.4	1.4	2.9	8.6	25.1	52.5	73.3
	内蒙古自治区呼和浩特市	男	18~24 岁	49	25.2	0.5	2.1	7.3	22.5	35.6	52.4	73.4
			25~34 岁	49	22.5	0.2	1.5	6.2	19.3	31.8	51.3	62.9
			35~44 岁	53	16.6	0.4	0.6	2.9	10.5	24.5	37.7	51.8
			45~54 岁	50	19.2	0.5	1.4	4.6	12.2	29.3	40.9	51.4
			55~64 岁	44	28.5	1.4	2.3	5.5	18.5	30.3	87.6	111.6
			≥65 岁	48	12.5	0.6	0.8	1.6	11.3	18.7	31.9	34.3
		女	18~24 岁	52	38.3	1.1	2.3	8.9	21.9	50.2	96.6	126.5
			25~34 岁	54	25.6	0	0.9	2.9	14.6	35.6	72.6	87.7
			35~44 岁	51	27.6	0.9	1.7	5.6	17.1	46.1	64.2	85.4
			45~54 岁	54	23.9	0.6	1.4	4.8	11.7	37.5	61.6	77.7
			55~64 岁	51	18.1	0.4	0.6	2.9	8.1	33.0	49.3	54.5
			≥65 岁	53	27.5	0.6	1.6	6.7	12.8	32.1	60.0	114.4
	河北省石家庄市	男	18~24 岁	28	16.2	0	0	2.9	11.9	24.5	33.1	35.9
			25~34 岁	32	13.0	0	0	1.0	5.9	18.6	32.6	50.1
			35~44 岁	31	13.2	0	0	0	8.0	18.8	27.6	47.0
			45~54 岁	27	12.6	0	0	0	10.0	20.2	23.8	39.4
			55~64 岁	27	14.3	0	0	1.8	13.0	22.3	29.1	31.9
			≥65 岁	26	9.4	0	0	0	3.1	9.2	16.0	47.0
		女	18~24 岁	29	29.2	0	0	4.3	21.7	40.0	68.6	75.6
			25~34 岁	34	14.2	0	0	0.5	11.0	19.6	41.1	45.6
			35~44 岁	30	16.9	0	0	0.4	12.0	30.8	40.8	45.8
			45~54 岁	30	21.4	0	0	0	11.1	28.8	70.1	75.3
			55~64 岁	24	12.6	0	0	0	7.9	23.3	26.8	31.8
			≥65 岁	26	13.8	0	0	0	6.2	20.0	44.8	57.3

续表

流域	调查点	性别	年龄组别	N	平均每周洗头时间/（分钟/周）							
					均值	P_5	P_{10}	P_{25}	P_{50}	P_{75}	P_{90}	P_{95}
珠江	广东省佛山市	男	18~24 岁	81	24.0	0	0	5.0	15.9	29.0	62.4	80.0
			25~34 岁	88	19.1	0	0	0.5	9.7	25.0	51.4	69.9
			35~44 岁	79	13.6	0	0	0	5.7	17.7	33.0	40.6
			45~54 岁	89	19.9	0	0	0.3	7.0	25.4	52.2	93.5
			55~64 岁	90	25.4	0	0	1.6	10.7	30.7	58.9	81.3
			≥65 岁	86	16.5	0	0	0	10.2	24.6	48.3	57.4
		女	18~24 岁	78	31.0	0	3.0	6.4	21.8	43.8	69.2	102.4
			25~34 岁	89	29.2	0	3.9	10.0	19.3	44.2	66.3	78.7
			35~44 岁	81	29.9	0	0	5.0	15.3	34.3	67.3	84.6
			45~54 岁	86	26.4	0	0	4.3	15.3	33.0	76.1	93.2
			55~64 岁	92	29.4	0	0	4.3	14.8	45.6	79.4	94.8
			≥65 岁	76	23.1	0	0	1.4	15.0	34.5	62.2	83.4
	广西壮族自治区北海市	男	18~24 岁	20	19.8	0	0	5.0	16.5	29.4	36.7	53.1
			25~34 岁	42	23.2	0	0	7.4	19.1	36.7	45.1	64.9
			35~44 岁	38	33.1	0	0.7	10.0	23.0	45.5	81.4	96.3
			45~54 岁	28	26.6	0	0	10.0	22.2	35.0	59.5	76.1
			55~64 岁	28	30.2	0	0	13.8	25.3	44.0	62.8	76.8
			≥65 岁	20	22.6	0	0	8.9	14.8	33.1	50.7	58.0
		女	18~24 岁	18	41.9	2.6	3.5	16.4	32.3	58.2	97.8	115.2
			25~34 岁	48	47.6	2.1	3.9	14.9	32.6	58.6	112.3	162.5
			35~44 岁	40	46.6	2.0	9.8	19.3	30.2	58.2	73.3	81.2
			45~54 岁	42	39.4	4.1	4.4	11.3	28.0	55.1	87.1	107.4
			55~64 岁	44	51.1	2.9	3.4	20.9	36.2	64.1	97.8	144.3
			≥65 岁	28	26.3	0	1.0	8.2	17.1	29.1	47.3	94.2
松花江	黑龙江省牡丹江市	男	18~24 岁	12	41.8	3.0	4.6	9.8	28.1	67.4	89.8	111.3
			25~34 岁	99	24.5	2.0	2.8	5.0	10.9	27.8	55.1	73.3
			35~44 岁	82	25.1	1.1	1.4	3.8	11.7	26.5	64.2	80.7
			45~54 岁	96	16.7	0	0.8	2.9	12.1	20.8	36.8	54.6
			55~64 岁	149	15.5	0.5	0.9	2.1	6.4	19.5	36.9	50.7
			≥65 岁	140	14.6	0.4	1.4	2.9	6.4	23.7	40.2	46.0

流域	调查点	性别	年龄组别	N	平均每周洗头时间/（分钟/周）							
					均值	P₅	P₁₀	P₂₅	P₅₀	P₇₅	P₉₀	P₉₅
松花江	黑龙江省 牡丹江市	女	18~24 岁	20	24.4	4.2	4.3	7.0	13.6	27.9	43.1	52.2
			25~34 岁	145	27.2	2.1	2.9	5.0	16.0	33.5	61.6	85.0
			35~44 岁	106	31.8	1.6	2.9	7.5	22.2	38.3	68.6	97.2
			45~54 岁	103	20.1	1.4	2.0	4.3	13.6	29.8	39.9	63.1
			55~64 岁	163	17.1	0	1.4	2.9	9.3	21.7	42.5	56.2
			≥65 岁	152	18.5	1.0	1.4	3.6	12.2	24.0	38.0	50.1
淮河	河南省 郑州市	男	18~24 岁	85	17.9	0	0	1.4	11.5	24.4	40.9	70.5
			25~34 岁	114	20.6	0	0	4.3	14.7	32.4	46.6	57.6
			35~44 岁	107	16.7	0	0	3.1	12.3	22.9	43.4	51.1
			45~54 岁	95	18.0	0	0	0	13.5	29.3	37.4	46.1
			55~64 岁	96	20.9	0	0	2.0	13.9	25.4	46.3	66.8
			≥65 岁	107	15.1	0	0	2.5	10.6	23.2	34.2	44.3
		女	18~24 岁	100	34.3	0	0	2.8	23.4	47.5	79.8	127.1
			25~34 岁	132	27.8	0	0	9.4	23.0	37.3	62.6	73.8
			35~44 岁	98	23.0	0	0	4.9	17.5	34.2	48.8	56.0
			45~54 岁	118	20.8	0	0	1.3	14.5	34.5	51.0	68.7
			55~64 岁	108	20.2	0	0	2.9	13.4	25.9	44.5	66.6
			≥65 岁	105	17.2	0	0	3.0	12.0	22.9	38.4	49.2
海河	天津市	男	18~24 岁	63	7.2	0	0	0	1.4	10.0	28.1	33.9
			25~34 岁	89	4.8	0	0	0	0	5.0	16.6	27.2
			35~44 岁	188	5.2	0	0	0	0	5.9	16.3	28.2
			45~54 岁	80	3.5	0	0	0	0	4.4	10.7	18.6
			55~64 岁	80	3.9	0	0	0	0	2.9	14.2	20.1
			≥65 岁	87	4.0	0	0	0	0	4.3	10.8	22.7
		女	18~24 岁	57	4.7	0	0	0	0	5.7	16.5	20.3
			25~34 岁	108	4.5	0	0	0	0	5.0	13.6	26.8
			35~44 岁	197	8.0	0	0	0	0	10.2	24.9	40.2
			45~54 岁	95	6.4	0	0	0	0.7	10.0	20.0	23.7
			55~64 岁	87	3.3	0	0	0	0	3.1	7.9	14.8
			≥65 岁	95	5.5	0	0	0	0.4	7.3	18.7	23.9

续表

流域	调查点	性别	年龄组别	N	平均每周洗头时间/（分钟/周）							
					均值	P₅	P₁₀	P₂₅	P₅₀	P₇₅	P₉₀	P₉₅
辽河	辽宁省沈阳市	男	18~24岁	62	17.6	0	0	2.9	11.9	28.4	44.2	56.0
			25~34岁	115	26.0	0	0	3.9	17.9	42.1	60.4	80.0
			35~44岁	79	21.1	0	0	0.9	10.0	32.8	50.6	72.0
			45~54岁	104	13.2	0	0	1.4	4.5	18.4	35.7	54.8
			55~64岁	93	17.2	0	0	2.0	10.0	22.9	43.4	52.2
			≥65岁	115	14.4	0	0	1.4	5.7	18.9	34.6	55.5
		女	18~24岁	82	28.8	0	0	5.2	16.1	38.1	73.4	98.0
			25~34岁	116	35.7	0	0	4.0	25.1	53.8	92.1	117.9
			35~44岁	91	25.7	0	0	2.5	15.8	41.8	66.4	77.5
			45~54岁	102	21.5	0	0	3.9	12.5	27.0	64.4	92.6
			55~64岁	139	23.5	0	0	2.7	9.2	33.0	58.0	70.8
			≥65岁	119	19.5	0	0	2.9	10.0	26.5	48.6	71.6
浙闽片河流	浙江省平湖市	男	18~24岁	12	7.6	0	0	1.6	4.4	10.5	20.3	22.9
			25~34岁	26	11.6	0	0	0	2.9	16.7	40.1	42.0
			35~44岁	38	8.7	0	0	0	3.6	13.1	21.5	27.8
			45~54岁	49	9.1	0	0	0	3.6	10.1	30.6	36.0
			55~64岁	37	14.7	0	0	0	5.7	13.2	55.6	61.8
			≥65岁	35	8.9	0	0	0.7	2.9	12.3	22.1	37.4
		女	18~24岁	10	31.9	0	0	7.8	19.7	26.2	103.3	105.2
			25~34岁	37	26.8	0	0	0	14.3	32.1	82.2	107.1
			35~44岁	38	13.4	0	0	0	4.3	22.6	35.1	49.1
			45~54岁	54	14.4	0	0	2.9	8.6	19.6	31.7	47.5
			55~64岁	40	16.0	0	0	3.0	5.7	19.8	42.9	65.7
			≥65岁	27	11.6	0	0	1.4	5.1	17.5	29.2	32.8
西北诸河	新疆维吾尔自治区库尔勒市	男	18~24岁	10	24.7	1.4	1.4	4.5	10.7	30.1	53.5	81.1
			25~34岁	36	22.4	1.6	2.4	4.9	15.7	33.0	52.1	65.6
			35~44岁	48	16.5	0	0	1.4	8.9	21.2	34.9	47.3
			45~54岁	57	17.5	0	1.2	5.7	13.1	21.9	32.9	51.7
			55~64岁	15	21.4	1.0	1.4	4.5	11.3	35.7	55.2	63.3
			≥65岁	12	32.8	1.3	2.5	8.9	28.2	44.4	75.5	86.1

流域	调查点	性别	年龄组别	N	平均每周洗头时间/（分钟/周）							
					均值	P_5	P_{10}	P_{25}	P_{50}	P_{75}	P_{90}	P_{95}
西北诸河	新疆维吾尔自治区库尔勒市	女	18~24 岁	11	61.3	17.8	34.1	35.6	44.9	87.9	98.6	115.0
			25~34 岁	77	38.2	0.6	1.9	10.3	29.3	50.9	98.0	101.5
			35~44 岁	49	23.3	1.1	2.9	5.2	17.9	32.9	54.4	67.1
			45~54 岁	70	29.1	0	1.4	7.1	28.6	38.5	62.2	68.0
			55~64 岁	12	24.1	1.4	1.6	4.1	25.6	28.8	57.3	60.6
			≥65 岁	16	32.0	1.3	2.3	6.8	22.5	42.0	72.2	90.9
西南诸河	云南省腾冲市	男	18~24 岁	19	18.1	1.4	2.6	3.9	10.0	14.4	53.8	65.8
			25~34 岁	23	15.4	2.2	2.9	6.0	12.1	14.8	38.4	48.8
			35~44 岁	27	15.9	1.6	2.4	3.9	12.1	22.0	34.9	40.3
			45~54 岁	27	20	1.9	3.4	9.2	13.2	26.8	50.3	52.7
			55~64 岁	30	19.1	2.1	2.9	8.3	15.7	25.9	43.4	44.7
			≥65 岁	30	16.6	0.7	1.4	5.4	9.7	18.8	29.2	31.3
		女	18~24 岁	11	38.2	5.7	5.7	20.0	25.5	35.2	82.5	111.2
			25~34 岁	27	14.8	3.3	4.3	6.0	12.9	21.4	30.0	33.6
			35~44 岁	34	27.0	1.4	1.6	4.3	13.5	43.3	59.9	93.2
			45~54 岁	32	24.0	3.6	4.3	9.8	21.8	31.0	45.0	54.4
			55~64 岁	36	25.2	1.4	2.9	8.3	17.4	35.4	59.4	68.4
			≥65 岁	26	21.8	1.4	1.4	5.8	20.2	31.9	39.7	48.1
巢湖	安徽省巢湖市	男	18~24 岁	33	18.0	0	0	0	9.3	24.8	38.6	44.0
			25~34 岁	46	13.7	0	0	0	5.1	19.0	29.7	60.9
			35~44 岁	58	13.6	0	0	2.3	10.4	19.5	34.6	45.1
			45~54 岁	65	10.3	0	0	0	4.3	14.2	27.7	45.6
			55~64 岁	47	9.7	0	0	0	4.7	12.8	20.6	32.1
			≥65 岁	48	10.3	0	0	0	2.1	9.7	22.8	49.2
		女	18~24 岁	43	26.2	0	0	6.0	19.5	37.4	49.6	86.6
			25~34 岁	68	18.2	0	0	2.6	8.6	26.2	36.2	66.7
			35~44 岁	67	19.2	0	0	2.7	11.5	22.4	46.5	60.3
			45~54 岁	66	19.6	0	0	0.2	10.2	23.1	54.6	69.1
			55~64 岁	50	12.5	0	0	0	5.5	17.0	31.7	35.9
			≥65 岁	38	16.5	0	0	0	10.3	25.4	42.0	48.4

续表

流域	调查点	性别	年龄组别	N	平均每周洗头时间/（分钟/周）							
					均值	P₅	P₁₀	P₂₅	P₅₀	P₇₅	P₉₀	P₉₅

流域	调查点	性别	年龄组别	N	均值	P_5	P_{10}	P_{25}	P_{50}	P_{75}	P_{90}	P_{95}
太湖	江苏省无锡市	男	18~24 岁	92	11.1	0	0	0	3.2	15.8	26.1	53.5
			25~34 岁	112	13.5	0	0	0	4.8	22.2	37.9	53.4
			35~44 岁	94	15.7	0	0	0	9.7	20.0	42.5	61.0
			45~54 岁	101	14.1	0	0	0	7.3	21.2	34.4	45.7
			55~64 岁	115	15.2	0	0	0	7.0	20.4	43.0	62.8
			≥65 岁	93	17.8	0	0	0	6.9	25.0	51.4	65.3
		女	18~24 岁	96	26.0	0	0	0	8.9	35.1	65.3	90.5
			25~34 岁	118	24.5	0	0	0	15.5	34.8	64.1	81.7
			35~44 岁	105	24.3	0	0	0	17.8	31.9	60.0	97.0
			45~54 岁	113	25.4	0	0	0	15.0	33.8	59.3	80.0
			55~64 岁	119	22.5	0	0	0	20.0	34.7	53.5	66.0
			≥65 岁	101	22.6	0	0	1.4	10.7	29.1	67.1	75.0

附表 A-38　我国重点流域典型城市居民（成人）分流域、性别、年龄组每周洗碗时间

流域	调查点	性别	年龄组别	N	平均每周洗碗时间/（分钟/周）							
					均值	P_5	P_{10}	P_{25}	P_{50}	P_{75}	P_{90}	P_{95}
长江	四川省射洪市	男	18~24 岁	4	28.0	6.0	6.0	6.0	18.0	40.0	58.0	64.0
			25~34 岁	44	16.8	6.0	6.0	6.0	6.0	6.0	46.8	86.9
			35~44 岁	54	23.3	6.0	6.0	6.0	6.0	13.1	81.6	101.2
			45~54 岁	66	57.7	6.0	6.0	6.0	6.0	72.9	161.4	237.3
			55~64 岁	47	79.6	6.0	6.0	6.0	39.8	123.0	197.5	257.3
			≥65 岁	75	70.1	6.0	6.0	6.0	15.0	93.0	192.8	268.8
		女	18~24 岁	19	28.8	6.0	6.0	6.0	6.0	32.2	63.8	131.6
			25~34 岁	45	55.3	6.0	6.0	6.0	6.0	80.0	166.8	230.4
			35~44 岁	44	93.3	6.0	6.0	6.0	85.7	140.9	201.7	281.8
			45~54 岁	71	141.6	6.0	6.0	44.5	110.0	210.6	306.8	360.8
			55~64 岁	43	149.8	6.0	6.0	77.8	125.0	239.2	279.1	352.1
			≥65 岁	75	134.9	6.0	6.0	32.6	81.4	210.0	292.0	344.7

流域	调查点	性别	年龄组别	N	平均每周洗碗时间/（分钟/周）							
					均值	P_5	P_{10}	P_{25}	P_{50}	P_{75}	P_{90}	P_{95}
长江	湖南省长沙市	男	18~24 岁	47	4.0	0	0	0	0	0	12.8	27.2
			25~34 岁	50	7.5	0	0	0	0	8.8	20.4	40.0
			35~44 岁	43	3.2	0	0	0	0	2.5	11.6	19.5
			45~54 岁	57	11.8	0	0	0	0	9.0	20.0	55.3
			55~64 岁	53	21.5	0	0	0	10.0	30.0	60.0	87.1
			≥65 岁	48	19.9	0	0	0	8.0	20.0	56.3	105.2
		女	18~24 岁	47	16.9	0	0	0	0	11.3	30	65.2
			25~34 岁	53	15.4	0	0	0	10.0	20.5	42.0	59.0
			35~44 岁	58	20.2	0	0	0	10.0	30.0	57.3	76.0
			45~54 岁	50	29.8	0	0	0	20.0	39.7	61.5	137.2
			55~64 岁	61	32.7	0	0	6.0	12.0	38.9	90.0	130.9
			≥65 岁	39	34.7	0	0	0	10.0	30.0	127.2	175.0
黄河	甘肃省兰州市	男	18~24 岁	96	18.3	0	0	6.0	6.0	9.5	32.6	114.8
			25~34 岁	112	24.7	0	2.3	6.0	10.2	37.4	59.1	75.7
			35~44 岁	95	31.3	0	6.0	6.0	10.9	40.0	89.5	109.0
			45~54 岁	116	31.6	0	5.1	6.0	10.8	42.4	81.0	127.6
			55~64 岁	107	22.7	0	0	6.0	8.5	31.2	61.7	79.9
			≥65 岁	92	33.5	0	4.1	6.0	6.6	40.0	84.8	124.1
		女	18~24 岁	88	21.1	4.4	6.0	6.0	6.6	21.1	55.3	78.4
			25~34 岁	125	39.9	6.0	6.0	6.0	25.3	60.0	96.0	125.5
			35~44 岁	95	50.3	6.0	6.0	6.0	24.0	58.0	140.1	162.0
			45~54 岁	123	55.5	5.0	6.0	10.0	30.0	82.7	147.9	177.7
			55~64 岁	100	50.9	6.0	6.0	10.0	30.0	67.9	115.9	168.3
			≥65 岁	97	63.5	6.0	6.0	10.0	42.5	81.0	140.5	207.4
	内蒙古自治区呼和浩特市	男	18~24 岁	49	19.6	0	0	0	0	0	100.0	109.8
			25~34 岁	49	22.4	0	0	0	0	30.0	80.9	97.2
			35~44 岁	53	8.8	0	0	0	0	0	38.6	57.4
			45~54 岁	50	23.6	0	0	0	0	14.8	47.1	90.4
			55~64 岁	44	33.7	0	0	0	0	22.6	119.6	159.5
			≥65 岁	48	19.6	0	0	0	0	16.1	75.9	101.2

流域	调查点	性别	年龄组别	N	平均每周洗碗时间／（分钟／周）							
					均值	P_5	P_10	P_25	P_50	P_75	P_90	P_95
黄河	内蒙古自治区呼和浩特市	女	18～24 岁	52	27.0	0	0	0	0	29.5	99.0	133.5
			25～34 岁	54	33.1	0	0	0	5.5	59.5	80.6	130.6
			35～44 岁	51	62.4	0	0	0	30.0	78.7	208.3	243.6
			45～54 岁	54	59.1	0	0	4.6	38.8	90.7	155.0	176.2
			55～64 岁	51	60.1	0	0	5.0	38.7	82.3	153.3	173.5
			≥65 岁	53	90.6	0	0	0	33.6	120.0	275.8	325.9
	河北省石家庄市	男	18～24 岁	28	12.4	0	0	0	7.3	14.1	27.5	59.3
			25～34 岁	32	15.4	0	0	0	3.0	27.0	42.1	47.2
			35～44 岁	31	31.2	0	0	0	19.4	49.7	78.3	103.6
			45～54 岁	27	25.0	0	0	0	18.5	31.0	74.0	80.7
			55～64 岁	27	27.7	0	1.2	10	24.0	38.2	59.7	70.5
			≥65 岁	26	39.5	0	0	0	30.0	72.4	94.5	120.9
		女	18～24 岁	29	19.5	0	0	0	3.5	23.4	61.6	75.4
			25～34 岁	34	44.1	0	0	9.5	28.0	81.5	104.6	128.5
			35～44 岁	30	59.3	0	1.8	10.9	38.5	68.3	129.7	218.9
			45～54 岁	30	79.4	11.5	18.2	33.9	65.6	113.5	155.3	171.4
			55～64 岁	24	50.7	0	0	27.1	41.1	73.9	105.0	113.0
			≥65 岁	26	71.6	1.2	5.1	38.5	66.1	104.0	131.8	136.1
珠江	广东省佛山市	男	18～24 岁	81	23.5	0	0	0	8.3	22.0	60.0	110.6
			25～34 岁	88	13.8	0	0	0	0	19.0	30.1	44.9
			35～44 岁	79	14.7	0	0	0	0	20.0	48.3	65.9
			45～54 岁	89	17.1	0	0	0	7.0	20.7	52.4	69.8
			55～64 岁	90	18.4	0	0	0	0	20.5	46.9	60.9
			≥65 岁	86	34.8	0	0	0	10.0	30.0	112.5	170.3
		女	18～24 岁	78	34.6	0	0	4.5	20.0	48.1	85.2	127.0
			25～34 岁	89	32.0	0	0	2.4	20.0	46.1	90.3	104.2
			35～44 岁	81	41.5	0	0	5.0	21.1	56.7	90.0	176.9
			45～54 岁	86	47.4	0	1.0	15.0	30.0	75.4	111.1	120.8
			55～64 岁	92	51.9	0	3.2	15.0	30.0	80.9	119.5	161.0
			≥65 岁	76	63.4	0	3.0	15.0	30.0	106.4	158.6	238.9

流域	调查点	性别	年龄组别	N	平均每周洗碗时间/（分钟/周）							
					均值	P_5	P_{10}	P_{25}	P_{50}	P_{75}	P_{90}	P_{95}
珠江	广西壮族自治区北海市	男	18~24 岁	20	10.9	0	0	0	1.6	10.0	50.0	50.7
			25~34 岁	42	21.0	0	0	0	3.6	34.5	60.0	74.3
			35~44 岁	38	30.3	0	0	0	20.0	56.2	77.4	101.7
			45~54 岁	28	19.5	0	0	0	3.5	16.1	47.5	57.7
			55~64 岁	28	50.4	0	0	5.2	31.8	60.0	151.9	176.3
			≥65 岁	20	18.5	0	0	0	3.0	39.4	55.5	60.0
		女	18~24 岁	18	21.7	0	0	0.8	8.3	36.0	61.8	71.8
			25~34 岁	48	91.8	0	0	2.8	30.1	77.0	282.0	395.9
			35~44 岁	40	85.2	0	0	13.1	67.6	134.3	166.9	230.0
			45~54 岁	42	94.7	7.0	9.1	29.6	60.0	160.0	214.5	249.5
			55~64 岁	44	109.6	2.4	7.2	30.0	85.8	171.5	216.0	258.4
			≥65 岁	28	103.8	0	0	16.6	60.8	131.2	313.9	387.7
松花江	黑龙江省牡丹江市	男	18~24 岁	12	2.4	0	0	0	0	1.4	6.6	10.9
			25~34 岁	99	14.3	0	0	0	0	7.6	30.6	51.4
			35~44 岁	82	23.8	0	0	0	0	23.6	59.3	89.0
			45~54 岁	96	12.5	0	0	0	0	14.2	46.5	60.0
			55~64 岁	149	10.6	0	0	0	0	15.1	30.0	34.9
			≥65 岁	140	14.6	0	0	0	6.0	20.1	44.5	64.0
		女	18~24 岁	20	20.3	0	0	0	0	26.6	60.0	64.8
			25~34 岁	145	31.7	0	0	0	12.0	40.0	69.2	120.4
			35~44 岁	106	58.0	0	0	2.7	35.0	68.1	130.6	191.2
			45~54 岁	103	53.9	0	0	9.0	35.1	76.5	135.6	163.6
			55~64 岁	163	37.7	0	0	1.5	20.3	55.3	94.5	151.3
			≥65 岁	152	40.0	0	0	0	21.9	58.0	100.0	149.1
淮河	河南省郑州市	男	18~24 岁	85	9.2	0	0	0	0	0	33.8	49.3
			25~34 岁	114	12.4	0	0	0	0	3.3	47.5	75.1
			35~44 岁	107	16.6	0	0	0	0	1.1	50.3	86.7
			45~54 岁	95	20.2	0	0	0	0	30.0	56.8	89.9
			55~64 岁	96	21.1	0	0	0	0	20.4	71.2	126.6
			≥65 岁	107	14.1	0	0	0	0	14.6	62.3	74.5

流域	调查点	性别	年龄组别	N	平均每周洗碗时间/（分钟/周）							
					均值	P_5	P_{10}	P_{25}	P_{50}	P_{75}	P_{90}	P_{95}
淮河	河南省郑州市	女	18~24 岁	100	22.5	0	0	0	0	28.7	55.7	90.4
			25~34 岁	132	24.1	0	0	0	0	31.5	72.3	105.7
			35~44 岁	98	39.8	0	0	0	30.6	54.6	73.2	105.4
			45~54 岁	118	55.1	0	0	8.6	35.1	77.7	137.0	162.9
			55~64 岁	108	67.8	0	0	0	49.9	109.8	166.9	204.8
			≥65 岁	105	63.1	0	0	0	35.0	92.8	174.6	207.2
海河	天津市	男	18~24 岁	63	3.4	0	0	0	0	0	16.4	28.2
			25~34 岁	89	4.7	0	0	0	0	0	20.3	29.6
			35~44 岁	188	10.6	0	0	0	0	13.7	40.6	54.8
			45~54 岁	80	6.1	0	0	0	0	6.2	19.4	30.5
			55~64 岁	80	8.9	0	0	0	0	14.5	33.6	45.6
			≥65 岁	87	4.7	0	0	0	0	0	15.5	41.3
		女	18~24 岁	57	6.2	0	0	0	0	5.3	24.8	33.0
			25~34 岁	108	20.2	0	0	0	10.0	27.2	60.8	76.9
			35~44 岁	197	31.0	0	0	5.0	22.7	48.0	73.4	87.8
			45~54 岁	95	31.6	0	0	10.0	22.3	36.3	76.1	101.4
			55~64 岁	87	44.5	0	0	10.0	30.0	60.8	102.2	146.1
			≥65 岁	95	36.5	0	0	0	17.0	60.0	101.5	124.3
辽河	辽宁省沈阳市	男	18~24 岁	62	5.9	0	0	0	0	0	23.9	39.2
			25~34 岁	115	9.1	0	0	0	0	0	19.7	42.7
			35~44 岁	79	12.8	0	0	0	0	1.5	61.0	76.2
			45~54 岁	104	17.5	0	0	0	0	23.3	46.0	76.1
			55~64 岁	93	14.8	0	0	0	0	15.0	40.9	68.0
			≥65 岁	115	29.0	0	0	0	9.0	33.4	80.3	107.3
		女	18~24 岁	82	16.6	0	0	0	0	7.4	30.0	81.9
			25~34 岁	116	21.0	0	0	0	0	30.0	61.3	92.3
			35~44 岁	91	40.9	0	0	5.5	28.6	53.8	108.8	126.2
			45~54 岁	102	46.8	0	0	14.5	30.0	63.6	120.6	143.2
			55~64 岁	139	56.4	0	0	14.2	38.5	70.5	120.0	136.5
			≥65 岁	119	53.7	0	0	12.9	32.8	65.7	140.9	185.9

续表

流域	调查点	性别	年龄组别	N	平均每周洗碗时间/（分钟/周）							
					均值	P_5	P_{10}	P_{25}	P_{50}	P_{75}	P_{90}	P_{95}
浙闽片河流	浙江省平湖市	男	18~24 岁	12	3.1	0	0	0	0	0	4.5	17.5
			25~34 岁	26	2.8	0	0	0	0	0	12.5	16.5
			35~44 岁	38	6.6	0	0	0	0	3.0	19.2	32.3
			45~54 岁	49	24.8	0	0	0	5.0	38.2	76.9	100.1
			55~64 岁	37	36.2	0	0	0	10.4	38.6	128.3	153.7
			≥65 岁	35	32.1	0	0	3.0	15.0	36.6	91.2	126.3
		女	18~24 岁	10	3.4	0	0	0	0	3.8	11.7	14.8
			25~34 岁	37	8.8	0	0	0	0	15.5	30.0	30.5
			35~44 岁	38	15.8	0	0	0	6.6	25.7	33.6	48.5
			45~54 岁	54	38.0	0	0	7.9	19.9	45.5	115.5	135.2
			55~64 岁	40	53.4	0	0	7.9	20.0	64.6	188.9	201.2
			≥65 岁	27	52.7	0	0	9.5	34.0	74.8	150.7	185.2
西北诸河	新疆维吾尔自治区库尔勒市	男	18~24 岁	10	14.2	6.0	6.0	6.0	6.0	9.0	41.0	45.6
			25~34 岁	36	31.7	5.5	6.0	6.0	8.1	40.4	92.3	111.8
			35~44 岁	48	28.2	6.0	6.0	6.0	6.0	19.0	67.2	158.5
			45~54 岁	57	37.5	6.0	6.0	6.0	8.4	62.5	109.2	123.4
			55~64 岁	15	60.8	5.7	6.0	6.0	11.0	65.1	197.4	254.8
			≥65 岁	12	83.9	6.0	6.0	6.0	31.3	141.3	168.5	269.3
		女	18~24 岁	11	50.5	6.0	6.0	6.0	30.0	51.2	158.6	169.3
			25~34 岁	77	53.2	6.0	6.0	9.7	38.6	80.8	131.4	154.0
			35~44 岁	49	75.4	6.0	6.0	24.7	43.6	108.4	192.4	215.5
			45~54 岁	70	83.7	6.0	6.0	22.1	73.6	122.9	182.5	215.2
			55~64 岁	12	155.7	19.9	32.1	50.8	80.7	187.1	303.9	478.4
			≥65 岁	16	147.5	26.6	35.4	62.7	126.4	190.4	278.4	360.3
西南诸河	云南省腾冲市	男	18~24 岁	19	25.0	0	0	0	6.0	22.5	106.8	121.1
			25~34 岁	23	25.4	0	0	2.1	6.0	22.0	61.6	105.3
			35~44 岁	27	14.6	0	0	0	6.0	19.5	42.2	62.6
			45~54 岁	27	17.4	0	0	0	6.0	20.0	47.4	72.1
			55~64 岁	30	33.2	0	1.3	6.0	8.0	57.8	87.3	108.4
			≥65 岁	30	15.0	0	0	1.5	6.0	17.5	47.9	58.2

续表

流域	调查点	性别	年龄组别	N	平均每周洗碗时间/（分钟/周）							
					均值	P₅	P₁₀	P₂₅	P₅₀	P₇₅	P₉₀	P₉₅
西南诸河	云南省腾冲市	女	18~24 岁	11	61.3	7.5	15.0	25.9	62.5	84.0	103.6	124.4
			25~34 岁	27	49.4	6.0	6.0	14.4	29.0	63.3	114.4	156.5
			35~44 岁	34	62.6	6.7	10.0	20.4	48.0	91.4	145.5	163.2
			45~54 岁	32	62.6	6.0	6.3	13.8	51.0	90.3	139.8	154.3
			55~64 岁	36	110.1	23.4	26.6	38.0	94.3	153.3	232.6	278.8
			≥65 岁	26	64.6	4.5	6.0	10.5	50.6	100.6	150.3	182.5
巢湖	安徽省巢湖市	男	18~24 岁	33	5.8	0	0	0	0	0	23.1	36.0
			25~34 岁	46	11.5	0	0	0	0	0	31.9	94.4
			35~44 岁	58	11.5	0	0	0	0	11.5	32.7	47.3
			45~54 岁	65	18.7	0	0	0	0	20.0	56.1	102.5
			55~64 岁	47	35.7	0	0	0	10.2	34.5	118.5	150.0
			≥65 岁	48	27.0	0	0	0	0	29.5	67.3	106.9
		女	18~24 岁	43	22.5	0	0	0	0	17.5	81.8	116.4
			25~34 岁	68	35.8	0	0	0	14.0	54.4	110.3	136.5
			35~44 岁	67	86.1	0	0	17.6	75.2	136.1	180.2	191.8
			45~54 岁	66	105.6	17.9	27.0	45.0	84.2	140.4	206.0	278.1
			55~64 岁	50	89.4	0	0	26.1	58.5	113.8	212.5	262.9
			≥65 岁	38	68.1	0	0	7.2	44.6	98.2	149.9	199.2
太湖	江苏省无锡市	男	18~24 岁	92	4.3	0	0	0	0	0	7.8	23.0
			25~34 岁	112	14.9	0	0	0	0	6.5	58.0	81.8
			35~44 岁	94	23.2	0	0	0	0	30.0	80.0	110.8
			45~54 岁	101	21.1	0	0	0	0	20.0	73.2	105.0
			55~64 岁	115	61.8	0	0	0	20.1	83.4	162.5	234.5
			≥65 岁	93	77.8	0	0	0	35.0	104.4	200.5	275.1
		女	18~24 岁	96	14.9	0	0	0	0	10.8	60.0	88.9
			25~34 岁	118	26.5	0	0	0	0	30.0	105.0	125.3
			35~44 岁	105	48.1	0	0	0	32.0	73.2	115.5	159.6
			45~54 岁	113	107.3	0	0	20.0	60.0	165.0	270.8	305.3
			55~64 岁	119	107.6	0	0	30.0	88.8	164.2	237.9	251.0
			≥65 岁	101	103.3	0	4.0	40.0	86.8	148.1	215.4	291.0

附表 A-39 我国重点流域典型城市居民（成人）分流域、性别、年龄组每周洗菜时间

流域	调查点	性别	年龄组别	N	平均每周洗菜时间/（分钟/周）							
					均值	P_5	P_{10}	P_{25}	P_{50}	P_{75}	P_{90}	P_{95}
长江	四川省射洪市	男	18~24 岁	4	15.6	0.3	0.3	0.3	0.3	15.6	43.1	52.3
			25~34 岁	44	3.6	0.3	0.3	0.3	0.3	0.3	0.3	10.1
			35~44 岁	54	11.5	0.3	0.3	0.3	0.3	5.0	33.6	69.2
			45~54 岁	66	17.8	0.3	0.3	0.3	0.3	16.5	64.0	101.8
			55~64 岁	47	39.8	0.3	0.3	0.3	1.3	51.0	95.7	228.3
			≥65 岁	75	22.1	0.3	0.3	0.3	0.4	33.8	66.9	98.2
		女	18~24 岁	19	13.4	0.3	0.3	0.3	0.4	50.0	87.6	
			25~34 岁	45	23.9	0.3	0.3	0.3	0.3	26.9	72.1	126.8
			35~44 岁	44	51.8	0.3	0.3	0.3	23.4	74.8	161.9	227.2
			45~54 岁	71	74.8	0.3	0.3	20.7	62.9	114.3	153.7	198.0
			55~64 岁	43	72.9	0.3	0.3	22.2	45.0	125.6	165.9	174.4
			≥65 岁	75	72.2	0.3	0.3	14.9	60.6	116.3	173.4	188.9
	湖南省长沙市	男	18~24 岁	47	1.7	0	0	0	0	0	0	0
			25~34 岁	50	1.9	0	0	0	0	0.6	4.4	5.7
			35~44 岁	43	3.6	0	0	0	0	0.1	2.5	13.7
			45~54 岁	57	4.7	0	0	0	0	0.6	7.6	25.5
			55~64 岁	53	7.5	0	0	0	0	2.9	14.4	47.9
			≥65 岁	48	11.1	0	0	0	0	4.6	33.3	49.0
		女	18~24 岁	47	6.2	0	0	0	0	0.2	7.0	51.1
			25~34 岁	53	9.8	0	0	0	0	6.3	32.8	53.7
			35~44 岁	58	13.2	0	0	0	2.9	16.2	48.3	62.0
			45~54 岁	50	21.2	0	0	0.7	2.9	14.9	67.3	96.0
			55~64 岁	61	14.9	0	0	1.1	2.9	10.7	27.5	81.2
			≥65 岁	39	15.6	0	0	0	1.4	12.1	38.7	69.8
黄河	甘肃省兰州市	男	18~24 岁	96	8.3	0	0	0.3	0.3	1.4	13.8	32.6
			25~34 岁	112	9.7	0	0	0.3	0.8	10.4	37.0	53.3
			35~44 岁	95	12.2	0	0.3	0.3	1.1	10.0	50.1	59.9
			45~54 岁	116	11.0	0	0.3	0.3	1.4	10.1	24.9	65.1
			55~64 岁	107	7.3	0	0	0.3	0.7	4.3	27.2	40.5
			≥65 岁	92	11.2	0	0.3	0.3	0.6	10.0	39.5	56.3

续表

流域	调查点	性别	年龄组别	N	平均每周洗菜时间/（分钟/周）							
					均值	P₅	P₁₀	P₂₅	P₅₀	P₇₅	P₉₀	P₉₅
黄河	甘肃省兰州市	女	18~24岁	88	8.9	0.3	0.3	0.3	0.7	7.8	20.2	40.1
			25~34岁	125	17.6	0.1	0.3	0.3	4.3	19.0	49.9	68.8
			35~44岁	95	33.3	0.3	0.3	1.2	5.7	32.7	85.0	130.6
			45~54岁	123	34.7	0.3	0.3	1.4	10.0	45.3	92.6	165.6
			55~64岁	100	30.4	0.3	0.3	2.8	10.0	46.6	91.3	124.5
			≥65岁	97	27.9	0.3	0.3	0.9	5.4	38.3	79.0	92.8
	内蒙古自治区呼和浩特市	男	18~24岁	49	12.0	0	0	0	0	0	30.7	69.2
			25~34岁	49	9.6	0	0	0	0	6.4	38.4	50.3
			35~44岁	53	5.9	0	0	0	0	1.1	20.8	36.7
			45~54岁	50	18.8	0	0	0	0	22.1	42.5	56.9
			55~64岁	44	31.3	0	0	0	4.8	30.8	58.3	174.1
			≥65岁	48	11.0	0	0	0	0	12.7	44.4	60.5
		女	18~24岁	52	13.5	0	0	0	0	6.9	52.1	67.7
			25~34岁	54	28.0	0	0	0	1.6	47.7	66.9	145.3
			35~44岁	51	47.2	0	0	0	32.3	69.5	125.5	146.2
			45~54岁	54	49.8	0	0	1.3	32.7	71.7	122.9	139.1
			55~64岁	51	50.5	0	0	0.7	36.7	68.0	132.4	139.4
			≥65岁	53	67.0	0	0	0	27.2	76.4	236.0	282.0
	河北省石家庄市	男	18~24岁	28	6.4	0	0	0	0	4.2	21.0	28.0
			25~34岁	32	13.8	0	0	0	3.7	14.5	33.1	50.8
			35~44岁	31	14.6	0	0	0	0	26.3	45.7	49.7
			45~54岁	27	24.6	0	0	5.6	19.0	28.7	54.8	84.3
			55~64岁	27	26.7	0.6	1.0	7.9	20.0	30.9	72.1	73.6
			≥65岁	26	22.7	0	0	0	13.3	45.0	58.0	72.2
		女	18~24岁	29	8.6	0	0	0	0	7.5	30.8	45.3
			25~34岁	34	20.8	0	0	0	9.8	36.6	62.8	68.5
			35~44岁	30	41.0	0	0	1.8	32.5	64.1	91.1	95.3
			45~54岁	30	49.7	0	3.9	22.1	38.1	63.9	101.6	135.1
			55~64岁	24	44.0	0	0	10.7	28.3	58.1	94.3	117.5
			≥65岁	26	55.3	0.3	5.4	19.5	52.1	80.8	95.2	143.0

流域	调查点	性别	年龄组别	N	平均每周洗菜时间/（分钟/周）							
					均值	P_5	P_{10}	P_{25}	P_{50}	P_{75}	P_{90}	P_{95}
珠江	广东省佛山市	男	18～24 岁	81	8.7	0	0	0	0	1.7	21.7	41.4
			25～34 岁	88	6.5	0	0	0	0	1.2	18.1	28.7
			35～44 岁	79	6.6	0	0	0	0	1.9	23.2	32.4
			45～54 岁	89	14.2	0	0	0	2.3	13.0	42.5	62.5
			55～64 岁	90	18.0	0	0	0	0.8	5.7	39.0	107.2
			≥65 岁	86	21.2	0	0	0	1.0	9.6	62.4	104.6
		女	18～24 岁	78	14.1	0	0	0	0.8	13.3	47.1	58.8
			25～34 岁	89	14.4	0	0	0	2.1	16.7	49.6	75.2
			35～44 岁	81	29.8	0	0	1.4	10.0	22.3	98.9	114.3
			45～54 岁	86	39.3	0	0.9	2.6	7.4	58.2	105	154.5
			55～64 岁	92	41.1	0.3	0.9	2.9	11.4	61.1	120.7	185.6
			≥65 岁	76	34.4	0	0.5	2.2	8.6	46.6	103.1	128.5
	广西壮族自治区北海市	男	18～24 岁	20	18.4	0	0	0	0.2	19.2	55.1	104.1
			25～34 岁	42	19.2	0	0	0	0.7	20.0	75.2	87.6
			35～44 岁	38	23.3	0	0	0	12.1	21.7	84.3	96.4
			45～54 岁	28	23.1	0	0	0	15.4	36.7	60.7	83.2
			55～64 岁	28	49.8	0	0	0	17.5	57.1	128.0	139.0
			≥65 岁	20	20.3	0	0	0	0	33.3	75.9	84.5
		女	18～24 岁	18	19.6	0	0	0	5.4	17.5	64.2	77.1
			25～34 岁	48	73.0	0	0	1.2	15.5	108.4	161.7	351.4
			35～44 岁	40	79.8	0	0	11.9	65.3	120.6	158.6	256.9
			45～54 岁	42	82.7	0.8	3.0	15.6	53.7	103.8	224.9	282.7
			55～64 岁	44	101.3	1.6	2.9	7.3	90.4	139.4	230.1	299.7
			≥65 岁	28	107.2	0	0	11.1	50.3	131.2	292.7	431.5
松花江	黑龙江省牡丹江市	男	18～24 岁	12	0.6	0	0	0	0	0	0.9	3.4
			25～34 岁	99	7.9	0	0	0	0	0.3	10.2	45.3
			35～44 岁	82	11.7	0	0	0	0	3.6	22.7	77.1
			45～54 岁	96	8.2	0	0	0	0	4.7	25.7	36.2
			55～64 岁	149	7.5	0	0	0	0	4.3	26.6	47.5
			≥65 岁	140	8.1	0	0	0	0	6.2	25.0	40.1

续表

流域	调查点	性别	年龄组别	N	平均每周洗菜时间/（分钟/周）							
					均值	P_5	P_{10}	P_{25}	P_{50}	P_{75}	P_{90}	P_{95}
松花江	黑龙江省牡丹江市	女	18~24 岁	20	11.7	0	0	0	0	5.0	47.9	56.4
			25~34 岁	145	20.3	0	0	0	1.4	18.0	51.4	84.5
			35~44 岁	106	45.8	0	0	0.1	24.5	71.5	123.4	170.5
			45~54 岁	103	39.0	0	0	1.4	16.0	46.1	112.6	163.8
			55~64 岁	163	22.3	0	0	0.7	4.3	27.3	65.0	103.0
			≥65 岁	152	34.5	0	0	0	7.6	37.4	96.8	179.2
淮河	河南省郑州市	男	18~24 岁	85	3.6	0	0	0	0	0	7.7	14.8
			25~34 岁	114	7.1	0	0	0	0	0.4	29.4	35.4
			35~44 岁	107	6.4	0	0	0	0	0	29.0	46.2
			45~54 岁	95	15.4	0	0	0	0	13.2	46.4	85.0
			55~64 岁	96	12.3	0	0	0	0	11.7	46.8	67.2
			≥65 岁	107	16.2	0	0	0	0	3.1	63.7	102.4
		女	18~24 岁	100	8.8	0	0	0	0	7.4	29.7	38.7
			25~34 岁	132	15.5	0	0	0	0	18.5	48.2	68.9
			35~44 岁	98	33.2	0	0	0	11.1	50.2	85.3	132.9
			45~54 岁	118	48.1	0	0	1.6	29.4	68.5	116.3	163.2
			55~64 岁	108	56.7	0	0	2.2	40.8	78.2	133.3	166.8
			≥65 岁	105	57.0	0	0	0.9	38.1	77.0	130.9	195.2
海河	天津市	男	18~24 岁	63	0.6	0	0	0	0	0	0	0
			25~34 岁	89	1.9	0	0	0	0	0	3.9	7.6
			35~44 岁	188	5.0	0	0	0	0	1.0	19.4	30.0
			45~54 岁	80	2.4	0	0	0	0	0.5	8.3	13.0
			55~64 岁	80	5.1	0	0	0	0	0.9	16.3	35.5
			≥65 岁	87	2.0	0	0	0	0	0.3	2.8	14.0
		女	18~24 岁	57	2.5	0	0	0	0	0	6.8	19.8
			25~34 岁	108	7.8	0	0	0	0.7	3.6	27.7	46.0
			35~44 岁	197	17.4	0	0	0	2.9	25.5	47.9	59.0
			45~54 岁	95	20.3	0	0	1.4	6.4	28.6	41.4	68.7
			55~64 岁	87	27.6	0	0	2.2	12.8	35.4	65.0	85.3
			≥65 岁	95	20.6	0	0	0	3.2	34.0	65.8	76.8

流域	调查点	性别	年龄组别	N	平均每周洗菜时间/（分钟/周）							
					均值	P_5	P_{10}	P_{25}	P_{50}	P_{75}	P_{90}	P_{95}
辽河	辽宁省沈阳市	男	18~24 岁	62	4.5	0	0	0	0	0	10.9	30.3
			25~34 岁	115	5.5	0	0	0	0	0	9.4	16.0
			35~44 岁	79	6.0	0	0	0	0	0	12.6	40.9
			45~54 岁	104	10.0	0	0	0	0	2.4	23.5	34.2
			55~64 岁	93	10.1	0	0	0	0	2.9	25	46.5
			≥65 岁	115	16.9	0	0	0	0.4	13.0	54.6	76.6
		女	18~24 岁	82	17.1	0	0	0	0	0.5	28.5	42.6
			25~34 岁	116	12.3	0	0	0	0.3	11.1	45.2	64.4
			35~44 岁	91	30.0	0	0	0	9.2	46.1	86.4	113.1
			45~54 岁	102	31.2	0	0	1.4	6.1	40.5	85.4	107.7
			55~64 岁	139	43.8	0	0	1.9	20	60.1	123.8	186.8
			≥65 岁	119	51.2	0	0	2.2	20.3	66.0	148.2	194.5
浙闽片河流	浙江省平湖市	男	18~24 岁	12	0	0	0	0	0	0	0	0
			25~34 岁	26	0.5	0	0	0	0	0	0	2.1
			35~44 岁	38	5.0	0	0	0	0	0	21.1	27.2
			45~54 岁	49	17.3	0	0	0	0	15.0	58.8	85.8
			55~64 岁	37	34.0	0	0	0	1.4	32.3	160.1	185.4
			≥65 岁	35	19.6	0	0	0	2.1	11.9	69.1	108.9
		女	18~24 岁	10	0.3	0	0	0	0	0	0.7	1.8
			25~34 岁	37	4.8	0	0	0	0	4.3	17.3	26.6
			35~44 岁	38	7.0	0	0	0	0	4.5	21.8	30.5
			45~54 岁	54	25.0	0	0	0.7	4.4	31.4	77.9	122.3
			55~64 岁	40	37.6	0	0	1.2	2.9	51.2	120.2	146.6
			≥65 岁	27	40.8	0	0	1.1	2.9	60.7	124.7	173.6
西北诸河	新疆维吾尔自治区库尔勒市	男	18~24 岁	10	0.6	0.3	0.3	0.3	0.3	0.3	1.5	1.9
			25~34 岁	36	10.3	0.3	0.3	0.3	0.3	8.0	38.9	51.7
			35~44 岁	48	9.5	0.3	0.3	0.3	0.3	0.3	7.6	70.5
			45~54 岁	57	24.5	0.3	0.3	0.3	0.7	39.9	72.7	118.7
			55~64 岁	15	27.1	0.3	0.3	0.3	2.9	29.1	78.1	111.2
			≥65 岁	12	89.4	0.3	0.3	0.3	58.4	159.3	214.3	251.7

续表

流域	调查点	性别	年龄组别	N	平均每周洗菜时间/（分钟/周）							
					均值	P$_5$	P$_{10}$	P$_{25}$	P$_{50}$	P$_{75}$	P$_{90}$	P$_{95}$
西北诸河	新疆维吾尔自治区库尔勒市	女	18~24 岁	11	11.0	0.3	0.3	0.3	0.3	8.9	41.4	50.6
			25~34 岁	77	27.5	0.3	0.3	0.3	4.3	29.4	59.4	106.3
			35~44 岁	49	50.5	0.3	0.3	2.9	25.4	68.3	145.5	154.9
			45~54 岁	70	53.7	0.3	1.1	3.6	31.4	73.9	152.9	184.0
			55~64 岁	12	68.8	1.5	3.7	22.6	49.4	69.1	104.6	207.1
			≥65 岁	16	92.9	3.6	8.6	32.3	55.1	150.6	196.4	244.1
西南诸河	云南省腾冲市	男	18~24 岁	19	7.8	0	0	0	0.3	3.4	23.6	50.5
			25~34 岁	23	11.1	0	0	0	0.3	4.1	46.0	75.9
			35~44 岁	27	5.6	0	0	0	0.3	2.9	14.6	35.7
			45~54 岁	27	10.2	0	0	0	0.3	2.9	39.6	65.0
			55~64 岁	30	15.3	0	0	0.3	0.9	10.3	46.6	76.1
			≥65 岁	30	5.3	0	0	0	0.3	0.3	24.3	35.3
		女	18~24 岁	11	32.3	1.4	1.4	2.1	25.9	53.9	62.2	86.2
			25~34 岁	27	31.9	0.5	0.9	2.1	11.4	31.7	102.8	154.3
			35~44 岁	34	46.8	0.2	0.7	1.7	23.0	65.8	137.6	185.5
			45~54 岁	32	42.7	1.1	2.9	8.2	30.1	61.5	101.0	116.6
			55~64 岁	36	59.4	2.1	2.9	7.5	46.2	91.6	145.9	157.3
			≥65 岁	26	39.1	0.3	0.4	0.9	20.1	62.8	106.7	133.4
巢湖	安徽省巢湖市	男	18~24 岁	33	2.9	0	0	0	0	0	8.6	21.4
			25~34 岁	46	7.8	0	0	0	0	0	16.6	51.2
			35~44 岁	58	4.7	0	0	0	0	0.5	15.3	26.4
			45~54 岁	65	9.3	0	0	0	0	2.9	25.6	56.1
			55~64 岁	47	21.5	0	0	0	0	11.4	73.1	110.4
			≥65 岁	48	18.5	0	0	0	0	6.2	58.0	74.9
		女	18~24 岁	43	13.9	0	0	0	0	1	38.7	79.2
			25~34 岁	68	23.9	0	0	0	1.3	27.8	94.7	106.4
			35~44 岁	67	64.7	0	0	0	41.4	95.9	152.3	234.0
			45~54 岁	66	70.7	1.2	1.4	12.9	62.8	94.3	140.2	203.1
			55~64 岁	50	58.8	0	0	2.8	35.9	72.1	149.2	210.4
			≥65 岁	38	60.1	0	0	0.2	22.1	92.4	156.8	224.1

续表

流域	调查点	性别	年龄组别	N	平均每周洗菜时间/（分钟/周）							
					均值	P_5	P_{10}	P_{25}	P_{50}	P_{75}	P_{90}	P_{95}
太湖	江苏省无锡市	男	18~24 岁	92	4.1	0	0	0	0	0	0	11.7
			25~34 岁	112	6.8	0	0	0	0	0	11.9	36.8
			35~44 岁	94	13.2	0	0	0	0	2.9	57.6	94.6
			45~54 岁	101	15.2	0	0	0	0	10.0	65.7	84.7
			55~64 岁	115	36.6	0	0	0	4.3	64.0	112.9	123.3
			≥65 岁	93	38.4	0	0	0	4.3	55.0	119.4	138.5
		女	18~24 岁	96	6.9	0	0	0	0	0	19.8	60.2
			25~34 岁	118	19.5	0	0	0	0	1.4	77.2	120.7
			35~44 岁	105	41.6	0	0	0	10.0	62.1	124.3	143.7
			45~54 岁	113	64.4	0	0	3.2	36.4	112.9	152.6	182.2
			55~64 岁	119	75.6	0	0	7.4	64.3	115.0	156.6	213.1
			≥65 岁	101	89.7	0	1.4	28.0	85.0	117.9	189.3	251.4

附表 A-40　我国重点流域典型城市居民（成人）分流域、性别、年龄组每周手洗衣服时间

流域	调查点	性别	年龄组别	N	平均每周手洗衣服时间/（分钟/周）							
					均值	P_5	P_{10}	P_{25}	P_{50}	P_{75}	P_{90}	P_{95}
长江	四川省射洪市	男	18~24 岁	4	5.7	0	0	0	0	5.7	16.0	19.4
			25~34 岁	44	8.0	0	0	0	0	4.5	32.1	37.9
			35~44 岁	54	7.9	0	0	0	0	4.8	30.1	52.5
			45~54 岁	66	16.8	0	0	0	0	8.8	58.9	105.5
			55~64 岁	47	23.6	0	0	0	0	27.0	94.1	116.4
			≥65 岁	75	17.4	0	0	0	0	19.3	68.1	84.7
		女	18~24 岁	19	25.3	0	0	0	13.4	37.5	72.0	81.6
			25~34 岁	45	25.7	0	0	0	18.1	45.0	64.2	78.2
			35~44 岁	44	44.2	0	0	14.1	45.4	60.1	94.5	104.5
			45~54 岁	71	54.0	0	0	16.1	38.0	65.2	128.6	158.2
			55~64 岁	43	51.3	0	0	22.9	45.0	61.0	112.7	147.7
			≥65 岁	75	33.8	0	0	0	24.7	50.2	92.2	109.3

流域	调查点	性别	年龄组别	N	平均每周手洗衣服时间/（分钟/周）							
					均值	P_5	P_{10}	P_{25}	P_{50}	P_{75}	P_{90}	P_{95}
长江	湖南省长沙市	男	18~24岁	47	4.3	0	0	0	0	0	14.1	28.4
			25~34岁	50	2.2	0	0	0	0	0	7.1	13.2
			35~44岁	43	1.0	0	0	0	0	0	2.6	4.1
			45~54岁	57	3.8	0	0	0	0	0	4.3	9.2
			55~64岁	53	5.0	0	0	0	0	0.3	10.0	20.0
			≥65岁	48	8.0	0	0	0	0	7.0	28.4	30.0
		女	18~24岁	47	17.0	0	0	0	2.1	29.7	45.1	70.7
			25~34岁	53	16.2	0	0	0	6.4	15.8	29.0	43.3
			35~44岁	58	14.2	0	0	0	2.9	22.5	41.7	62.3
			45~54岁	50	15.2	0	0	0	3.1	19.9	37.2	83.6
			55~64岁	61	19.9	0	0	0	8.0	28.5	48.2	77.7
			≥65岁	39	23.3	0	0	0	8.6	27.5	57.9	128.8
黄河	甘肃省兰州市	男	18~24岁	96	16.3	0	0	0	0	11.1	66.9	78.9
			25~34岁	112	15.9	0	0	0	2.9	18.0	46.4	65.2
			35~44岁	95	13.8	0	0	0	0	8.2	54.9	75.0
			45~54岁	116	13.4	0	0	0	0	10.1	36.8	60.8
			55~64岁	107	12.4	0	0	0	0	8.6	39.3	61.1
			≥65岁	92	13.7	0	0	0	0	8.6	39.6	75.3
		女	18~24岁	88	29.1	0	0	0	8.6	31.0	83.8	135.9
			25~34岁	125	25.4	0	0	0	5.7	30.0	69.1	104.1
			35~44岁	95	33.0	0	0	0	8.6	34.6	93.3	135.3
			45~54岁	123	29.7	0	0	0	8.6	36.4	100.0	135.7
			55~64岁	100	21.7	0	0	0	8.6	24.5	60.0	90.8
			≥65岁	97	39.0	0	0	0	8.6	42.9	116.3	171.3
	内蒙古自治区呼和浩特市	男	18~24岁	49	15.2	0	0	0	0	14.9	55.0	76.8
			25~34岁	49	9.4	0	0	0	0	5.7	30.3	40.9
			35~44岁	53	12.4	0	0	0	0	12.3	46.3	61.8
			45~54岁	50	24.3	0	0	0	0	5.6	51.0	68.3
			55~64岁	44	16.9	0	0	0	0	9.0	45.5	50.1
			≥65岁	48	11.8	0	0	0	0	9.1	51.7	66.9

流域	调查点	性别	年龄组别	N	平均每周手洗衣服时间/（分钟/周）							
					均值	P_5	P_{10}	P_{25}	P_{50}	P_{75}	P_{90}	P_{95}
黄河	内蒙古自治区呼和浩特市	女	18～24 岁	52	22.2	0	0	0	0.7	37.2	72.6	84.8
			25～34 岁	54	33.5	0	0	0	3.1	41.9	88.3	152.4
			35～44 岁	51	35.0	0	0	14.3	52.9	87.5	115.2	
			45～54 岁	54	44.5	0	0	0.7	24.5	65.7	105.3	137.4
			55～64 岁	51	44.5	0	0	0	30.9	67.1	137.5	155.6
			≥65 岁	53	52.8	0	0	0	12.9	68.6	157.2	246.8
	河北省石家庄市	男	18～24 岁	28	15.2	0	0	0	5.4	21.1	38.0	56.7
			25～34 岁	32	11.1	0	0	0	2.5	17.2	38.0	41.2
			35～44 岁	31	24.6	0	0	0	0	45.3	70.1	99.3
			45～54 岁	27	27.4	0	0	0	0	41.9	93.4	129.6
			55～64 岁	27	22.8	0	0	3.3	10.2	21.5	55.1	86.6
			≥65 岁	26	7.4	0	0	0	0	0	23.6	53.9
		女	18～24 岁	29	21.3	0	0	0	8.6	30.1	53.8	89.7
			25～34 岁	34	45.5	0	0	3.7	38.2	72.0	100.2	133.5
			35～44 岁	30	44.2	0	0	2.9	20	62.5	94.7	188.7
			45～54 岁	30	56.9	1.3	4.8	16.1	47.2	88.9	124.8	141.7
			55～64 岁	24	47.2	0	0	11.2	32.5	76.0	102.0	118.7
			≥65 岁	26	66.5	0.5	3.7	10.3	60.7	102.8	154.4	166.0
珠江	广东省佛山市	男	18～24 岁	81	16.7	0	0	0	0	10.5	60.8	106.5
			25～34 岁	88	15.3	0	0	0	0	4.5	60.4	116.2
			35～44 岁	79	5.9	0	0	0	0	0	25.3	37.1
			45～54 岁	89	21.5	0	0	0	0	15.0	96.8	120.0
			55～64 岁	90	20	0	0	0	0	9.9	80.9	130.4
			≥65 岁	86	22.5	0	0	0	0	10.0	55.3	105.5
		女	18～24 岁	78	24.9	0	0	0	5.0	33.1	83.4	106.1
			25～34 岁	89	23.4	0	0	0	2.6	30.0	71.8	105.1
			35～44 岁	81	32.3	0	0	0	10.0	37.3	108.9	125.0
			45～54 岁	86	35.8	0	0	0	13.9	42.2	116.5	158.8
			55～64 岁	92	43.8	0	0	0	17.5	75.6	104.6	175.7
			≥65 岁	76	53.2	0	0	3.0	15.5	41.2	161.8	230.0

流域	调查点	性别	年龄组别	N	平均每周手洗衣服时间/（分钟/周）							
					均值	P_5	P_{10}	P_{25}	P_{50}	P_{75}	P_{90}	P_{95}
珠江	广西壮族自治区北海市	男	18~24 岁	20	38.3	0	0	0	1.4	21.3	111.4	161.4
			25~34 岁	42	12.1	0	0	0	0	20.0	39.9	46.6
			35~44 岁	38	18.1	0	0	0	6.6	23.0	47.2	74.2
			45~54 岁	28	15.9	0	0	0	0	12.5	62.8	69.7
			55~64 岁	28	35.1	0	0	0	10.4	56.2	99.4	107.9
			≥65 岁	20	21.7	0	0	0	0	23.1	45.4	122.1
		女	18~24 岁	18	28.4	0	0	0	14.5	49.6	77.7	99.1
			25~34 岁	48	53.0	0	0	0	16.0	80.9	140.0	205.7
			35~44 岁	40	40.5	0	0	0	20.0	70.6	100.5	109.4
			45~54 岁	42	74.5	0	0	6.0	30.4	132.9	206.6	220.7
			55~64 岁	44	58.2	0	4.5	20	53.9	81.5	126.4	172.3
			≥65 岁	28	46.9	0	0	0	39.9	69.9	112.3	146.6
松花江	黑龙江省牡丹江市	男	18~24 岁	12	4.2	0	0	0	0	0	18.0	24.9
			25~34 岁	99	8.8	0	0	0	0	2.1	33.8	52.1
			35~44 岁	82	16.5	0	0	0	0	4.8	51.4	72.0
			45~54 岁	96	7.6	0	0	0	0	6.1	28.6	40.2
			55~64 岁	149	11.8	0	0	0	0	10.0	23.2	75.8
			≥65 岁	140	13.3	0	0	0	0	15.0	40.7	60.8
		女	18~24 岁	20	15.2	0	0	0	8.6	20.4	42.1	53.1
			25~34 岁	145	24.1	0	0	0	7.1	30.0	74.4	117.8
			35~44 岁	106	37.4	0	0	0	14.0	50.0	108.1	152.0
			45~54 岁	103	36.4	0	0	0	17.1	47.0	92.8	132.1
			55~64 岁	163	26.8	0	0	0	8.6	35.6	77.6	108.5
			≥65 岁	152	26.3	0	0	0	12.7	37.3	71.8	111.0
淮河	河南省郑州市	男	18~24 岁	85	20.8	0	0	0	0	37.7	59.9	83.0
			25~34 岁	114	16.0	0	0	0	0	20.6	58.7	80.1
			35~44 岁	107	13.4	0	0	0	0	2.5	43.9	80.9
			45~54 岁	95	15.6	0	0	0	0	17.5	39.8	98.4
			55~64 岁	96	13.5	0	0	0	0	8.4	53.6	71.8
			≥65 岁	107	10.6	0	0	0	0	2.7	32.2	56.3

流域	调查点	性别	年龄组别	N	平均每周手洗衣服时间/（分钟/周）							
					均值	P_5	P_{10}	P_{25}	P_{50}	P_{75}	P_{90}	P_{95}
淮河	河南省郑州市	女	18~24 岁	100	39.4	0	0	0	24.4	59.4	110.9	136.5
			25~34 岁	132	29.8	0	0	0	4.3	49.8	88.1	110.6
			35~44 岁	98	40.1	0	0	0	17.1	64.0	120.4	146.5
			45~54 岁	118	50.5	0	0	0	30.0	71.8	131.3	148.5
			55~64 岁	108	46.2	0	0	0	30.5	67.1	122.3	147.2
			≥65 岁	105	33.5	0	0	0	16.9	46.1	97.9	132.2
海河	天津市	男	18~24 岁	63	3.6	0	0	0	0	0	8.6	15.7
			25~34 岁	89	2.7	0	0	0	0	0	4.3	24.1
			35~44 岁	188	6.9	0	0	0	0	0	22.2	35.1
			45~54 岁	80	4.1	0	0	0	0	0	13.3	30.7
			55~64 岁	80	5.9	0	0	0	0	0	26.7	32.9
			≥65 岁	87	4.7	0	0	0	0	0	7.2	11.6
		女	18~24 岁	57	9.5	0	0	0	0	5.7	22.1	83.7
			25~34 岁	108	12.0	0	0	0	2.9	20.4	36.0	40.5
			35~44 岁	197	29.7	0	0	0	10.7	38.5	82.5	151.3
			45~54 岁	95	22.3	0	0	0	10.0	32.9	57.8	78.7
			55~64 岁	87	26.5	0	0	0	10.0	33.2	88.3	94.5
			≥65 岁	95	23.8	0	0	0	7.1	29.9	86.4	121.3
辽河	辽宁省沈阳市	男	18~24 岁	62	6.9	0	0	0	0	5.2	33.3	35.0
			25~34 岁	115	7.7	0	0	0	0	3.2	21.4	45.7
			35~44 岁	79	5.9	0	0	0	0	2.5	16.1	32.2
			45~54 岁	104	9.8	0	0	0	0	10.0	33.0	49.2
			55~64 岁	93	10.8	0	0	0	0	10.0	30.8	54.6
			≥65 岁	115	11.9	0	0	0	0	9.3	42.6	60.2
		女	18~24 岁	82	12.9	0	0	0	0	10.5	44.6	79.3
			25~34 岁	116	23.8	0	0	0	6.1	36.4	70.8	87.8
			35~44 岁	91	33.2	0	0	0	18.7	50.0	91.0	121.1
			45~54 岁	102	43.9	0	0	4.3	21.4	59.3	108.9	145.6
			55~64 岁	139	47.9	0	0	5.0	24.1	64.9	126.2	153.0
			≥65 岁	119	53.1	0	0	5.0	22.9	78.3	132.4	154.9

流域	调查点	性别	年龄组别	N	平均每周手洗衣服时间/（分钟/周）							
					均值	P_5	P_{10}	P_{25}	P_{50}	P_{75}	P_{90}	P_{95}
浙闽片河流	浙江省平湖市	男	18~24岁	12	1.9	0	0	0	0	0	4.5	10.8
			25~34岁	26	4.2	0	0	0	0	0	2.1	15.7
			35~44岁	38	7.5	0	0	0	0	0	26.7	42.9
			45~54岁	49	11.2	0	0	0	0	4.3	31.4	56.4
			55~64岁	37	16.4	0	0	0	0	10.0	53.2	82.4
			≥65岁	35	11.2	0	0	0	6.0	13.0	36.0	50.1
		女	18~24岁	10	13.1	0	0	0	0	18.5	37.6	49.2
			25~34岁	37	24.1	0	0	0	5.7	30.0	66.9	88.5
			35~44岁	38	28.3	0	0	0.5	17.5	30.0	56.3	114.3
			45~54岁	54	56.1	0	1.3	10.0	24.6	83.8	148.5	197.3
			55~64岁	40	61.1	0	0	8.9	21.4	68.0	187.5	240.0
			≥65岁	27	43.1	0.6	3.4	10.0	30	68.3	89.7	103.1
西北诸河	新疆维吾尔自治区库尔勒市	男	18~24岁	10	4.6	0	0	0	0	5.4	10.7	20.4
			25~34岁	36	9.6	0	0	0	0	7.0	28.0	43.4
			35~44岁	48	8.9	0	0	0	0	7.5	20.4	28.7
			45~54岁	57	11.8	0	0	0	0	11.5	41.9	70.6
			55~64岁	15	5.6	0	0	0	0	2.1	19.1	33.0
			≥65岁	12	58.0	0	0	0	16.0	141.2	160.0	171.3
		女	18~24岁	11	24.6	0	0	0.4	5.7	41.4	65.0	83.6
			25~34岁	77	47.5	0	0	2.1	25.0	57.9	139.0	167.0
			35~44岁	49	31.8	0	0	4.3	20.1	47.3	80.0	109.5
			45~54岁	70	49.8	0	0	6.9	33.6	69.6	104.5	195.3
			55~64岁	12	71.3	0	0.4	20.2	53.6	77.7	94.1	211.2
			≥65岁	16	63.4	0	2.1	17.9	32.9	71.2	178.5	199.7
西南诸河	云南省腾冲市	男	18~24岁	19	18.3	0	0	0	0	17.1	49.9	96.9
			25~34岁	23	10.6	0	0	0	4.3	12.1	30.5	35.4
			35~44岁	27	13.4	0	0	0	0	5.7	19.9	80.6
			45~54岁	27	13.3	0	0	0	0	8.5	54.0	83.4
			55~64岁	30	12.9	0	0	0	0	7.5	27.3	66.6
			≥65岁	30	6.3	0	0	0	0	3.9	15.0	43.0

流域	调查点	性别	年龄组别	N	平均每周手洗衣服时间/（分钟/周）							
					均值	P_5	P_{10}	P_{25}	P_{50}	P_{75}	P_{90}	P_{95}
西南诸河	云南省腾冲市	女	18~24 岁	11	29.7	6.4	8.6	11.4	17.1	41.1	70.0	72.5
			25~34 岁	27	45.4	4.7	5.7	10.7	21.4	56.0	101.1	130.7
			35~44 岁	34	56.9	0	0	7.0	45.0	85.9	150.8	167.1
			45~54 岁	32	42.6	2.4	8.6	14.2	37.6	49.6	107.7	114.9
			55~64 岁	36	76.6	3.9	5.7	8.6	60.4	115.0	133.4	198.5
			≥65 岁	26	45.9	0	0	0	15.7	44.4	107.5	244.9
巢湖	安徽省巢湖市	男	18~24 岁	33	7.5	0	0	0	0	0	20.0	43.4
			25~34 岁	46	6.7	0	0	0	0	0	14.1	20.0
			35~44 岁	58	3.6	0	0	0	0	0	6.7	31.6
			45~54 岁	65	8.9	0	0	0	0	0	6.2	42.3
			55~64 岁	47	20.9	0	0	0	0	6.6	60.0	115.8
			≥65 岁	48	15.2	0	0	0	0	6.3	30.0	84.4
		女	18~24 岁	43	27.3	0	0	0	0	27.0	100.9	137.4
			25~34 岁	68	43.6	0	0	0	17.5	47.7	107.4	233.3
			35~44 岁	67	94.4	0	0	20.0	90.4	139.2	202.9	250.0
			45~54 岁	66	103.1	0	3.2	30.0	61.8	165.8	260.8	301.8
			55~64 岁	50	75.6	0	0	15.0	33.8	127.8	212.2	237.8
			≥65 岁	38	59.5	0	0	0	20.0	78.8	185.0	221.4
太湖	江苏省无锡市	男	18~24 岁	92	3.8	0	0	0	0	0	0	15.0
			25~34 岁	112	6.1	0	0	0	0	0	9.6	20.3
			35~44 岁	94	13.8	0	0	0	0	0	42.6	76.7
			45~54 岁	101	6.3	0	0	0	0	0	20.0	54.9
			55~64 岁	115	24.7	0	0	0	0	20.0	104.2	123.0
			≥65 岁	93	21.0	0	0	0	0	14.0	76.1	90.9
		女	18~24 岁	96	17.7	0	0	0	0	20.7	68.9	99.7
			25~34 岁	118	33.9	0	0	0	0	30.3	119.7	200.7
			35~44 岁	105	39.6	0	0	0	11.0	51.4	117.1	155.7
			45~54 岁	113	60.7	0	0	2.9	30.7	88.6	176.6	214.0
			55~64 岁	119	79.3	0	0	0	40.0	130.1	213.9	234.4
			≥65 岁	101	75.3	0	0	8.6	40.0	125.0	215.0	220.0

附表 A-41　我国重点流域典型城市居民（成人）分流域、性别、年龄组每周洗澡时间

流域	调查点	性别	年龄组别	N	平均每周洗澡时间/（分钟/周）							
					均值	P_5	P_{10}	P_{25}	P_{50}	P_{75}	P_{90}	P_{95}
长江	四川省射洪市	男	18~24 岁	4	60.9	28.4	32.4	44.6	54.0	70.3	94.8	103.0
			25~34 岁	44	52.2	16.5	19.3	33.4	42.2	62.9	85.3	104.7
			35~44 岁	54	56.8	11.4	16.6	22.9	56.2	80.3	102.9	112.0
			45~54 岁	66	59.7	13.1	17.5	27.4	46.5	72.6	108.9	169.8
			55~64 岁	47	59.2	12.9	17.2	23.5	39.2	76.0	125.0	147.3
			≥65 岁	75	69.3	16.8	22.5	29.8	57.1	98.8	143.2	163.2
		女	18~24 岁	19	70.0	40.6	41.8	55.6	67.0	74.3	102.2	131.5
			25~34 岁	45	75.6	19.4	23.5	47.9	68.3	103.7	111.3	189.0
			35~44 岁	44	68.8	17.5	24.8	36.3	62.1	86.1	113.9	123.7
			45~54 岁	71	77.0	17.7	29.1	45.7	66.8	97.8	130.1	185.0
			55~64 岁	43	89.3	29.7	33.7	45.4	70.0	104.0	175.3	210.8
			≥65 岁	75	64.5	16.1	20.9	34.3	54.6	91.0	110.7	128.5
	湖南省长沙市	男	18~24 岁	47	29.9	3.3	5.9	10.0	17.0	40.2	65.7	83.8
			25~34 岁	50	26.9	3.5	4.3	7.5	20.0	40.6	61.8	77.6
			35~44 岁	43	24.2	2.2	3.3	8.3	15.0	33.3	54.8	66.8
			45~54 岁	57	28.2	2.1	3.9	8.6	20.0	33.7	56.6	84.6
			55~64 岁	53	28.0	1.9	2.9	5.0	15.0	30.0	80.9	108.3
			≥65 岁	48	25.5	1.7	2.9	8.6	15.0	30.0	57.0	84.5
		女	18~24 岁	47	33.5	6.6	8.6	10.0	25.5	47.9	75.0	82.1
			25~34 岁	53	31.2	3.4	4.6	10.0	20.2	44.4	74.7	90.6
			35~44 岁	58	34.0	4.0	4.3	8.9	18.8	44.4	82.4	95.7
			45~54 岁	50	29.1	1.9	2.8	9.2	19.8	41.7	59.6	80.9
			55~64 岁	61	23.8	4.0	4.3	8.6	14.3	30.0	58.2	81.4
			≥65 岁	39	28.1	2.1	2.9	4.3	15.0	29.3	60.9	80.9
黄河	甘肃省兰州市	男	18~24 岁	96	28.9	4.3	4.3	5.7	11.4	31.1	74.2	131.4
			25~34 岁	112	28.9	3.6	4.3	5.7	11.4	26.5	86.4	131.7
			35~44 岁	95	27.8	4.3	4.3	7.1	10.0	35.9	80.5	100.1
			45~54 岁	116	23.1	4.3	4.3	4.3	8.6	20.0	58.3	107.2
			55~64 岁	107	25.1	2.9	4.3	5.7	8.6	17.1	47.2	129.0
			≥65 岁	92	22.7	4.3	4.3	5.4	8.6	17.1	65.9	101.5

流域	调查点	性别	年龄组别	N	平均每周洗澡时间/（分钟/周）							
					均值	P_5	P_{10}	P_{25}	P_{50}	P_{75}	P_{90}	P_{95}
黄河	甘肃省兰州市	女	18~24岁	88	47.4	6.2	8.6	12.5	20.0	46.1	143.8	175.5
			25~34岁	125	34.5	4.4	5.7	8.6	12.9	25.7	98.7	152.7
			35~44岁	95	33.9	4.3	5.1	8.6	11.4	27.1	98.2	146.3
			45~54岁	123	29.5	4.3	4.3	8.6	12.9	29.3	82.0	109.8
			55~64岁	100	27.7	4.2	4.3	5.7	9.3	19.5	64.0	140.0
			≥65岁	97	23.6	4.3	4.3	5.7	8.6	17.1	73.9	105.8
	内蒙古自治区呼和浩特市	男	18~24岁	49	61.1	6.4	6.4	14.3	53.6	99.1	133.7	143.7
			25~34岁	49	63.3	6.0	6.4	23.2	62.0	98.6	119.9	138.4
			35~44岁	53	52.2	5.7	7.1	20.0	42.4	74.6	102.4	127.6
			45~54岁	50	54.1	6.4	7.1	12.0	37.0	77.0	123.9	155.7
			55~64岁	44	59.0	5.2	8.6	24.0	46.4	76.0	115.9	139.6
			≥65岁	48	36.3	3.8	4.3	7.1	37.3	57.2	70.6	77.3
		女	18~24岁	52	86.6	6.4	7.3	18.2	68.8	131.0	174.8	219.6
			25~34岁	54	69.2	5.7	6.4	12.0	56.5	100.4	144.8	184.9
			35~44岁	51	69.3	5.7	12.3	26.6	51.8	101.0	141.4	168.9
			45~54岁	54	64.3	6.9	7.6	18.2	47.9	98.4	149.3	194.0
			55~64岁	51	63.2	5.0	8.6	28.5	55.5	77.0	149.3	162.9
			≥65岁	53	51.4	3.7	4.3	8.6	36.2	68.6	102.8	133.2
	河北省石家庄市	男	18~24岁	28	78.5	30.9	33.9	46.1	73.5	113.2	124.1	138.8
			25~34岁	32	75.5	34.4	35.3	47.9	72.4	96.2	111.5	121.4
			35~44岁	31	69.4	27.9	32.9	39.7	51.5	87.8	139.9	149.8
			45~54岁	27	84.2	34.4	37.0	52.2	87.9	103.9	123.0	152.5
			55~64岁	27	67.3	23.5	26.9	43.6	59.3	81.5	122.5	137.9
			≥65岁	26	53.5	10.9	18.3	34.1	42.9	68.7	108.5	122.2
		女	18~24岁	29	95.3	22.7	28.1	60.5	85.8	112.0	194.0	206.2
			25~34岁	34	92.2	30.5	41.7	54.3	81.6	105.7	152.6	198.2
			35~44岁	30	94.1	26.6	44.2	64.6	90.0	115.7	157.8	160.4
			45~54岁	30	99.2	23.9	35.6	55.4	105.7	124.8	152.4	189.5
			55~64岁	24	84.4	24.8	29.4	63.4	85.2	101.7	135.0	142.2
			≥65岁	26	83.2	24.6	30.6	39.9	68.2	117.4	171.6	184.3

续表

流域	调查点	性别	年龄组别	N	平均每周洗澡时间/（分钟/周）							
					均值	P$_5$	P$_{10}$	P$_{25}$	P$_{50}$	P$_{75}$	P$_{90}$	P$_{95}$
珠江	广东省佛山市	男	18~24岁	81	79.1	8.6	15.0	30.0	72.2	111.5	155.0	175.0
			25~34岁	88	70.3	9.1	11.0	19.9	59.6	101.9	147.7	181.8
			35~44岁	79	54.3	2.3	5.6	17.1	33.5	73.7	126.3	142.1
			45~54岁	89	62.5	3.8	9.6	20.0	45.0	100.0	130.0	147.9
			55~64岁	90	65.3	5.0	9.8	15.3	58.0	97.0	135.2	163.6
			≥65岁	86	63.4	6.0	10.0	17.1	46.0	96.3	127.9	174.1
		女	18~24岁	78	84.2	10.0	10.0	30.0	81.3	120.0	166.4	186.0
			25~34岁	89	83.8	10.6	15.0	42.5	78.9	109.6	150.3	171.5
			35~44岁	81	68.4	2.9	10.0	20.4	70.0	100.0	138.8	166.0
			45~54岁	86	68.6	7.4	10.0	15.6	55.5	106.7	147.3	169.8
			55~64岁	92	67.3	7.3	10.0	20.0	58.5	96.5	144.9	171.7
			≥65岁	76	77.5	3.7	6.2	16.6	61.8	108.1	144.4	204.3
	广西壮族自治区北海市	男	18~24岁	20	93.4	53.8	56.5	70.0	75.8	100.6	148.8	164.4
			25~34岁	42	89.7	41.6	46.0	64.8	87.6	106.5	139.8	169.5
			35~44岁	38	104.5	57.5	64.1	72.0	88.6	109.9	175.1	192.2
			45~54岁	28	93.6	19.6	47.3	66.3	71.0	107.5	163.0	168.3
			55~64岁	28	98.3	40.1	41.5	57.8	70.4	111.3	177.0	280.9
			≥65岁	20	80.3	19.7	29.0	52.5	71.9	93.8	133.5	147.4
		女	18~24岁	18	112.7	52.9	60.3	74.3	115.0	126.8	174.9	212.3
			25~34岁	48	110.5	50.0	53.9	72.9	85.9	121.6	220.0	229.6
			35~44岁	40	113.4	31.9	39.2	68.3	99.0	150.5	183.5	228.8
			45~54岁	42	100.4	30.0	35.0	63.4	77.2	103.1	174.3	184.8
			55~64岁	44	82.4	30.8	46.2	63.0	73.0	100.7	117.2	145.8
			≥65岁	28	91.8	65.4	68.2	74.2	95.0	101.7	107.9	115.2
松花江	黑龙江省牡丹江市	男	18~24岁	12	49.7	4.3	4.3	5.4	33.6	40.1	82.2	172.6
			25~34岁	99	47.4	5.7	6.9	10.7	26.9	52.1	101.8	136.1
			35~44岁	82	69.5	5.8	8.6	15.0	34.6	83.8	139.8	197.2
			45~54岁	96	58.6	5.7	8.6	21.1	46.7	81.0	123.6	163.1
			55~64岁	149	51.5	5.7	8.1	11.4	31.7	68.7	122.4	141.9
			≥65岁	140	41.1	4.3	5.6	8.6	25.7	61.7	90.8	122.7

流域	调查点	性别	年龄组别	N	平均每周洗澡时间/（分钟/周）							
					均值	P_5	P_{10}	P_{25}	P_{50}	P_{75}	P_{90}	P_{95}
松花江	黑龙江省牡丹江市	女	18~24 岁	20	69.6	8.1	8.6	25.7	47.1	97.1	164.4	198.0
			25~34 岁	145	61.6	4.3	8.6	12.9	35.0	77.1	156.8	226.2
			35~44 岁	106	65.2	5.7	8.6	13.5	41.6	88.5	154.6	185.7
			45~54 岁	103	53.8	5.7	8.6	17.1	44.3	70.4	106.2	149.2
			55~64 岁	163	55.6	4.3	6.6	12.9	28.6	74.0	117.4	192.3
			≥65 岁	152	58.1	4.3	8.6	13.1	42.5	69.8	108.9	183.3
淮河	河南省郑州市	男	18~24 岁	85	65.4	8.6	15.5	36.1	64.3	84.0	111.6	145.3
			25~34 岁	114	77.4	5.7	17.2	45.8	67.1	113.0	143.6	159.5
			35~44 岁	107	69.5	8.0	13.8	33.4	65.3	89.8	139.9	150.2
			45~54 岁	95	73.0	4.3	12.0	36.3	65.2	106.0	137.6	163.9
			55~64 岁	96	71.6	10.0	17.8	38.7	65.3	101.7	138.3	156.6
			≥65 岁	107	63.2	5.4	11.0	26.5	50.3	82.8	134.6	173.3
		女	18~24 岁	100	117.7	26.3	38.2	67.7	108.4	165.9	206.4	214.7
			25~34 岁	132	86.6	15.5	24.8	46.0	71.1	108.4	170.0	203.6
			35~44 岁	98	88.0	10.0	16.7	43.4	82.9	129.9	162.5	194.2
			45~54 岁	118	85.6	10.6	19.4	33.4	71.3	122.3	183.9	208.4
			55~64 岁	108	81.2	10.4	19.7	39.0	71.6	107.5	140.6	165.9
			≥65 岁	105	69.7	8.0	11.6	30.0	60.2	93.8	140.8	177.6
海河	天津市	男	18~24 岁	63	31.0	3.0	5.1	10.0	17.1	42.5	69.0	90.4
			25~34 岁	89	31.7	2.9	4.9	8.0	12.9	45.2	71.2	108.8
			35~44 岁	188	41.4	2.9	4.3	10.0	32.3	66.6	97.0	113.8
			45~54 岁	80	27.9	2.9	4.3	8.6	12.5	36.2	79.8	97.8
			55~64 岁	80	32.4	2.9	4.3	5.7	17.5	44.8	83.9	101.1
			≥65 岁	87	38.1	2.4	4.3	9.5	27.4	58.0	89.8	101.8
		女	18~24 岁	57	45.7	5.6	10.0	15.0	28.6	69.0	94.3	119.1
			25~34 岁	108	42.4	4.3	6.2	10.0	20.0	52.7	120.1	145.2
			35~44 岁	197	54.2	5.4	8.3	14.9	36.2	82.9	128.7	153.5
			45~54 岁	95	40.2	4.3	7.6	10.0	20.0	49.3	115.9	126.5
			55~64 岁	87	42.4	4.3	5.7	8.6	27.0	60.1	108.3	128.0
			≥65 岁	95	41.8	2.9	4.3	9.3	31.5	59.2	93.5	121.7

续表

流域	调查点	性别	年龄组别	N	平均每周洗澡时间/（分钟/周）							
					均值	P_5	P_{10}	P_{25}	P_{50}	P_{75}	P_{90}	P_{95}
辽河	辽宁省沈阳市	男	18~24 岁	62	76.6	7.1	10.0	21.4	71.7	117.7	149.6	176.9
			25~34 岁	115	85.2	6.8	10.3	27.2	76.4	121.0	180.0	203.2
			35~44 岁	79	69.6	6.3	9.7	21.6	52.7	93.2	164.1	188.7
			45~54 岁	104	59.5	6.5	8.6	10.0	43.9	84.5	131.8	173.0
			55~64 岁	93	59.3	5.3	7.4	17.8	45.5	71.7	115.5	187.3
			≥65 岁	115	60.3	5.7	8.6	17.1	45.7	71.9	112.6	137.6
		女	18~24 岁	82	84.3	5.9	10.0	20.0	69.6	118.6	164.8	238.8
			25~34 岁	116	92.9	14.3	17.1	30.0	78.0	128.6	188.2	214.8
			35~44 岁	91	83.6	8.6	10.0	27.9	70.5	121.4	167.8	208.4
			45~54 岁	102	68.0	5.7	7.3	15.5	56.1	104.5	151.5	189.6
			55~64 岁	139	71.6	5.7	8.6	14.2	57.3	99.2	160.6	211.1
			≥65 岁	119	71.3	4.3	5.7	18.6	55.7	99.4	156.3	234.8
浙闽片河流	浙江省平湖市	男	18~24 岁	12	28.0	4.7	5.0	8.8	23.7	32.9	61.6	73.4
			25~34 岁	26	51.6	4.5	6.8	10.0	35.4	76.5	108.7	145.9
			35~44 岁	38	26.6	3.9	4.3	5.2	14.2	41.7	60.9	67.0
			45~54 岁	49	37.4	3.0	4.9	13.1	26.7	65.3	90.1	97.6
			55~64 岁	37	39.4	5.0	6.4	10.0	29.4	57.3	94.3	105.5
			≥65 岁	35	27.9	3.9	4.6	9.0	15.0	32.3	68.1	86.3
		女	18~24 岁	10	86.4	22.4	24.8	54.0	60.5	90.6	199.4	209.7
			25~34 岁	37	71.8	8.1	13.0	25.7	45.7	90.3	185.6	197.2
			35~44 岁	38	36.2	1.8	4.3	10.0	22.1	51.9	79.0	96.6
			45~54 岁	54	44.4	4.3	5.4	14.5	30.2	57.1	91.3	131.7
			55~64 岁	40	37.0	4.2	4.9	12.3	25.8	43.9	84.2	125.2
			≥65 岁	27	41.0	2.9	4.1	5.4	30.0	50.1	110.7	117.5
西北诸河	新疆维吾尔自治区库尔勒市	男	18~24 岁	10	83.8	6.2	8.1	26.3	50.5	78.6	197.2	266.1
			25~34 岁	36	76.6	5.9	13.1	34.6	66.1	102.9	170.5	189.2
			35~44 岁	48	55.2	6.9	11.6	25.8	44.9	80.5	117.0	130.1
			45~54 岁	57	64.0	9.1	14.6	33.2	59.6	77.7	119.5	147.8
			55~64 岁	15	67.0	4.6	6.4	15.7	38.6	94.3	153.2	174.9
			≥65 岁	12	95.4	22.4	24.0	28.4	86.1	152.7	168.2	187.2

流域	调查点	性别	年龄组别	N	平均每周洗澡时间/（分钟/周）							
					均值	P_5	P_{10}	P_{25}	P_{50}	P_{75}	P_{90}	P_{95}
西北诸河	新疆维吾尔自治区库尔勒市	女	18~24 岁	11	102.2	42.8	43.6	72.0	98.6	128.4	152.1	160.0
			25~34 岁	77	83.3	12.6	18.8	38.6	68.6	105.8	143.1	181.5
			35~44 岁	49	73.4	8.6	12.0	32.9	62.9	105.0	146.6	184.2
			45~54 岁	70	85.3	15.6	24.3	44.8	69.3	126.5	177.2	182.4
			55~64 岁	12	65.7	9.6	14.1	41.1	56.2	91.4	127.8	134.0
			≥65 岁	16	129.1	19.8	33.0	53.9	74.7	166.4	296.8	410.6
西南诸河	云南省腾冲市	男	18~24 岁	19	50.5	5.7	6.3	8.6	25.9	69.3	95.0	141.1
			25~34 岁	23	43.1	5.7	5.7	8.6	47.6	60.5	103.0	110.1
			35~44 岁	27	35.8	4.3	5.1	12.9	36.3	58.2	65.8	70.7
			45~54 岁	27	43.8	5.7	5.7	15.4	38.7	53.0	105.4	111.4
			55~64 岁	30	54.6	4.9	5.7	12.1	41.1	64.9	128.0	143.0
			≥65 岁	30	45.8	4.3	4.3	8.6	34.4	44.8	81.9	157.0
		女	18~24 岁	11	53.4	4.3	5.7	17.1	43.6	58.3	67.3	150.9
			25~34 岁	27	29.8	4.3	5.1	11.4	25.7	45.9	57.4	75.2
			35~44 岁	34	64.7	4.3	7.1	12.9	57.2	91.8	146.3	178.8
			45~54 岁	32	48.4	5.4	5.7	12.9	39.5	65.1	101.2	128.5
			55~64 岁	36	57.5	4.3	5.0	24.8	55.6	78.0	106.1	123.7
			≥65 岁	26	47.2	4.3	4.6	6.4	40.4	63.4	103.7	140.8
巢湖	安徽省巢湖市	男	18~24 岁	33	58.4	21.4	25.1	33.1	44.2	73.0	112.9	127.0
			25~34 岁	46	56.2	12.6	19.0	30.4	40.1	71.5	111.2	128.2
			35~44 岁	58	51.6	10.4	15.5	30.0	42.8	69.2	101.6	114.5
			45~54 岁	65	52.4	9.4	16.8	24.3	43.6	70.1	109.4	117.8
			55~64 岁	47	51.1	4.5	9.2	23.4	42.9	68.0	110.0	130.1
			≥65 岁	48	52.9	3.6	5.7	20.1	39.8	73.0	105.2	137.7
		女	18~24 岁	43	80.9	20.0	25.2	40.0	59.1	103.0	163.6	184.2
			25~34 岁	68	60.2	9.1	10.0	29.1	46.2	86.6	125.6	140.8
			35~44 岁	67	63.5	20.9	26.2	35.3	48.9	87.7	112.0	127.7
			45~54 岁	66	65.8	11.2	17.5	28.9	44.3	94.1	135.3	173.8
			55~64 岁	50	55.3	6.2	8.6	20.0	45.1	73.1	136.3	153.7
			≥65 岁	38	53.8	4.2	10.0	25.9	40.8	69.0	120.6	134.2

流域	调查点	性别	年龄组别	N	平均每周洗澡时间/（分钟/周）							
					均值	P5	P10	P25	P50	P75	P90	P95
太湖	江苏省 无锡市	男	18~24 岁	92	91.9	15.0	23.7	52.0	80.2	120.0	148.0	201.9
			25~34 岁	112	94.3	30.2	36.5	61.0	80.7	108.1	161.4	205.0
			35~44 岁	94	80.3	16.1	24.0	41.2	67.5	103.8	153.3	181.7
			45~54 岁	101	74.9	15.0	19.4	45.7	70.0	103.5	129.8	140.0
			55~64 岁	115	76.7	21.1	31.5	46.6	67.1	95.4	131.1	150.4
			≥65 岁	93	80.3	10.5	15.4	29.2	70.0	104.3	167.7	205.0
		女	18~24 岁	96	107.2	27.5	47.7	66.8	93.9	132.3	172.6	197.1
			25~34 岁	118	110.4	31.9	39.6	69.6	104.5	140.0	170.7	211.5
			35~44 岁	105	89.9	21.6	29.1	53.6	76.0	110.8	164.3	195.0
			45~54 岁	113	91.1	18.6	27.1	45.7	80.0	112.1	162.4	209.2
			55~64 岁	119	84.3	19.1	32.1	55.9	80.0	110.3	140.0	151.5
			≥65 岁	101	79.2	12.1	23.4	44.3	75.0	105.0	144.3	165.9

附表 A-42　我国重点流域典型城市居民（成人）分流域、性别、年龄组每月游泳时间

流域	调查点	性别	年龄组别	N	平均每月游泳时间/（分钟/月）							
					均值	P5	P10	P25	P50	P75	P90	P95
长江	四川省 射洪市	男	18~24 岁	4	75.0	0	0	0	60.0	135.0	162.0	171.0
			25~34 岁	44	37.0	0	0	0	0	0	180.0	180.0
			35~44 岁	54	28.8	0	0	0	0	0	180.0	180.0
			45~54 岁	66	13.6	0	0	0	0	0	0	165.0
			55~64 岁	47	0	0	0	0	0	0	0	0
			≥65 岁	75	3.2	0	0	0	0	0	0	0
		女	18~24 岁	19	25.3	0	0	0	0	0	132.0	180.0
			25~34 岁	45	20.7	0	0	0	0	0	36.0	180.0
			35~44 岁	44	2.7	0	0	0	0	0	0	0
			45~54 岁	71	3.0	0	0	0	0	0	0	0
			55~64 岁	43	4.2	0	0	0	0	0	0	0
			≥65 岁	75	0	0	0	0	0	0	0	0

流域	调查点	性别	年龄组别	N	平均每月游泳时间/（分钟/月）							
					均值	P_5	P_{10}	P_{25}	P_{50}	P_{75}	P_{90}	P_{95}
长江	湖南省长沙市	男	18~24 岁	47	16.0	0	0	0	0	0	72.0	120.0
			25~34 岁	50	15.9	0	0	0	0	0	1.5	153.0
			35~44 岁	43	10.5	0	0	0	0	0	24.0	90.0
			45~54 岁	57	0.5	0	0	0	0	0	0	0
			55~64 岁	53	3.4	0	0	0	0	0	0	0
			≥65 岁	48	0	0	0	0	0	0	0	0
		女	18~24 岁	47	26.8	0	0	0	0	0	180.0	180.0
			25~34 岁	53	6.8	0	0	0	0	0	0	0
			35~44 岁	58	2.1	0	0	0	0	0	0	0
			45~54 岁	50	0	0	0	0	0	0	0	0
			55~64 岁	61	0	0	0	0	0	0	0	0
			≥65 岁	39	0	0	0	0	0	0	0	0
黄河	甘肃省兰州市	男	18~24 岁	96	29.8	0	0	0	0	0	180.0	180.0
			25~34 岁	112	12.3	0	0	0	0	0	0	120.0
			35~44 岁	95	6.6	0	0	0	0	0	0	18.0
			45~54 岁	116	7.4	0	0	0	0	0	0	45.0
			55~64 岁	107	2.2	0	0	0	0	0	0	0
			≥65 岁	92	0	0	0	0	0	0	0	0
		女	18~24 岁	88	14.7	0	0	0	0	0	0	120.0
			25~34 岁	125	14.2	0	0	0	0	0	0	120.0
			35~44 岁	95	6.5	0	0	0	0	0	0	34.5
			45~54 岁	123	0.2	0	0	0	0	0	0	0
			55~64 岁	100	0	0	0	0	0	0	0	0
			≥65 岁	97	1.9	0	0	0	0	0	0	0
	内蒙古自治区呼和浩特市	男	18~24 岁	49	39.2	0	0	0	0	60.0	180.0	180.0
			25~34 岁	49	13.1	0	0	0	0	0	12.0	90.0
			35~44 岁	53	8.1	0	0	0	0	0	0	30.0
			45~54 岁	50	15.6	0	0	0	0	0	0	180.0
			55~64 岁	44	0	0	0	0	0	0	0	0
			≥65 岁	48	0	0	0	0	0	0	0	0

流域	调查点	性别	年龄组别	N	平均每月游泳时间/（分钟/月）							
					均值	P5	P10	P25	P50	P75	P90	P95
黄河	内蒙古自治区呼和浩特市	女	18～24 岁	52	27.7	0	0	0	0	60.0	96.0	147.0
			25～34 岁	54	8.9	0	0	0	0	0	0	60.0
			35～44 岁	51	7.4	0	0	0	0	0	30.0	60.0
			45～54 岁	54	6.7	0	0	0	0	0	0	0
			55～64 岁	51	0	0	0	0	0	0	0	0
			≥65 岁	53	0	0	0	0	0	0	0	0
	河北省石家庄市	男	18～24 岁	28	12.9	0	0	0	0	0	18.0	99.0
			25～34 岁	32	7.5	0	0	0	0	0	0	27.0
			35～44 岁	31	5.8	0	0	0	0	0	0	0
			45～54 岁	27	4.4	0	0	0	0	0	0	0
			55～64 岁	27	12.6	0	0	0	0	0	0	112.0
			≥65 岁	26	0	0	0	0	0	0	0	0
		女	18～24 岁	29	11.4	0	0	0	0	0	12.0	78.0
			25～34 岁	34	0	0	0	0	0	0	0	0
			35～44 岁	30	14.0	0	0	0	0	0	0	99.0
			45～54 岁	30	0	0	0	0	0	0	0	0
			55～64 岁	24	0	0	0	0	0	0	0	0
			≥65 岁	26	0	0	0	0	0	0	0	0
珠江	广东省佛山市	男	18～24 岁	81	34.6	0	0	0	0	0	180.0	180.0
			25～34 岁	88	30.3	0	0	0	0	0	180.0	180.0
			35～44 岁	79	35.9	0	0	0	0	0	180.0	180.0
			45～54 岁	89	9.3	0	0	0	0	0	22.0	60.0
			55～64 岁	90	7.6	0	0	0	0	0	0	30.0
			≥65 岁	86	2.8	0	0	0	0	0	0	0
		女	18～24 岁	78	23.6	0	0	0	0	0	106.0	180.0
			25～34 岁	89	21.0	0	0	0	0	0	120.0	180.0
			35～44 岁	81	24.4	0	0	0	0	0	120.0	180.0
			45～54 岁	86	1.9	0	0	0	0	0	0	0
			55～64 岁	92	2.0	0	0	0	0	0	0	0
			≥65 岁	76	2.4	0	0	0	0	0	0	0

流域	调查点	性别	年龄组别	N	平均每月游泳时间/（分钟/月）							
					均值	P₅	P₁₀	P₂₅	P₅₀	P₇₅	P₉₀	P₉₅
珠江	广西壮族自治区北海市	男	18~24 岁	20	30.0	0	0	0	0	0	180.0	183.0
			25~34 岁	42	16.4	0	0	0	0	0	57.0	120.0
			35~44 岁	38	19.7	0	0	0	0	0	39.0	189.0
			45~54 岁	28	12.9	0	0	0	0	0	0	117.0
			55~64 岁	28	6.4	0	0	0	0	0	0	0
			≥65 岁	20	0	0	0	0	0	0	0	0
		女	18~24 岁	18	0	0	0	0	0	0	0	0
			25~34 岁	48	12.5	0	0	0	0	0	0	120.0
			35~44 岁	40	8.2	0	0	0	0	0	0	61.5
			45~54 岁	42	0	0	0	0	0	0	0	0
			55~64 岁	44	1.4	0	0	0	0	0	0	0
			≥65 岁	28	0	0	0	0	0	0	0	0
松花江	黑龙江省牡丹江市	男	18~24 岁	12	0	0	0	0	0	0	0	0
			25~34 岁	99	10.0	0	0	0	0	0	0	102.0
			35~44 岁	82	3.2	0	0	0	0	0	0	0
			45~54 岁	96	2.8	0	0	0	0	0	0	0
			55~64 岁	149	10.3	0	0	0	0	0	0	96.0
			≥65 岁	140	5.8	0	0	0	0	0	0	0
		女	18~24 岁	20	9.0	0	0	0	0	0	0	9.0
			25~34 岁	145	5.8	0	0	0	0	0	0	0
			35~44 岁	106	6.2	0	0	0	0	0	0	0
			45~54 岁	103	5.2	0	0	0	0	0	0	0
			55~64 岁	163	3.9	0	0	0	0	0	0	0
			≥65 岁	152	2.8	0	0	0	0	0	0	0
淮河	河南省郑州市	男	18~24 岁	85	4.9	0	0	0	0	0	0	0
			25~34 岁	114	12.3	0	0	0	0	0	0	141.0
			35~44 岁	107	6.4	0	0	0	0	0	0	14.0
			45~54 岁	95	2.8	0	0	0	0	0	0	0
			55~64 岁	96	4.6	0	0	0	0	0	0	0
			≥65 岁	107	3.1	0	0	0	0	0	0	0

续表

流域	调查点	性别	年龄组别	N	平均每月游泳时间/（分钟/月）							
					均值	P₅	P₁₀	P₂₅	P₅₀	P₇₅	P₉₀	P₉₅
淮河	河南省郑州市	女	18~24岁	100	6.6	0	0	0	0	0	0	0
			25~34岁	132	9.1	0	0	0	0	0	0	0
			35~44岁	98	3.7	0	0	0	0	0	0	0
			45~54岁	118	5.8	0	0	0	0	0	0	0
			55~64岁	108	4.4	0	0	0	0	0	0	0
			≥65岁	105	0	0	0	0	0	0	0	0
海河	天津市	男	18~24岁	63	23.7	0	0	0	0	0	180.0	180.0
			25~34岁	89	6.9	0	0	0	0	0	0	36.0
			35~44岁	188	14.2	0	0	0	0	0	0	180.0
			45~54岁	80	3.4	0	0	0	0	0	0	0
			55~64岁	80	9.0	0	0	0	0	0	0	9.0
			≥65岁	87	0	0	0	0	0	0	0	0
		女	18~24岁	57	17.9	0	0	0	0	0	48.0	180.0
			25~34岁	108	7.1	0	0	0	0	0	0	19.5
			35~44岁	197	5.8	0	0	0	0	0	0	0
			45~54岁	95	1.9	0	0	0	0	0	0	0
			55~64岁	87	0.7	0	0	0	0	0	0	0
			≥65岁	95	0	0	0	0	0	0	0	0
辽河	辽宁省沈阳市	男	18~24岁	62	4.4	0	0	0	0	0	0	0
			25~34岁	115	18.6	0	0	0	0	0	104.0	138.0
			35~44岁	79	20.3	0	0	0	0	0	120.0	180.0
			45~54岁	104	9.8	0	0	0	0	0	0	102.0
			55~64岁	93	14.5	0	0	0	0	0	0	180.0
			≥65岁	115	9.5	0	0	0	0	0	0	69.0
		女	18~24岁	82	9.3	0	0	0	0	0	0	117.0
			25~34岁	116	16.6	0	0	0	0	0	600.0	135.0
			35~44岁	91	1.3	0	0	0	0	0	0	0
			45~54岁	102	14.3	0	0	0	0	0	0	178.0
			55~64岁	139	8.7	0	0	0	0	0	0	45.0
			≥65岁	119	0	0	0	0	0	0	0	0

续表

流域	调查点	性别	年龄组别	N	平均每月游泳时间/（分钟/月）							
					均值	P₅	P₁₀	P₂₅	P₅₀	P₇₅	P₉₀	P₉₅
浙闽片河流	浙江省平湖市	男	18~24 岁	12	0	0	0	0	0	0	0	0
			25~34 岁	26	13.8	0	0	0	0	0	0	135.0
			35~44 岁	38	8.7	0	0	0	0	0	0	18.0
			45~54 岁	49	0	0	0	0	0	0	0	0
			55~64 岁	37	4.9	0	0	0	0	0	0	0
			≥65 岁	35	5.1	0	0	0	0	0	0	0
		女	18~24 岁	10	0	0	0	0	0	0	0	0
			25~34 岁	37	9.7	0	0	0	0	0	0	36.0
			35~44 岁	38	0	0	0	0	0	0	0	0
			45~54 岁	54	0	0	0	0	0	0	0	0
			55~64 岁	40	0	0	0	0	0	0	0	0
			≥65 岁	27	0	0	0	0	0	0	0	0
西北诸河	新疆维吾尔自治区库尔勒市	男	18~24 岁	10	27.0	0	0	0	0	0	99.0	139.5
			25~34 岁	36	25.0	0	0	0	0	0	150.0	180.0
			35~44 岁	48	21.9	0	0	0	0	0	120.0	180.0
			45~54 岁	57	8.4	0	0	0	0	0	0	24.0
			55~64 岁	15	0	0	0	0	0	0	0	0
			≥65 岁	12	0	0	0	0	0	0	0	0
		女	18~24 岁	11	10.9	0	0	0	0	0	0	60.0
			25~34 岁	77	2.3	0	0	0	0	0	0	0
			35~44 岁	49	0	0	0	0	0	0	0	0
			45~54 岁	70	0.4	0	0	0	0	0	0	0
			55~64 岁	12	0	0	0	0	0	0	0	0
			≥65 岁	16	0	0	0	0	0	0	0	0
西南诸河	云南省腾冲市	男	18~24 岁	19	26.8	0	0	0	0	30.0	96.0	126.0
			25~34 岁	23	19.6	0	0	0	0	0	30.0	165.0
			35~44 岁	27	4.4	0	0	0	0	0	0	0
			45~54 岁	27	0	0	0	0	0	0	0	0
			55~64 岁	30	0	0	0	0	0	0	0	0
			≥65 岁	30	12.0	0	0	0	0	0	0	99.0

流域	调查点	性别	年龄组别	N	平均每月游泳时间/（分钟/月）							
					均值	P_5	P_{10}	P_{25}	P_{50}	P_{75}	P_{90}	P_{95}
西南诸河	云南省腾冲市	女	18~24 岁	11	16.4	0	0	0	0	0	0	90.0
			25~34 岁	27	0	0	0	0	0	0	0	0
			35~44 岁	34	9.7	0	0	0	0	0	0	61.5
			45~54 岁	32	5.6	0	0	0	0	0	0	0
			55~64 岁	36	0	0	0	0	0	0	0	0
			≥65 岁	26	2.3	0	0	0	0	0	0	0
巢湖	安徽省巢湖市	男	18~24 岁	33	10.9	0	0	0	0	0	0	72.0
			25~34 岁	46	12.4	0	0	0	0	0	0	142.5
			35~44 岁	58	6.2	0	0	0	0	0	0	0
			45~54 岁	65	2.8	0	0	0	0	0	0	0
			55~64 岁	47	0	0	0	0	0	0	0	0
			≥65 岁	48	0	0	0	0	0	0	0	0
		女	18~24 岁	43	8.4	0	0	0	0	0	0	0
			25~34 岁	68	0	0	0	0	0	0	0	0
			35~44 岁	67	0	0	0	0	0	0	0	0
			45~54 岁	66	0	0	0	0	0	0	0	0
			55~64 岁	50	0	0	0	0	0	0	0	0
			≥65 岁	38	0	0	0	0	0	0	0	0
太湖	江苏省无锡市	男	18~24 岁	92	21.5	0	0	0	0	0	120.0	180.0
			25~34 岁	112	16.5	0	0	0	0	0	27.0	180.0
			35~44 岁	94	17.9	0	0	0	0	0	102.0	180.0
			45~54 岁	101	5.0	0	0	0	0	0	0	0
			55~64 岁	115	9.7	0	0	0	0	0	0	82.0
			≥65 岁	93	0	0	0	0	0	0	0	0
		女	18~24 岁	96	14.2	0	0	0	0	0	0	180.0
			25~34 岁	118	14.0	0	0	0	0	0	0	180.0
			35~44 岁	105	2.1	0	0	0	0	0	0	0
			45~54 岁	113	4.8	0	0	0	0	0	0	0
			55~64 岁	119	2.6	0	0	0	0	0	0	0
			≥65 岁	101	0	0	0	0	0	0	0	0

附表 A-43 我国重点流域典型城市居民（成人）分流域、性别、季节每日刷牙时间

流域	调查点	性别	季节	N	平均每日刷牙时间/（秒/天）							
					均值	P_5	P_{10}	P_{25}	P_{50}	P_{75}	P_{90}	P_{95}
长江	四川省射洪市	男性	夏季	150	285	78	116	172	246	363	503	596
			冬季	140	296	107	120	160	240	412	541	566
		女性	夏季	154	320	111	149	214	291	394	490	542
			冬季	143	324	120	139	193	291	424	526	582
	湖南省长沙市	男性	夏季	151	119	17	26	36	78	176	283	324
			冬季	147	133	9	17	34	86	190	270	352
		女性	夏季	154	147	17	26	45	120	228	302	360
			冬季	154	131	14	17	34	86	189	295	331
黄河	甘肃省兰州市	男性	夏季	314	220	130	155	171	189	238	316	374
			冬季	304	236	77	108	155	206	285	376	471
		女性	夏季	314	242	152	164	189	206	272	350	397
			冬季	314	248	91	133	177	233	298	370	437
	内蒙古自治区呼和浩特市	男性	夏季	148	176	17	27	77	156	261	360	379
			冬季	145	135	8	14	46	95	213	293	351
		女性	夏季	159	207	11	25	86	212	316	375	428
			冬季	156	150	8	13	32	98	241	339	380
	河北省石家庄市	男性	夏季	86	198	70	87	132	184	260	303	333
			冬季	85	202	76	99	133	200	258	337	350
		女性	夏季	87	223	81	110	153	210	287	348	415
			冬季	86	218	99	113	154	212	265	351	370
珠江	广东省佛山市	男性	夏季	259	129	9	17	34	86	170	287	433
			冬季	254	240	23	43	104	186	309	539	663
		女性	夏季	252	175	11	17	41	112	263	423	533
			冬季	250	296	34	66	137	257	394	589	684
	广西壮族自治区北海市	男性	夏季	88	284	78	110	171	261	356	479	517
			冬季	88	222	52	70	120	162	291	371	462
		女性	夏季	110	286	91	105	168	255	373	478	571
			冬季	110	224	41	85	120	167	282	375	476

续表

流域	调查点	性别	季节	N	平均每日刷牙时间/（秒/天）							
					均值	P_5	P_10	P_25	P_50	P_75	P_90	P_95
松花江	黑龙江省牡丹江市	男性	夏季	311	130	9	17	51	106	202	277	321
			冬季	267	198	46	73	120	183	259	356	385
		女性	夏季	354	146	9	34	51	123	219	296	333
			冬季	335	213	46	69	129	209	273	360	393
淮河	河南省郑州市	男性	夏季	315	219	33	61	137	223	287	364	411
			冬季	289	192	51	64	116	177	251	326	371
		女性	夏季	350	248	39	85	162	247	323	398	467
			冬季	311	223	66	90	141	215	288	360	420
海河	天津市	男性	夏季	296	125	9	11	28	107	203	290	316
			冬季	291	119	9	11	20	81	187	300	347
		女性	夏季	320	145	9	14	34	120	226	316	379
			冬季	319	127	8	14	34	103	206	295	320
辽河	辽宁省沈阳市	男性	夏季	278	169	17	26	53	134	235	348	389
			冬季	290	175	17	17	62	158	252	324	360
		女性	夏季	324	208	17	34	68	157	266	369	483
			冬季	325	182	17	21	60	154	257	343	382
浙闽片河流	浙江省平湖市	男性	夏季	98	92	8	9	17	58	128	247	293
			冬季	99	121	9	10	26	73	199	291	336
		女性	夏季	105	132	9	17	17	94	203	322	368
			冬季	101	131	11	17	40	107	206	261	360
西北诸河	新疆维吾尔自治区库尔勒市	男性	夏季	90	239	102	124	163	239	309	360	427
			冬季	88	229	17	65	103	201	289	411	570
		女性	夏季	115	281	120	146	204	269	358	405	458
			冬季	120	256	25	68	145	243	345	459	526
西南诸河	云南省腾冲市	男性	夏季	77	231	114	140	163	205	261	324	448
			冬季	79	219	86	115	143	189	254	332	443
		女性	夏季	82	232	144	160	179	212	272	322	359
			冬季	84	225	95	124	161	196	247	343	412

流域	调查点	性别	季节	N	平均每日刷牙时间/（秒/天）							
					均值	P_5	P_{10}	P_{25}	P_{50}	P_{75}	P_{90}	P_{95}
巢湖	安徽省巢湖市	男性	夏季	145	200	26	43	103	183	296	359	391
			冬季	152	253	111	122	159	240	327	360	409
		女性	夏季	166	223	36	57	136	204	309	369	443
			冬季	166	271	103	129	168	244	360	397	441
太湖	江苏省无锡市	男性	夏季	312	243	69	103	154	238	314	369	437
			冬季	295	222	60	81	140	239	273	343	360
		女性	夏季	332	260	51	103	186	242	340	394	523
			冬季	320	258	85	116	214	241	309	360	400

附表 A-44　我国重点流域典型城市居民（成人）分流域、性别、季节每日洗手时间

流域	调查点	性别	季节	N	平均每日洗手时间/（秒/天）							
					均值	P_5	P_{10}	P_{25}	P_{50}	P_{75}	P_{90}	P_{95}
长江	四川省射洪市	男性	夏季	150	368	61	95	156	258	441	702	1172
			冬季	140	182	41	72	98	136	208	285	456
		女性	夏季	154	434	96	136	208	348	544	750	1078
			冬季	143	196	78	89	119	154	237	348	458
	湖南省长沙市	男性	夏季	151	99	3	6	13	34	92	285	463
			冬季	147	72	4	6	13	34	70	209	291
		女性	夏季	154	139	9	12	26	46	169	419	537
			冬季	154	102	7	11	26	51	128	268	321
黄河	甘肃省兰州市	男性	夏季	314	223	76	77	90	111	251	426	683
			冬季	304	369	69	91	141	271	452	786	1003
		女性	夏季	314	307	80	83	99	174	379	732	987
			冬季	314	442	89	111	194	340	567	892	1166
	内蒙古自治区呼和浩特市	男性	夏季	148	144	7	9	23	92	208	393	476
			冬季	145	84	13	15	29	49	117	188	259
		女性	夏季	159	198	14	18	29	130	264	460	593
			冬季	156	109	11	16	34	66	131	222	376

续表

流域	调查点	性别	季节	N	平均每日洗手时间/（秒/天）							
					均值	P₅	P₁₀	P₂₅	P₅₀	P₇₅	P₉₀	P₉₅
黄河	河北省石家庄市	男性	夏季	86	385	139	154	228	332	492	648	802
			冬季	85	245	59	92	147	201	285	465	584
		女性	夏季	87	465	86	169	250	376	598	782	1137
			冬季	86	311	63	87	158	255	444	558	614
珠江	广东省佛山市	男性	夏季	259	94	3	5	9	21	72	222	540
			冬季	254	215	9	13	46	117	278	574	753
		女性	夏季	252	155	5	7	14	29	146	520	711
			冬季	250	256	9	17	69	154	349	673	884
	广西壮族自治区北海市	男性	夏季	88	361	63	106	166	323	481	659	789
			冬季	88	235	11	43	80	151	238	642	768
		女性	夏季	110	379	77	92	171	326	515	720	909
			冬季	110	249	19	29	79	156	342	573	834
松花江	黑龙江省牡丹江市	男性	夏季	311	168	6	9	21	69	256	463	559
			冬季	267	149	14	23	56	105	194	314	417
		女性	夏季	354	197	9	14	30	86	312	489	625
			冬季	335	169	19	29	70	142	219	352	437
淮河	河南省郑州市	男性	夏季	315	219	7	11	21	57	334	646	854
			冬季	289	146	7	9	33	102	170	348	501
		女性	夏季	350	258	11	17	30	102	396	734	938
			冬季	311	189	10	12	35	118	240	473	666
海河	天津市	男性	夏季	296	93	4	8	17	30	69	316	455
			冬季	291	78	4	7	15	29	61	231	366
		女性	夏季	320	140	9	14	23	43	125	443	590
			冬季	319	113	9	11	20	43	103	338	527
辽河	辽宁省沈阳市	男性	夏季	278	298	11	17	43	150	438	796	1123
			冬季	290	179	9	17	37	107	240	456	596
		女性	夏季	324	367	15	26	63	194	536	968	1257
			冬季	325	204	13	21	43	143	313	445	618

流域	调查点	性别	季节	N	平均每日洗手时间／（秒/天）							
					均值	P_5	P_{10}	P_{25}	P_{50}	P_{75}	P_{90}	P_{95}
浙闽片河流	浙江省平湖市	男性	夏季	98	143	4	9	16	43	137	447	573
			冬季	99	151	9	17	26	86	189	407	552
		女性	夏季	105	225	9	12	21	51	293	656	901
			冬季	101	189	14	21	34	123	296	429	590
西北诸河	新疆维吾尔自治区库尔勒市	男性	夏季	90	501	99	109	171	368	636	1087	1445
			冬季	88	421	17	66	134	282	569	1005	1334
		女性	夏季	115	630	105	144	250	512	941	1402	1513
			冬季	120	512	34	83	175	354	702	1249	1678
西南诸河	云南省腾冲市	男性	夏季	77	246	69	76	111	187	304	525	611
			冬季	79	226	57	82	120	164	291	444	610
		女性	夏季	82	351	73	94	137	241	469	792	991
			冬季	84	269	72	77	110	163	354	576	789
巢湖	安徽省巢湖市	男性	夏季	145	243	17	36	86	175	320	482	675
			冬季	152	186	35	49	88	140	216	384	490
		女性	夏季	166	301	26	50	111	236	369	590	827
			冬季	166	221	55	80	111	181	285	396	483
太湖	江苏省无锡市	男性	夏季	312	345	52	67	123	239	433	738	1019
			冬季	295	158	25	32	54	89	190	352	537
		女性	夏季	332	369	50	76	150	280	490	805	1034
			冬季	320	199	34	44	80	130	293	403	515

附表 A-45　我国重点流域典型城市居民（成人）分流域、性别、季节每日洗脸时间

流域	调查点	性别	季节	N	平均每日洗脸时间／（秒/天）							
					均值	P_5	P_{10}	P_{25}	P_{50}	P_{75}	P_{90}	P_{95}
长江	四川省射洪市	男性	夏季	150	261	59	79	131	220	327	516	652
			冬季	140	182	43	58	98	157	241	331	415
		女性	夏季	154	415	97	124	206	304	546	781	1140
			冬季	143	280	63	80	147	249	370	533	591

流域	调查点	性别	季节	N	平均每日洗脸时间/（秒/天）							
					均值	P_5	P_{10}	P_{25}	P_{50}	P_{75}	P_{90}	P_{95}
长江	湖南省长沙市	男性	夏季	151	98	3	9	17	51	129	259	337
			冬季	147	113	6	9	31	67	135	265	327
		女性	夏季	154	138	9	13	34	76	186	309	425
			冬季	154	154	9	17	40	103	212	344	399
黄河	甘肃省兰州市	男性	夏季	314	230	136	140	153	178	258	374	453
			冬季	304	274	73	86	147	229	326	488	673
		女性	夏季	314	305	148	153	179	224	350	547	752
			冬季	314	347	108	147	192	272	420	638	812
	内蒙古自治区呼和浩特市	男性	夏季	148	220	9	16	75	165	266	461	563
			冬季	145	150	6	9	41	111	216	335	443
		女性	夏季	159	269	6	17	93	195	386	507	640
			冬季	156	199	8	14	43	146	294	467	547
	河北省石家庄市	男性	夏季	86	251	73	93	146	203	302	475	531
			冬季	85	198	61	79	116	167	242	386	460
		女性	夏季	87	288	78	122	176	231	355	507	726
			冬季	86	247	112	123	161	240	302	382	413
珠江	广东省佛山市	男性	夏季	259	105	2	3	8	34	103	290	437
			冬季	254	235	6	17	59	146	274	613	830
		女性	夏季	252	161	4	6	26	86	208	401	620
			冬季	250	337	12	31	99	232	483	815	999
	广西壮族自治区北海市	男性	夏季	88	265	62	85	128	219	361	482	593
			冬季	88	182	15	47	102	146	212	314	390
		女性	夏季	110	284	53	84	152	231	371	562	633
			冬季	110	211	22	61	110	156	275	412	475
松花江	黑龙江省牡丹江市	男性	夏季	311	134	4	9	26	86	184	313	384
			冬季	267	183	30	54	94	162	246	333	381
		女性	夏季	354	151	9	17	34	109	222	340	420
			冬季	335	223	38	56	119	198	285	400	490

流域	调查点	性别	季节	N	平均每日洗脸时间/（秒/天）							
					均值	P_5	P_{10}	P_{25}	P_{50}	P_{75}	P_{90}	P_{95}
淮河	河南省郑州市	男性	夏季	315	196	9	14	60	163	274	420	508
			冬季	289	152	5	9	50	120	214	328	458
		女性	夏季	350	261	13	28	123	227	348	503	603
			冬季	311	219	9	11	77	179	310	425	512
海河	天津市	男性	夏季	296	99	4	6	11	42	150	300	353
			冬季	291	101	4	5	13	54	159	256	343
		女性	夏季	320	170	7	11	22	114	235	405	527
			冬季	319	144	6	9	33	120	227	333	403
辽河	辽宁省沈阳市	男性	夏季	278	187	6	11	43	129	248	463	583
			冬季	290	188	7	17	51	151	251	384	537
		女性	夏季	324	270	17	34	81	213	366	606	754
			冬季	325	216	17	26	60	189	305	453	538
浙闽片河流	浙江省平湖市	男性	夏季	98	136	3	11	17	60	197	351	442
			冬季	99	175	9	15	26	121	250	410	553
		女性	夏季	105	190	9	17	39	103	312	468	531
			冬季	101	198	9	21	51	134	287	519	566
西北诸河	新疆维吾尔自治区库尔勒市	男性	夏季	90	250	57	74	132	184	301	504	568
			冬季	88	222	17	43	77	165	301	415	537
		女性	夏季	115	408	120	139	201	360	546	727	806
			冬季	120	320	28	66	137	247	469	674	795
西南诸河	云南省腾冲市	男性	夏季	77	236	127	139	153	189	263	367	415
			冬季	79	254	108	121	162	200	317	404	472
		女性	夏季	82	292	96	152	190	236	334	541	649
			冬季	84	301	145	155	187	225	344	452	761
巢湖	安徽省巢湖市	男性	夏季	145	189	15	28	70	143	236	399	545
			冬季	152	289	83	109	171	275	360	463	540
		女性	夏季	166	273	29	44	106	195	360	553	775
			冬季	166	352	98	127	223	306	420	596	693

续表

流域	调查点	性别	季节	N	平均每日洗脸时间/（秒/天）							
					均值	P_5	P_{10}	P_{25}	P_{50}	P_{75}	P_{90}	P_{95}
太湖	江苏省无锡市	男性	夏季	312	264	41	66	125	208	335	491	750
			冬季	295	231	62	82	120	206	272	401	545
		女性	夏季	332	330	51	96	157	280	405	616	795
			冬季	320	305	87	114	180	249	369	528	605

附表 A-46 我国重点流域典型城市居民（成人）分流域、性别、季节每周洗脚时间

流域	调查点	性别	季节	N	平均每周洗脚时间/（分钟/周）							
					均值	P_5	P_{10}	P_{25}	P_{50}	P_{75}	P_{90}	P_{95}
长江	四川省射洪市	男性	夏季	150	20.2	0.2	2.0	2.9	8.9	25.2	57.4	71.6
			冬季	140	55.7	6.2	11.9	29.5	48.1	70.0	107.7	140.0
		女性	夏季	154	23.7	2.6	2.9	2.9	11.2	31.8	64.6	82.5
			冬季	143	65.4	13.7	18.3	38.8	53.6	85.8	127.5	157.4
	湖南省长沙市	男性	夏季	151	2.3	0	0	0	0	0	2.1	13.9
			冬季	147	16.7	0	0	2.1	8.6	20.0	47.9	63.1
		女性	夏季	154	4.1	0	0	0	0	1.4	7.7	21.1
			冬季	154	17.7	0	0	2.9	10.0	20.0	35.1	70.2
黄河	甘肃省兰州市	男性	夏季	314	28.4	2.9	3.2	5.7	15.2	34.9	73.3	94.9
			冬季	304	57.9	8.6	15.8	29.7	46.0	72.5	114.9	153.4
		女性	夏季	314	33.9	2.9	4.3	10.0	20.0	45.6	85.9	107.1
			冬季	314	62.7	10.0	15.4	30.0	48.2	81.1	120.0	155.9
	内蒙古自治区呼和浩特市	男性	夏季	148	54.5	3.4	5.4	19.0	38.9	73.5	121.4	152.2
			冬季	145	34.8	3.6	4.6	12.0	24.0	45.4	71.3	103.6
		女性	夏季	159	55.5	5.9	12.6	24.5	35.5	69.3	135.7	165.4
			冬季	156	37.7	2.7	4.3	11.8	24.2	56.6	80.5	107.7
	河北省石家庄市	男性	夏季	86	18.8	0	0	0	7.4	23.2	50.4	65.3
			冬季	85	48.7	5.4	8.6	15.8	35.0	57.6	100.8	142.6
		女性	夏季	87	18.9	0	0	0	8.6	25.7	41.1	67.2
			冬季	86	48.4	1.1	3.7	13.8	38.0	68.9	98.6	145.4

流域	调查点	性别	季节	N	平均每周洗脚时间/（分钟/周）							
					均值	P₅	P₁₀	P₂₅	P₅₀	P₇₅	P₉₀	P₉₅
珠江	广东省佛山市	男性	夏季	259	6.8	0	0	0	1.0	5.4	19.8	33.2
			冬季	254	15.6	0	0	0	4.9	20.0	45.0	60.5
		女性	夏季	252	7.6	0	0	0	1.4	6.9	21.4	35.6
			冬季	250	24.8	0	0	0	6.8	32.7	71.7	101.8
	广西壮族自治区北海市	男性	夏季	88	20.3	2.0	2.9	5.1	12.4	28.7	44.4	61.1
			冬季	88	11.9	0	0	0	3.6	11.9	31.3	47.0
		女性	夏季	110	23.7	0.8	2.1	5.1	14.9	32.1	59.1	68.7
			冬季	110	12.0	0	0	0	2.3	12.8	35.3	50.9
松花江	黑龙江省牡丹江市	男性	夏季	311	28.2	1.0	2.0	5.4	17.1	31.9	65.1	99.2
			冬季	267	47.7	5.7	8.9	17.1	32.8	62.6	104.3	139.3
		女性	夏季	354	34.8	1.7	3.6	10.0	20.0	38.8	94.9	136.6
			冬季	335	59.5	4.3	8.6	24.1	45.0	77.2	125.6	161.6
淮河	河南省郑州市	男性	夏季	315	17.7	0	0	0	5.9	26.2	44.1	70.0
			冬季	289	57.6	0.9	6.7	20.4	38.6	87.4	131.0	159.3
		女性	夏季	350	20.7	0	0	0	5.6	25.8	61.5	87.4
			冬季	311	62.0	6.0	13.5	25.3	47.3	91.3	129.2	155.6
海河	天津市	男性	夏季	296	3.2	0	0	0	0	0	9.1	15.2
			冬季	291	15.9	0	0	0	5.7	23.7	40.1	61.5
		女性	夏季	320	5.1	0	0	0	0	0	14.4	29.0
			冬季	319	17.7	0	0	0	8.4	28.6	44.1	62.0
辽河	辽宁省沈阳市	男性	夏季	278	26.9	0	0	0	12.0	30.2	81.7	114.0
			冬季	290	44.9	0	0	9.4	26.4	70.0	113.1	138.7
		女性	夏季	324	33.6	0	0	0	13.2	48.0	105.5	133.5
			冬季	325	56.6	0	4.3	12.9	40.9	81.2	134.7	177.1
浙闽片河流	浙江省平湖市	男性	夏季	98	5.7	0	0	0	0	4.8	18.0	28.3
			冬季	99	19.8	0	1.4	3.6	11.4	26.5	41.2	59.9
		女性	夏季	105	8.8	0	0	0	0	8.6	29.3	40.2
			冬季	101	21.9	0	1.4	5.0	13.1	32.0	46.7	52.9

流域	调查点	性别	季节	N	平均每周洗脚时间/（分钟/周）							
					均值	P_5	P_10	P_25	P_50	P_75	P_90	P_95
西北诸河	新疆维吾尔自治区库尔勒市	男性	夏季	90	33.2	0	0	5.0	17.1	40.9	80.7	97.7
			冬季	88	39.8	2.3	3.9	7.6	29.3	59.5	104.0	127.7
		女性	夏季	115	44.8	2.6	5.8	11.2	25.5	56.0	120.6	164.7
			冬季	120	47.9	2.1	3.8	10.0	34.6	64.7	124.9	138.8
西南诸河	云南省腾冲市	男性	夏季	77	30.1	2.8	5.0	14.9	23.7	34.7	53.7	89.5
			冬季	79	33.9	4.0	5.0	12.9	25.0	47.2	68.9	81.1
		女性	夏季	82	33.6	5.0	6.2	16.0	30.0	40.6	54.6	67.7
			冬季	84	29.1	2.2	4.3	10.6	22.7	34.1	60.9	72.7
巢湖	安徽省巢湖市	男性	夏季	145	4.4	0	0	0	0	1.5	14.7	25.9
			冬季	152	49.3	11.7	15.7	25.0	38.4	68.1	98.1	115.2
		女性	夏季	166	4.3	0	0	0	0	1.3	11.9	26.0
			冬季	166	55.3	15.8	20.5	28.0	45.8	72.9	105.7	130.2
太湖	江苏省无锡市	男性	夏季	312	11.8	0	0	0	0	12.0	35.3	63.9
			冬季	295	26.1	0	0	0.7	15.3	30.7	70.6	100.4
		女性	夏季	332	13.0	0	0	0	0	12.2	32.9	87.1
			冬季	320	32.2	0	0	1.4	17.1	39.6	79.4	125.3

附表 A-47　我国重点流域典型城市居民（成人）分流域、性别、季节每周洗头时间

流域	调查点	性别	季节	N	平均每周洗头时间/（分钟/周）							
					均值	P_5	P_10	P_25	P_50	P_75	P_90	P_95
长江	四川省射洪市	男性	夏季	150	23.5	1.4	1.4	1.8	15.5	28.5	60.2	74.2
			冬季	140	8.5	0	1.4	1.4	5.6	12.5	22.9	23.0
		女性	夏季	154	36.4	1.4	1.4	13.5	27.9	48.5	77.1	103.6
			冬季	143	16.4	0.7	1.4	1.4	11.4	22.9	45.7	54.2
	湖南省长沙市	男性	夏季	151	3.9	0	0	0	0	3.4	10.5	22.6
			冬季	147	5.2	0	0	0	1.4	5.7	15.2	25.1
		女性	夏季	154	9.9	0	0	0	4.3	12.9	24.0	43.0
			冬季	154	9.7	0	0	0	4.3	12.0	25.4	42.0

流域	调查点	性别	季节	N	平均每周洗头时间/（分钟/周）							
					均值	P_5	P_{10}	P_{25}	P_{50}	P_{75}	P_{90}	P_{95}
黄河	甘肃省兰州市	男性	夏季	314	14.5	1.2	1.4	2.9	5.7	16.5	39.2	53.8
			冬季	304	22.1	1.4	2.1	4.8	14.5	30.1	51.2	64.2
		女性	夏季	314	21.5	1.4	1.4	4.1	8.6	23.7	58.8	82.2
			冬季	314	27.8	1.4	2.9	7.1	19.5	39.3	61.9	77.4
	内蒙古自治区呼和浩特市	男性	夏季	148	25.6	1.4	2.1	7.2	18.3	34.3	57.3	73.8
			冬季	145	15.4	0.4	0.6	2.7	10.5	22.9	35.1	47.2
		女性	夏季	159	32.9	1.4	3.1	7.8	17.8	49.2	82.8	110.1
			冬季	156	20.7	0.4	0.6	2.3	11.6	28.8	52.9	70.0
	河北省石家庄市	男性	夏季	86	11.1	0	0	0	4.0	15.4	29.4	54.2
			冬季	85	15.2	0	0	2.9	12.2	22.9	32.0	42.6
		女性	夏季	87	17.9	0	0	0	10.0	27.0	50.9	70.5
			冬季	86	18.4	0	0	2.3	12.9	26.1	48.1	53.5
珠江	广东省佛山市	男性	夏季	259	10.5	0	0	0	3.4	14.6	31.1	44.6
			冬季	254	29.3	0	0	6.0	17.5	37.1	64.3	95.2
		女性	夏季	252	18.4	0	0	2.1	8.2	24.3	49.7	67.0
			冬季	250	38.1	0.4	4.1	13.9	27.2	50.0	83.7	102.6
	广西壮族自治区北海市	男性	夏季	88	32.9	1.5	9.8	17.3	28.1	43.0	65.5	80.6
			冬季	88	20.2	0	0	0	11.5	32.3	57.3	70.0
		女性	夏季	110	57.2	5.4	10.5	24.5	40.5	68.4	114.6	155.0
			冬季	110	29.5	0	2.1	5.7	21.1	39.7	66.4	94.1
松花江	黑龙江省牡丹江市	男性	夏季	311	14.4	0.7	1.4	2.9	6.4	18.5	33.6	49.9
			冬季	267	24.2	0	1.4	4.3	14.1	32.1	63.7	78.1
		女性	夏季	354	18.5	1.4	2.2	4.3	10.6	25.4	39.5	50.8
			冬季	335	26.7	1.1	1.8	5.1	17.1	33.5	62.9	86.3
淮河	河南省郑州市	男性	夏季	315	17.5	0	0	0	11.4	25.0	41.5	50.0
			冬季	289	18.9	0	0	5.1	12.8	24.4	44.7	67.7
		女性	夏季	350	25.9	0	0	2.2	15.9	36.9	65.5	78.0
			冬季	311	21.7	0	0	5.7	16.9	30.6	46.5	65.6

流域	调查点	性别	季节	N	平均每周洗头时间/（分钟/周）							
					均值	P_5	P_{10}	P_{25}	P_{50}	P_{75}	P_{90}	P_{95}
海河	天津市	男性	夏季	296	3.4	0	0	0	0	2.0	10.0	16.2
			冬季	291	6.2	0	0	0	1.4	7.0	22.3	30.7
		女性	夏季	320	4.4	0	0	0	0	5.0	16.1	25.1
			冬季	319	7.3	0	0	0	2.1	9.6	21.9	31.8
辽河	辽宁省沈阳市	男性	夏季	278	15.6	0	0	0.1	5.6	21.2	48.7	60.9
			冬季	290	20.8	0	0	2.9	11.4	32.3	49.0	61.3
		女性	夏季	324	25.5	0	0	1.3	11.4	35.3	71.9	97.5
			冬季	325	25.7	0	0.3	4.3	14.3	33.9	63.8	83.7
浙闽片河流	浙江省平湖市	男性	夏季	98	8.6	0	0	0	0.8	10.4	24.0	46.0
			冬季	99	11.9	0	0	2.2	5.7	17.0	32.9	41.7
		女性	夏季	105	16.3	0	0	0	2.9	18.3	51.0	93.8
			冬季	101	18.2	0.9	1.4	4.3	10.7	23.6	37.6	45.7
西北诸河	新疆维吾尔自治区库尔勒市	男性	夏季	90	19.2	0	0	2.9	10.9	24.9	43.6	61.0
			冬季	88	20.8	1.4	1.4	3.0	13.3	27.9	51.9	68.4
		女性	夏季	115	32.2	0	1.4	10.0	25.7	42.9	71.2	100.5
			冬季	120	32.4	1.4	2.8	6.9	26.2	39.3	78.6	98.6
西南诸河	云南省腾冲市	男性	夏季	77	19.6	1.4	2.9	8.6	13.2	28.9	46.8	53.1
			冬季	79	15.6	1.4	1.4	4.4	10.2	21.5	31.0	44.2
		女性	夏季	82	25.0	2.9	3.0	6.4	21.3	34.1	49.3	60.8
			冬季	84	23.0	1.4	1.6	6.1	14.6	27.4	55.1	79.6
巢湖	安徽省巢湖市	男性	夏季	145	8.5	0	0	0	2.1	12.8	23.3	36.6
			冬季	152	15.7	0	0	2.1	9.4	20.0	37.7	49.0
		女性	夏季	166	16.2	0	0	0	8.6	25.1	41.0	53.3
			冬季	166	21.1	0	0	3.6	13.3	26.7	45.7	87.6
太湖	江苏省无锡市	男性	夏季	312	16.5	0	0	0	7.6	24.8	42.8	63.4
			冬季	295	12.6	0	0	0	6.4	15.9	37.0	50.9
		女性	夏季	332	29.4	0	0	0	20.0	37.7	70.1	99.9
			冬季	320	18.8	0	0	0	10.0	26.8	50.1	65.9

附表 A-48 我国重点流域典型城市居民（成人）分流域、性别、季节每周洗碗时间

流域	调查点	性别	季节	N	平均每周洗碗时间/（分钟/周）							
					均值	P_5	P_{10}	P_{25}	P_{50}	P_{75}	P_{90}	P_{95}
长江	四川省射洪市	男性	夏季	150	59.7	6.0	6.0	6.0	13.8	65.3	164.8	244.7
			冬季	140	42.7	6.0	6.0	6.0	6.0	66.4	126.7	161.4
		女性	夏季	154	112.1	6.0	6.0	6.0	76.1	163.4	302.8	373.1
			冬季	143	115.3	6.0	6.0	6.0	110.2	185.8	263.9	292.4
	湖南省长沙市	男性	夏季	151	13.7	0	0	0	0	15.0	35.2	61.7
			冬季	147	9.5	0	0	0	0	9.7	20.1	57.0
		女性	夏季	154	32.0	0	0	0	12.5	39.1	88.4	133.0
			冬季	154	17.4	0	0	0	6.4	19.8	41.1	64.3
黄河	甘肃省兰州市	男性	夏季	314	21.3	6.0	6.0	6.0	6.0	30.0	49.6	66.7
			冬季	304	32.9	0	0	6.0	10.2	42.6	95.8	133.0
		女性	夏季	314	40.7	6.0	6.0	6.0	20.0	51.8	99.3	133.4
			冬季	314	53.9	3.5	6.0	9.1	30.0	70.0	144.5	179.6
	内蒙古自治区呼和浩特市	男性	夏季	148	28.2	0	0	0	0	30.6	93.7	119.0
			冬季	145	13.5	0	0	0	0	4.9	53.0	72.2
		女性	夏季	159	72.7	0	0	0	45.9	117.5	190.4	247.7
			冬季	156	37.6	0	0	0	12.9	56.1	111.3	156.8
	河北省石家庄市	男性	夏季	86	25.4	0	0	0	14.3	34.1	68.5	79.3
			冬季	85	24.3	0	0	0	11.7	32.5	75.0	78.8
		女性	夏季	87	53.1	0	0	10.1	40.1	75.8	124.1	139.0
			冬季	86	54.5	0	0	5.5	38.0	87.6	127.0	159.0
珠江	广东省佛山市	男性	夏季	259	16.9	0	0	0	5.0	18.5	45.6	62.1
			冬季	254	23.9	0	0	0	5.0	26.0	67.7	104.2
		女性	夏季	252	44.1	0	0	10.0	28.4	60.0	114.4	135.6
			冬季	250	45.8	0	0	6.0	30.0	69.1	120	162.3
	广西壮族自治区北海市	男性	夏季	88	26.5	0	0	0	4.5	34.1	79.1	117.3
			冬季	88	25.5	0	0	0	14.0	49.3	60.0	71.5
		女性	夏季	110	94.2	0	2.8	12.9	39.3	134.7	253.6	393.4
			冬季	110	86.9	0	0	10.2	60.0	131.6	197.4	249.3

流域	调查点	性别	季节	N	平均每周洗碗时间/（分钟/周）							
					均值	P_5	P_{10}	P_{25}	P_{50}	P_{75}	P_{90}	P_{95}
松花江	黑龙江省牡丹江市	男性	夏季	311	14.5	0	0	0	0	20.0	44.5	60.7
			冬季	267	13.9	0	0	0	0	14.4	30.3	61.0
		女性	夏季	354	44.3	0	0	0	20.1	60.1	119.2	165.5
			冬季	335	39.5	0	0	0	20.7	55.3	99.8	137.3
淮河	河南省郑州市	男性	夏季	315	21.0	0	0	0	0	29.2	69.1	99.4
			冬季	289	9.7	0	0	0	0	0	38.3	66.2
		女性	夏季	350	58.3	0	0	0	34.0	80.2	156.4	207.4
			冬季	311	30.2	0	0	0	12.3	45.2	87.9	118.7
海河	天津市	男性	夏季	296	8.1	0	0	0	0	8.6	30.0	47.6
			冬季	291	6.3	0	0	0	0	1.3	22.4	40.0
		女性	夏季	320	34.7	0	0	5.3	20.8	51.4	87.6	108.7
			冬季	319	24.7	0	0	0	12.0	35.1	63.9	84.9
辽河	辽宁省沈阳市	男性	夏季	278	17.3	0	0	0	0	20.8	50.1	77.6
			冬季	290	14.3	0	0	0	0	10.0	41.5	82.5
		女性	夏季	324	44.9	0	0	5.8	21.4	60.0	116.2	177.5
			冬季	325	36.9	0	0	0	20.0	55.0	109.0	121.3
浙闽片河流	浙江省平湖市	男性	夏季	98	18.6	0	0	0	3.0	16.5	60.0	101.9
			冬季	99	22.4	0	0	0	0	20.5	76.9	110.0
		女性	夏季	105	33.0	0	0	4.5	15.5	32.6	87.0	157.9
			冬季	101	30.7	0	0	0	8.5	33.3	87.3	145.5
西北诸河	新疆维吾尔自治区库尔勒市	男性	夏季	90	38.3	6.0	6.0	6.0	10.5	59.8	107.1	132.4
			冬季	88	36.9	5.4	6.0	6.0	6.0	40.7	108.7	184.4
		女性	夏季	115	84.1	6.0	6.0	20.9	66.9	127.7	181.7	206.0
			冬季	120	73.1	6.0	6.0	16.6	42.1	87.6	182.2	219.7
西南诸河	云南省腾冲市	男性	夏季	77	23.9	0	0	0	0	30.0	81.7	102.9
			冬季	79	19.4	6.0	6.0	6.0	6.0	20.0	44.9	82.9
		女性	夏季	82	77.8	2.3	10.0	20.8	50.0	112.1	171.6	222.9
			冬季	84	64.3	6.0	6.0	15.5	51.7	88.1	142.9	195.2

流域	调查点	性别	季节	N	平均每周洗碗时间/（分钟/周）							
					均值	P_5	P_{10}	P_{25}	P_{50}	P_{75}	P_{90}	P_{95}
巢湖	安徽省巢湖市	男性	夏季	145	15.4	0	0	0	0	15.9	45.1	74.3
			冬季	152	21.9	0	0	0	0	24.4	65.9	114.9
		女性	夏季	166	68.0	0	0	5.0	30.3	106.1	178.8	227.8
			冬季	166	71.8	0	0	0	54.8	112.0	168.2	209.1
太湖	江苏省无锡市	男性	夏季	312	42.7	0	0	0	5.0	60.0	116.9	178.8
			冬季	295	25.0	0	0	0	0	17.2	80.8	145.6
		女性	夏季	332	70.1	0	0	0	30.0	105.0	194.3	260.3
			冬季	320	67.9	0	0	0	40.0	102.4	187.3	243.0

附表 A-49　我国重点流域典型城市居民（成人）分流域、性别、季节每周洗菜时间

流域	调查点	性别	季节	N	平均每周洗菜时间/（分钟/周）							
					均值	P_5	P_{10}	P_{25}	P_{50}	P_{75}	P_{90}	P_{95}
长江	四川省射洪市	男性	夏季	150	20.9	0.3	0.3	0.3	0.3	24.3	70.1	95.6
			冬季	140	17.2	0.3	0.3	0.3	0.3	15.6	54.2	92.7
		女性	夏季	154	54.8	0.3	0.3	0.3	31.0	78.5	165.6	192.1
			冬季	143	63.1	0.3	0.3	0.3	49.8	110.2	151.0	184.1
	湖南省长沙市	男性	夏季	151	5.1	0	0	0	0	0.8	8.2	30.2
			冬季	147	5.2	0	0	0	0	0.7	10.0	28.7
		女性	夏季	154	15.5	0	0	0	1.4	15.3	58.9	81.2
			冬季	154	11.5	0	0	0	1.2	9.3	28.4	49.5
黄河	甘肃省兰州市	男性	夏季	314	7.5	0.3	0.3	0.3	0.3	4.3	20.4	34.5
			冬季	304	12.5	0	0	0.3	1.4	11.4	45.3	61.1
		女性	夏季	314	22.4	0.3	0.3	0.4	4.0	22.0	65.2	97.9
			冬季	314	29.0	0	0.3	0.9	8.3	41.4	89.9	112.0
	内蒙古自治区呼和浩特市	男性	夏季	148	16.6	0	0	0	0	21.0	51.9	65.8
			冬季	145	12.2	0	0	0	0	5.3	34.7	49.9
		女性	夏季	159	49.6	0	0	0	28.7	71.9	132.7	184.6
			冬季	156	35.6	0	0	0	5.0	47.6	86.3	135.2

流域	调查点	性别	季节	N	平均每周洗菜时间/（分钟/周）							
					均值	P5	P10	P25	P50	P75	P90	P95
黄河	河北省石家庄市	男性	夏季	86	15.9	0	0	0	6.3	25.2	46.9	54.5
			冬季	85	19.7	0	0	0	10.8	25.8	61.7	73.8
		女性	夏季	87	35.6	0	0	1.4	21.1	53.8	90.0	99.7
			冬季	86	35.7	0	0	0.2	25.5	54.5	85.1	97.2
珠江	广东省佛山市	男性	夏季	259	5.8	0	0	0	0	2.9	13.1	25.6
			冬季	254	19.7	0	0	0	0.2	14.5	59.0	108.4
		女性	夏季	252	21.1	0	0	0.9	2.9	22.6	69.9	103.0
			冬季	250	37.0	0	0	1.4	10.9	49.7	107.0	148.3
	广西壮族自治区北海市	男性	夏季	88	23.5	0	0	0	3.4	19.5	79.7	91.7
			冬季	88	27.8	0	0	0	14.0	40.6	91.2	105.3
		女性	夏季	110	81.3	0	0	4.8	26.5	126.5	265.8	320.4
			冬季	110	82.2	0	0	7.2	72.2	121.1	161.4	223.5
松花江	黑龙江省牡丹江市	男性	夏季	311	7.2	0	0	0	0	4.3	25.0	41.0
			冬季	267	9.6	0	0	0	0	3.7	24.6	51.5
		女性	夏季	354	29.9	0	0	0	4.1	31.9	87.9	161.7
			冬季	335	30.9	0	0	0	10.6	41.7	89.2	123.9
淮河	河南省郑州市	男性	夏季	315	11.8	0	0	0	0	5.5	41.0	66.5
			冬季	289	8.5	0	0	0	0	0	27.9	57.1
		女性	夏季	350	43.8	0	0	0	18.5	65.1	121.2	160.6
			冬季	311	27.8	0	0	0	7.9	42.2	73.5	114.5
海河	天津市	男性	夏季	296	4.3	0	0	0	0	0.7	13.3	30.3
			冬季	291	2.3	0	0	0	0	0	5.7	15.2
		女性	夏季	320	19.5	0	0	0.3	4.1	29.6	54.5	73.1
			冬季	319	14.0	0	0	0	1.7	18.3	40.2	60.0
辽河	辽宁省沈阳市	男性	夏季	278	10.1	0	0	0	0	3.0	25.7	58.3
			冬季	290	8.6	0	0	0	0	1.0	21.0	47.6
		女性	夏季	324	31.7	0	0	0.5	4.5	34.6	86.1	135.9
			冬季	325	32.8	0	0	0	4.3	43.0	96.4	138.5

续表

流域	调查点	性别	季节	N	平均每周洗菜时间/（分钟/周）							
					均值	P_5	P_{10}	P_{25}	P_{50}	P_{75}	P_{90}	P_{95}
浙闽片河流	浙江省平湖市	男性	夏季	98	10.9	0	0	0	0	2.9	15.7	63.2
			冬季	99	19.5	0	0	0	0	15.0	67.7	108.2
		女性	夏季	105	23.0	0	0	0	2.9	16.3	104.4	126.1
			冬季	101	19.7	0	0	0	1.4	17.0	68.8	96.0
西北诸河	新疆维吾尔自治区库尔勒市	男性	夏季	90	21.7	0.3	0.3	0.3	0.3	20.8	71.6	126.2
			冬季	88	20.0	0.3	0.3	0.3	0.3	5.3	73.9	132.1
		女性	夏季	115	47.8	0.3	0.3	1.4	25.1	65.6	129.1	159.8
			冬季	120	44.1	0.3	0.3	1.4	16.4	51.9	144.9	180.5
西南诸河	云南省腾冲市	男性	夏季	77	10.9	0	0	0	0	3.4	45.9	75.6
			冬季	79	7.7	0.3	0.3	0.3	0.3	2.9	36.3	44.0
		女性	夏季	82	42.5	0.7	0.9	2.9	18.8	59.4	113.0	151.0
			冬季	84	45.8	0.3	0.9	2.9	28.6	68.7	117.7	157.5
巢湖	安徽省巢湖市	男性	夏季	145	9.3	0	0	0	0	1.4	27.5	57.8
			冬季	152	12.4	0	0	0	0	2.1	29.7	67.5
		女性	夏季	166	37.6	0	0	0	10.5	53.5	108.9	150.4
			冬季	166	61.5	0	0	0	41.6	94.7	147.1	211.6
太湖	江苏省无锡市	男性	夏季	312	22.5	0	0	0	0	16.7	88.8	120.0
			冬季	295	15.8	0	0	0	0	2.5	60.9	99.3
		女性	夏季	332	43.3	0	0	0	4.6	66.2	132.2	176.6
			冬季	320	57.1	0	0	0	25.7	96.1	140.0	189.1

附表 A-50　我国重点流域典型城市居民（成人）分流域、性别、季节每周手洗衣服时间

流域	调查点	性别	季节	N	平均每周手洗衣服时间/（分钟/周）							
					均值	P_5	P_{10}	P_{25}	P_{50}	P_{75}	P_{90}	P_{95}
长江	四川省射洪市	男性	夏季	150	25.3	0	0	0	2.9	37.2	80.0	116.8
			冬季	140	3.7	0	0	0	0	0	11.6	23.9
		女性	夏季	154	51.4	0	0	10	45.0	71.6	120.0	151.7
			冬季	143	29.7	0	0	0	24.3	47.0	68.3	92.3

流域	调查点	性别	季节	N	平均每周手洗衣服时间/（分钟/周）							
					均值	P_5	P_{10}	P_{25}	P_{50}	P_{75}	P_{90}	P_{95}
长江	湖南省长沙市	男性	夏季	151	4.8	0	0	0	0	0	12.9	22.5
			冬季	147	3.3	0	0	0	0	0	4.7	19.8
		女性	夏季	154	24.1	0	0	0	10.0	30.0	69.3	97.1
			冬季	154	10.7	0	0	0	2.2	14.8	30.0	41.9
黄河	甘肃省兰州市	男性	夏季	314	11.9	0	0	0	0	8.6	35.5	66.0
			冬季	304	16.6	0	0	0	0	11.5	55.8	89.3
		女性	夏季	314	29.3	0	0	0	8.6	29.8	79.7	136.4
			冬季	314	29.5	0	0	0	8.6	39.6	93.5	134.4
	内蒙古自治区呼和浩特市	男性	夏季	148	21.3	0	0	0	0	27.0	64.6	84.5
			冬季	145	8.5	0	0	0	0	4.3	30.6	48.4
		女性	夏季	159	50.7	0	0	0	23.3	76.4	147.3	197.2
			冬季	156	26.6	0	0	0	7.9	42.0	69.2	99.4
	河北省石家庄市	男性	夏季	86	21.0	0	0	0	5.0	34.4	56.3	68.5
			冬季	85	15.2	0	0	0	0	11.7	63.3	75.2
		女性	夏季	87	60.9	0	0	10.0	44.2	91.0	145.0	166.4
			冬季	86	32.1	0	0	2.3	17.3	60.0	81.1	92.3
珠江	广东省佛山市	男性	夏季	259	8.7	0	0	0	0	3.9	30.0	43.0
			冬季	254	25.8	0	0	0	0	15.0	101.2	137.2
		女性	夏季	252	32.3	0	0	0	10.0	30.0	96.0	133.3
			冬季	250	38.6	0	0	0	14.1	58.8	111.3	170.7
	广西壮族自治区北海市	男性	夏季	88	24.0	0	0	0	7.7	30.0	65.7	97.3
			冬季	88	19.4	0	0	0	0	20.0	50.5	107.9
		女性	夏季	110	58.3	0	0	5.4	39.4	74.8	161.4	184.9
			冬季	110	47.8	0	0	0	20.0	76.3	134.6	151.8
松花江	黑龙江省牡丹江市	男性	夏季	311	11.4	0	0	0	0	11.4	34.3	70.1
			冬季	267	11.5	0	0	0	0	9.3	30.0	50.3
		女性	夏季	354	28.5	0	0	0	11.9	38.6	81.7	118.6
			冬季	335	29.2	0	0	0	8.6	38.6	84.2	132.9

流域	调查点	性别	季节	N	平均每周手洗衣服时间/（分钟/周）							
					均值	P_5	P_{10}	P_{25}	P_{50}	P_{75}	P_{90}	P_{95}
淮河	河南省郑州市	男性	夏季	315	21.0	0	0	0	0	29.5	69.3	108.9
			冬季	289	8.1	0	0	0	0	0	35.2	55.6
		女性	夏季	350	49.4	0	0	0	28.1	74.5	128.8	158.4
			冬季	311	28.8	0	0	0	11.8	46.9	79.1	117.0
海河	天津市	男性	夏季	296	5.5	0	0	0	0	0	20.1	33.7
			冬季	291	4.6	0	0	0	0	0	5.0	27.7
		女性	夏季	320	27.5	0	0	0	10.0	35.8	83.2	125.3
			冬季	319	17.5	0	0	0	4.6	22.8	57.3	85.3
辽河	辽宁省沈阳市	男性	夏季	278	10.5	0	0	0	0	10.2	34.3	56.6
			冬季	290	7.7	0	0	0	0	2.9	25.8	47.8
		女性	夏季	324	43.1	0	0	1.4	20.0	60.0	120.4	146.1
			冬季	325	31.8	0	0	0	8.6	43.0	88.8	129.4
浙闽片河流	浙江省平湖市	男性	夏季	98	7.1	0	0	0	0	6.2	20.0	31.2
			冬季	99	12.8	0	0	0	0	7.9	49.2	74.3
		女性	夏季	105	46.1	0	0	10.0	25.0	55.0	134.9	162.2
			冬季	101	38.6	0	0	0	15.0	53.0	107.9	201.7
西北诸河	新疆维吾尔自治区库尔勒市	男性	夏季	90	16.2	0	0	0	0	18.2	46.5	72.8
			冬季	88	9.2	0	0	0	0	2.9	28.2	43.1
		女性	夏季	115	57.6	0	1.9	15.1	37.3	74.3	135.0	185.0
			冬季	120	35.1	0	0	0	9.6	46.3	96.6	140.2
西南诸河	云南省腾冲市	男性	夏季	77	17.4	0	0	0	0	8.6	65.1	100.4
			冬季	79	6.9	0	0	0	0	8.6	24.2	34.4
		女性	夏季	82	54.5	0	1.6	8.6	28.1	72.1	111.2	250.0
			冬季	84	51.5	0	0	8.6	35.3	75.5	127.9	155.4
巢湖	安徽省巢湖市	男性	夏季	145	10.9	0	0	0	0	0	30.0	60.0
			冬季	152	9.7	0	0	0	0	0	20.0	50.5
		女性	夏季	166	76.6	0	0	0.2	40.3	120.7	213.1	270.0
			冬季	166	63.8	0	0	0	30.0	94.1	198.3	237.2

流域	调查点	性别	季节	N	平均每周手洗衣服时间/（分钟/周）							
					均值	P₅	P₁₀	P₂₅	P₅₀	P₇₅	P₉₀	P₉₅

流域	调查点	性别	季节	N	均值	P_5	P_{10}	P_{25}	P_{50}	P_{75}	P_{90}	P_{95}
太湖	江苏省无锡市	男性	夏季	312	17.6	0	0	0	0	8.3	71.8	112.0
			冬季	295	7.7	0	0	0	0	0	9.8	59.7
		女性	夏季	332	63.6	0	0	0	26.3	100.0	184.1	217.8
			冬季	320	39.5	0	0	0	10.0	48.9	130.1	210.0

附表 A-51 我国重点流域典型城市居民（成人）分流域、性别、季节每周洗澡时间

流域	调查点	性别	季节	N	平均每周洗澡时间/（分钟/周）							
					均值	P_5	P_{10}	P_{25}	P_{50}	P_{75}	P_{90}	P_{95}
长江	四川省射洪市	男性	夏季	150	86.8	32.5	36.3	54.0	73.8	104.8	144.9	203.0
			冬季	140	32.2	10.6	12.9	17.9	25.9	39.8	58.3	66.0
		女性	夏季	154	100.9	44.3	52.5	68.4	90.0	112.0	182.0	213.1
			冬季	143	44.5	14.5	17.6	29.2	42.6	57.0	69.9	82.4
	湖南省长沙	男性	夏季	151	35.5	5.0	7.0	10.7	25.5	47.8	81.3	96.3
			冬季	147	18.6	1.4	2.7	4.3	10.0	24.4	41.1	54.3
		女性	夏季	154	40.0	4.2	7.0	12.4	24.0	56.1	81.5	113.7
			冬季	154	19.8	2.2	4.3	6.1	10.7	25.3	46.6	68.3
黄河	甘肃省兰州市	男性	夏季	314	41.5	4.3	4.3	8.6	17.1	57.1	124.8	155.5
			冬季	304	10.1	4.3	4.3	4.3	8.6	11.4	17.1	30.0
		女性	夏季	314	53.4	5.2	7.1	10.9	23.1	76.4	144.8	178.7
			冬季	314	11.5	4.3	4.3	5.7	8.6	12.9	19.8	27.2
	内蒙古自治区呼和浩特市	男性	夏季	148	68.0	6.0	8.6	29.7	61.7	102.8	133.7	153.3
			冬季	145	40.2	4.4	5.7	8.6	34.3	66.6	78.0	102.1
		女性	夏季	159	84.0	5.6	8.3	32.8	67.0	129.3	177.7	210.0
			冬季	156	50.3	4.3	5.7	11.4	46.4	68.8	112.1	142.7
	河北省石家庄市	男性	夏季	86	85.5	34.1	40.9	52.2	85.8	114.4	130.0	150.8
			冬季	85	57.6	18.0	22.9	34.6	48.0	70.9	100.5	130.2
		女性	夏季	87	113.5	49.5	61.0	79.2	104.5	132.9	195.0	216.6
			冬季	86	69.8	19.3	24.2	39.7	63.6	97.2	123.8	145.2

流域	调查点	性别	季节	N	平均每周洗澡时间/（分钟/周）							
					均值	P_5	P_{10}	P_{25}	P_{50}	P_{75}	P_{90}	P_{95}
珠江	广东省佛山市	男性	夏季	259	48.2	2.8	5.6	14.3	30.0	72.0	109.6	143.4
			冬季	254	83.9	10.0	15.0	32.4	81.5	120.8	150.0	182.0
		女性	夏季	252	55.8	2.9	10.0	15.0	36.5	79.1	120.3	151.3
			冬季	250	93.9	10.0	15.0	55.5	95.0	127.4	167.6	192.3
	广西壮族自治区北海市	男性	夏季	88	109.9	41.8	58.4	70.5	94.8	132.9	179.5	246.4
			冬季	88	78.6	30.0	40.3	60.0	70.0	92.9	116.5	141.8
		女性	夏季	110	114.5	32.6	48.6	71.1	90.8	144.3	196.0	244.9
			冬季	110	88.0	32.0	49.0	68.0	77.1	101.9	125.2	167.9
松花江	黑龙江省牡丹江市	男性	夏季	311	42.0	5.0	6.9	8.6	25.7	61.3	95.0	134.2
			冬季	267	63.6	4.3	5.7	14.0	42.1	74.8	127.5	179.9
		女性	夏季	354	55.9	8.6	8.6	13.3	32.3	68.7	125.5	189.1
			冬季	335	62.4	4.3	4.3	13.0	44.6	78.1	128.7	190.0
淮河	河南省郑州市	男性	夏季	315	84.1	8.6	11.6	50.2	76.3	115.3	149.5	184.9
			冬季	289	55.0	4.9	16.3	32.1	47.9	69.2	103.3	122.3
		女性	夏季	350	106.0	10.0	18.0	59.5	97.3	144.2	199.4	214.0
			冬季	311	67.3	11.5	22.9	34.3	59.5	87.8	128.3	144.7
海河	天津市	男性	夏季	296	44.3	5.0	7.1	10.0	31.8	70.4	98.9	114.9
			冬季	291	26.0	2.2	2.9	5.7	15.0	37.1	64.7	78.4
		女性	夏季	320	59.5	10.0	10.0	16.0	40.4	97.4	139.7	159.0
			冬季	319	32.3	4.3	4.3	8.6	20.0	47.2	81.8	98.0
辽河	辽宁省沈阳市	男性	夏季	278	73.9	7.0	10.0	20.0	60.0	102.9	170.0	200.0
			冬季	290	62.5	4.3	7.1	17.1	49.6	87.3	140.1	174.3
		女性	夏季	324	93.2	10.0	15.0	29.4	75.9	132.6	204.9	247.1
			冬季	325	63.0	4.3	5.7	12.9	53.6	90.0	137.7	163.3
浙闽片河流	浙江省平湖市	男性	夏季	98	39.0	5.0	5.0	10.0	25.6	60.3	98.8	116.2
			冬季	99	31.7	2.9	4.3	8.6	22.9	46.3	76.2	90.1
		女性	夏季	105	56.5	5.0	10.0	15.0	38.0	84.6	132.0	183.2
			冬季	101	39.0	2.9	4.3	8.6	28.6	51.4	67.6	141.4

续表

流域	调查点	性别	季节	N	平均每周洗澡时间/（分钟/周）							
					均值	P_5	P_{10}	P_{25}	P_{50}	P_{75}	P_{90}	P_{95}
西北诸河	新疆维吾尔自治区库尔勒市	男性	夏季	90	77.9	13.5	25.4	37.8	68.0	103.6	154.6	181.3
			冬季	88	57.2	4.3	6.6	22.5	39.2	70.5	121.5	156.0
		女性	夏季	115	96.1	17.0	31.3	52.4	80.9	123.7	152.2	199.5
			冬季	120	74.2	7.1	12.9	35.3	57.0	104.2	163.2	184.3
西南诸河	云南省腾冲市	男性	夏季	77	48.6	5.4	5.7	12.9	40.9	64.6	106.3	111.3
			冬季	79	42.6	4.3	5.4	8.6	34.4	53.3	89.9	142.1
		女性	夏季	82	60.1	5.7	8.6	21.9	50.0	86.6	126.2	148.1
			冬季	84	41.8	4.3	4.3	8.0	35.1	57.2	86.8	122.0
巢湖	安徽省巢湖市	男性	夏季	145	56.5	9.1	15.0	30.0	45.2	73.7	115.5	129.0
			冬季	152	50.4	4.8	14.8	24.3	40.0	64.6	100.1	119.4
		女性	夏季	166	73.2	10.0	16.8	30.0	59.4	96.2	143.5	182.2
			冬季	166	53.2	4.3	10.0	29.9	42.5	61.3	113.3	138.9
太湖	江苏省无锡市	男性	夏季	312	92.3	30.1	38.0	58.1	78.3	112.9	159.9	205.4
			冬季	295	73.3	12.1	17.7	35.2	65.4	100.0	140.0	159.0
		女性	夏季	332	103.8	30.0	45.0	70.0	92.9	128.0	168.8	210.0
			冬季	320	83.3	20.8	25.7	43.9	72.1	110.9	150.6	175.0

附表 A-52　我国重点流域典型城市居民（成人）分流域、性别、季节每月游泳时间

流域	调查点	性别	季节	N	平均每月游泳时间/（分钟/月）							
					均值	P_5	P_{10}	P_{25}	P_{50}	P_{75}	P_{90}	P_{95}
长江	四川省射洪市	男性	夏季	150	30.8	0	0	0	0	0	180.0	180.0
			冬季	140	0	0	0	0	0	0	0	0
		女性	夏季	154	12.5	0	0	0	0	0	0	141.0
			冬季	143	0	0	0	0	0	0	0	0
	湖南省长沙市	男性	夏季	151	14.0	0	0	0	0	0	30.0	120.0
			冬季	147	0.6	0	0	0	0	0	0	0
		女性	夏季	154	11.3	0	0	0	0	0	0	120.0
			冬季	154	0	0	0	0	0	0	0	0

流域	调查点	性别	季节	N	平均每月游泳时间/（分钟/月）							
					均值	P$_5$	P$_{10}$	P$_{25}$	P$_{50}$	P$_{75}$	P$_{90}$	P$_{95}$
黄河	甘肃省兰州市	男性	夏季	314	16.0	0	0	0	0	0	0	180.0
			冬季	304	3.2	0	0	0	0	0	0	0
		女性	夏季	314	9.9	0	0	0	0	0	0	60.0
			冬季	314	2.4	0	0	0	0	0	0	0
	内蒙古自治区呼和浩特市	男性	夏季	148	12.4	0	0	0	0	0	3.0	109.5
			冬季	145	13.4	0	0	0	0	0	0	168.0
		女性	夏季	159	12.2	0	0	0	0	0	32.0	120.0
			冬季	156	4.6	0	0	0	0	0	0	60.0
	河北省石家庄市	男性	夏季	86	11.2	0	0	0	0	0	0	105.0
			冬季	85	3.3	0	0	0	0	0	0	0
		女性	夏季	87	8.6	0	0	0	0	0	0	42.0
			冬季	86	0	0	0	0	0	0	0	0
珠江	广东省佛山市	男性	夏季	259	34.3	0	0	0	0	0	180.0	180.0
			冬季	254	4.6	0	0	0	0	0	0	0
		女性	夏季	252	21.4	0	0	0	0	0	120.0	180.0
			冬季	250	3.2	0	0	0	0	0	0	0
	广西壮族自治区北海市	男性	夏季	88	29.3	0	0	0	0	0	180.0	180.0
			冬季	88	0	0	0	0	0	0	0	0
		女性	夏季	110	9.0	0	0	0	0	0	0	76.5
			冬季	110	0	0	0	0	0	0	0	0
松花江	黑龙江省牡丹江市	男性	夏季	311	8.7	0	0	0	0	0	0	70.0
			冬季	267	4.3	0	0	0	0	0	0	0
		女性	夏季	354	4.9	0	0	0	0	0	0	0
			冬季	335	4.6	0	0	0	0	0	0	0
淮河	河南省郑州市	男性	夏季	315	8.2	0	0	0	0	0	0	39.0
			冬季	289	3.3	0	0	0	0	0	0	0
		女性	夏季	350	7.0	0	0	0	0	0	0	0
			冬季	311	3.0	0	0	0	0	0	0	0

续表

流域	调查点	性别	季节	N	平均每月游泳时间/（分钟/月）							
					均值	P_5	P_{10}	P_{25}	P_{50}	P_{75}	P_{90}	P_{95}
海河	天津市	男性	夏季	296	16.8	0	0	0	0	0	30.0	180.0
			冬季	291	2.7	0	0	0	0	0	0	0
		女性	夏季	320	8.9	0	0	0	0	0	0	60.0
			冬季	319	1.0	0	0	0	0	0	0	0
辽河	辽宁省沈阳市	男性	夏季	278	18.2	0	0	0	0	0	86.0	180.0
			冬季	290	8.3	0	0	0	0	0	0	35.5
		女性	夏季	324	12.0	0	0	0	0	0	0	120.0
			冬季	325	4.9	0	0	0	0	0	0	0
浙闽片河流	浙江省平湖市	男性	夏季	98	8.9	0	0	0	0	0	0	18.0
			冬季	99	1.8	0	0	0	0	0	0	0
		女性	夏季	105	3.4	0	0	0	0	0	0	0
			冬季	101	0	0	0	0	0	0	0	0
西北诸河	新疆维吾尔自治区库尔勒市	男性	夏季	90	26.3	0	0	0	0	0	180.0	180.0
			冬季	88	3.8	0	0	0	0	0	0	0
		女性	夏季	115	2.1	0	0	0	0	0	0	0
			冬季	120	0.7	0	0	0	0	0	0	0
西南诸河	云南省腾冲市	男性	夏季	77	11.8	0	0	0	0	0	12.0	108.0
			冬季	79	6.7	0	0	0	0	0	0	33.0
		女性	夏季	82	4.8	0	0	0	0	0	0	0
			冬季	84	4.3	0	0	0	0	0	0	0
巢湖	安徽省巢湖市	男性	夏季	145	10.1	0	0	0	0	0	0	150.0
			冬季	152	0	0	0	0	0	0	0	0
		女性	夏季	166	2.2	0	0	0	0	0	0	0
			冬季	166	0	0	0	0	0	0	0	0
太湖	江苏省无锡市	男性	夏季	312	17.5	0	0	0	0	0	87.0	180.0
			冬季	295	5.7	0	0	0	0	0	0	0
		女性	夏季	332	8.0	0	0	0	0	0	0	40.0
			冬季	320	4.5	0	0	0	0	0	0	0

附表 A-53　我国重点流域典型城市居民（成人）分流域、性别、BMI 每天刷牙时间

流域	调查点	性别	BMI	N	平均每天刷牙时间/（秒/天）							
					均值	P_5	P_{10}	P_{25}	P_{50}	P_{75}	P_{90}	P_{95}
长江	四川省射洪市	男	BMI<18.5	4	184	99	114	158	207	234	237	239
			18.5≤BMI<23.0	86	284	109	120	189	246	374	510	558
			23.0≤BMI<25.0	101	296	78	122	181	249	414	501	566
			25.0≤BMI<30.0	93	301	84	108	154	221	400	554	582
			BMI≥30.0	6	188	117	131	159	178	233	256	261
		女	BMI<18.5	31	304	93	139	203	274	402	463	521
			18.5≤BMI<23.0	151	346	132	154	216	310	429	529	606
			23.0≤BMI<25.0	62	318	114	140	196	291	397	508	562
			25.0≤BMI<30.0	50	267	95	120	180	237	358	420	509
			BMI≥30.0	3	268	211	214	223	237	298	334	346
	湖南省长沙市	男	BMI<18.5	12	159	44	51	109	152	200	267	308
			18.5≤BMI<23.0	137	119	13	17	34	86	179	254	284
			23.0≤BMI<25.0	80	121	9	17	43	95	168	290	328
			25.0≤BMI<30.0	60	149	17	17	34	69	224	357	386
			BMI≥30.0	9	96	17	17	17	86	139	217	223
		女	BMI<18.5	37	129	15	17	17	51	235	309	328
			18.5≤BMI<23.0	160	158	23	34	51	134	239	316	355
			23.0≤BMI<25.0	56	140	17	19	34	94	194	288	325
			25.0≤BMI<30.0	47	88	10	27	34	74	122	166	199
			BMI≥30.0	8	117	29	32	34	56	120	287	349
黄河	甘肃省兰州市	男	BMI<18.5	31	261	146	152	178	206	261	500	581
			18.5≤BMI<23.0	267	232	109	125	168	198	260	353	452
			23.0≤BMI<25.0	145	219	78	137	163	197	254	341	376
			25.0≤BMI<30.0	155	225	97	119	170	195	271	350	397
			BMI≥30.0	20	199	104	110	164	181	223	302	358
		女	BMI<18.5	71	271	154	171	189	239	319	428	521
			18.5≤BMI<23.0	292	251	120	152	189	222	286	368	418
			23.0≤BMI<25.0	147	236	122	145	171	206	280	355	405
			25.0≤BMI<30.0	103	228	128	141	171	214	262	348	368
			BMI≥30.0	15	208	93	122	174	212	241	289	315

流域	调查点	性别	BMI	N	平均每天刷牙时间/（秒/天）							
					均值	P_5	P_{10}	P_{25}	P_{50}	P_{75}	P_{90}	P_{95}
黄河	内蒙古自治区呼和浩特市	男	BMI<18.5	8	170	9	11	39	86	250	460	472
			18.5≤BMI<23.0	147	137	13	15	40	100	223	302	358
			23.0≤BMI<25.0	86	170	19	46	69	164	240	359	381
			25.0≤BMI<30.0	47	176	10	17	78	170	257	337	378
			BMI≥30.0	5	240	166	182	230	233	233	306	330
		女	BMI<18.5	21	198	6	14	80	143	250	426	540
			18.5≤BMI<23.0	139	168	11	14	42	144	277	354	380
			23.0≤BMI<25.0	91	192	12	16	50	195	284	386	430
			25.0≤BMI<30.0	61	179	10	17	56	166	289	361	380
			BMI≥30.0	3	154	28	49	110	212	228	237	240
	河北省石家庄市	男	BMI<18.5	3	222	146	152	170	200	264	302	314
			18.5≤BMI<23.0	52	187	65	106	132	173	237	322	358
			23.0≤BMI<25.0	35	192	48	79	127	213	255	298	309
			25.0≤BMI<30.0	65	204	86	100	136	188	268	319	343
			BMI≥30.0	16	236	82	99	171	251	274	339	385
		女	BMI<18.5	17	243	103	142	166	193	317	405	458
			18.5≤BMI<23.0	68	242	109	120	174	240	295	362	421
			23.0≤BMI<25.0	33	192	109	111	127	169	246	311	334
			25.0≤BMI<30.0	44	205	77	99	145	197	265	327	333
			BMI≥30.0	11	202	91	104	123	213	264	287	336
珠江	广东省佛山市	男	BMI<18.5	35	203	9	21	86	159	265	451	515
			18.5≤BMI<23.0	248	189	12	17	51	136	272	461	549
			23.0≤BMI<25.0	93	177	17	17	56	120	247	396	535
			25.0≤BMI<30.0	124	168	9	26	43	129	198	315	539
			BMI≥30.0	13	236	54	57	111	173	198	602	727
		女	BMI<18.5	69	265	17	50	86	206	424	594	613
			18.5≤BMI<23.0	224	235	18	34	77	179	321	535	662
			23.0≤BMI<25.0	96	237	17	26	52	179	302	484	591
			25.0≤BMI<30.0	95	218	17	27	56	189	343	431	484
			BMI≥30.0	18	202	8	9	39	127	253	512	651

流域	调查点	性别	BMI	N	平均每天刷牙时间/（秒/天）							
					均值	P₅	P₁₀	P₂₅	P₅₀	P₇₅	P₉₀	P₉₅
珠江	广西壮族自治区北海市	男	BMI<18.5	18	260	103	119	137	216	347	473	494
			18.5≤BMI<23.0	92	258	69	99	128	205	329	432	505
			23.0≤BMI<25.0	38	238	52	73	137	226	333	404	465
			25.0≤BMI<30.0	26	251	50	88	134	241	314	445	506
			BMI≥30.0	2	311	293	295	301	311	321	327	329
		女	BMI<18.5	32	310	81	90	134	217	335	469	776
			18.5≤BMI<23.0	98	233	34	92	138	195	318	449	488
			23.0≤BMI<25.0	40	230	76	92	128	179	302	438	480
			25.0≤BMI<30.0	48	282	99	110	157	243	354	490	592
			BMI≥30.0	2	297	256	261	274	297	320	334	338
松花江	黑龙江省牡丹江市	男	BMI<18.5	19	145	48	51	64	136	189	272	339
			18.5≤BMI<23.0	187	152	9	17	62	139	211	313	362
			23.0≤BMI<25.0	158	167	17	26	81	156	236	327	356
			25.0≤BMI<30.0	192	168	17	29	78	153	243	319	360
			BMI≥30.0	22	159	4	10	61	163	215	276	344
		女	BMI<18.5	31	162	11	34	57	191	237	262	285
			18.5≤BMI<23.0	268	181	17	34	74	173	251	334	384
			23.0≤BMI<25.0	176	172	29	45	90	163	240	302	360
			25.0≤BMI<30.0	185	184	34	51	86	178	256	346	368
			BMI≥30.0	29	185	43	73	99	189	269	295	326
淮河	河南省郑州市	男	BMI<18.5	17	179	54	78	120	154	183	350	417
			18.5≤BMI<23.0	237	215	43	60	137	217	286	363	409
			23.0≤BMI<25.0	179	201	27	64	126	188	262	350	385
			25.0≤BMI<30.0	162	200	51	67	112	201	270	346	365
			BMI≥30.0	9	232	168	175	201	256	273	275	275
		女	BMI<18.5	43	255	112	133	181	251	334	362	426
			18.5≤BMI<23.0	324	240	50	90	163	235	305	377	436
			23.0≤BMI<25.0	153	247	63	90	161	240	307	397	490
			25.0≤BMI<30.0	134	210	41	64	117	183	307	373	419
			BMI≥30.0	7	193	74	89	131	223	266	275	275

续表

流域	调查点	性别	BMI	N	平均每天刷牙时间/（秒/天）							
					均值	P_5	P_{10}	P_{25}	P_{50}	P_{75}	P_{90}	P_{95}
海河	天津市	男	BMI<18.5	22	176	51	55	115	176	234	310	310
			18.5≤BMI<23.0	141	106	6	9	17	70	163	269	316
			23.0≤BMI<25.0	133	130	7	10	19	97	221	300	359
			25.0≤BMI<30.0	258	120	9	14	29	91	187	286	313
			BMI≥30.0	33	143	9	17	34	119	240	308	349
		女	BMI<18.5	31	195	23	34	109	184	263	328	399
			18.5≤BMI<23.0	241	151	14	17	37	143	228	304	350
			23.0≤BMI<25.0	153	129	9	14	34	108	205	313	340
			25.0≤BMI<30.0	198	118	7	9	18	77	198	286	319
			BMI≥30.0	16	78	7	11	16	34	94	244	271
辽河	辽宁省沈阳市	男	BMI<18.5	13	161	38	53	73	150	240	295	310
			18.5≤BMI<23.0	202	165	14	17	51	136	240	337	374
			23.0≤BMI<25.0	166	175	17	25	51	146	246	347	384
			25.0≤BMI<30.0	166	177	17	26	69	160	240	324	359
			BMI≥30.0	21	183	34	54	61	135	259	317	344
		女	BMI<18.5	58	201	17	34	72	140	287	360	376
			18.5≤BMI<23.0	290	212	17	30	69	158	281	377	502
			23.0≤BMI<25.0	144	170	17	17	51	137	240	342	381
			25.0≤BMI<30.0	147	186	17	34	86	163	240	312	360
			BMI≥30.0	10	180	50	65	92	142	229	341	412
浙闽片河流	浙江省平湖市	男	BMI<18.5	6	75	21	26	36	51	105	149	163
			18.5≤BMI<23.0	80	98	9	9	17	47	157	256	315
			23.0≤BMI<25.0	60	120	9	17	25	82	187	283	312
			25.0≤BMI<30.0	48	108	9	13	21	78	171	262	331
			BMI≥30.0	3	125	20	32	67	126	183	217	229
		女	BMI<18.5	8	84	17	17	24	63	112	159	208
			18.5≤BMI<23.0	107	116	9	16	27	65	174	279	359
			23.0≤BMI<25.0	54	164	17	17	71	165	226	321	368
			25.0≤BMI<30.0	36	139	12	17	32	121	202	262	368
			BMI≥30.0	1	86	86	86	86	86	86	86	86

流域	调查点	性别	BMI	N	平均每天刷牙时间/（秒/天）							
					均值	P_5	P_{10}	P_{25}	P_{50}	P_{75}	P_{90}	P_{95}
西北诸河	新疆维吾尔自治区库尔勒市	男	BMI<18.5	4	289	185	189	204	263	349	409	429
			18.5≤BMI<23.0	38	264	60	74	144	229	304	453	546
			23.0≤BMI<25.0	46	219	64	83	122	199	294	360	371
			25.0≤BMI<30.0	79	225	77	92	127	214	285	360	431
			BMI≥30.0	11	243	28	39	162	240	349	428	430
		女	BMI<18.5	20	300	115	144	186	313	382	427	524
			18.5≤BMI<23.0	107	277	60	93	186	264	351	448	506
			23.0≤BMI<25.0	41	235	83	110	148	232	343	360	386
			25.0≤BMI<30.0	55	250	52	99	177	243	308	423	461
			BMI≥30.0	12	337	154	175	202	274	407	544	663
西南诸河	云南省腾冲市	男	BMI<18.5	6	205	171	171	174	198	221	247	258
			18.5≤BMI<23.0	53	235	114	121	149	189	242	414	592
			23.0≤BMI<25.0	41	217	85	128	154	191	255	381	437
			25.0≤BMI<30.0	55	218	85	110	168	215	266	315	340
			BMI≥30.0	1	420	420	420	420	420	420	420	420
		女	BMI<18.5	14	225	91	105	148	171	203	314	520
			18.5≤BMI<23.0	75	229	140	151	175	210	258	322	410
			23.0≤BMI<25.0	29	229	107	131	166	231	275	315	386
			25.0≤BMI<30.0	46	233	129	146	172	206	251	344	373
			BMI≥30.0	2	108	103	104	106	108	111	113	113
巢湖	安徽省巢湖市	男	BMI<18.5	9	214	50	66	131	162	334	377	378
			18.5≤BMI<23.0	135	239	29	72	135	231	322	368	490
			23.0≤BMI<25.0	66	211	72	104	141	202	264	340	365
			25.0≤BMI<30.0	79	227	51	95	138	239	326	355	382
			BMI≥30.0	8	184	52	70	116	159	276	308	329
		女	BMI<18.5	33	221	51	62	129	193	357	378	401
			18.5≤BMI<23.0	180	256	62	89	156	240	337	400	479
			23.0≤BMI<25.0	75	241	110	124	155	223	307	369	410
			25.0≤BMI<30.0	44	240	56	120	158	240	341	375	424

流域	调查点	性别	BMI	N	平均每天刷牙时间/（秒/天）							
					均值	P_5	P_{10}	P_{25}	P_{50}	P_{75}	P_{90}	P_{95}
太湖	江苏省无锡市	男	BMI<18.5	15	289	115	130	207	274	336	459	541
			18.5≤BMI<23.0	244	228	51	82	137	233	286	351	412
			23.0≤BMI<25.0	197	231	61	82	155	240	287	353	366
			25.0≤BMI<30.0	140	237	81	95	155	222	296	360	389
			BMI≥30.0	11	235	111	143	146	249	287	360	399
		女	BMI<18.5	46	271	125	160	195	243	329	393	492
			18.5≤BMI<23.0	366	259	74	103	206	244	320	365	421
			23.0≤BMI<25.0	150	262	77	109	205	247	326	377	427
			25.0≤BMI<30.0	81	256	81	120	173	236	317	403	514
			BMI≥30.0	9	196	38	59	103	206	257	343	343

附表 A-54 我国重点流域典型城市居民（成人）分流域、性别、BMI 每天洗手时间

流域	调查点	性别	BMI	N	平均每天洗手时间/（秒/天）							
					均值	P_5	P_{10}	P_{25}	P_{50}	P_{75}	P_{90}	P_{95}
长江	四川省射洪市	男	BMI<18.5	4	182	39	51	88	200	294	297	299
			18.5≤BMI<23.0	86	234	44	66	99	155	268	516	680
			23.0≤BMI<25.0	101	314	62	86	134	203	357	565	1020
			25.0≤BMI<30.0	93	286	58	75	121	180	315	521	859
			BMI≥30.0	6	271	165	179	207	217	225	419	515
		女	BMI<18.5	31	282	76	115	135	238	415	554	618
			18.5≤BMI<23.0	151	338	89	103	143	243	464	636	856
			23.0≤BMI<25.0	62	266	76	96	122	178	331	578	680
			25.0≤BMI<30.0	50	354	80	88	153	260	451	646	820
			BMI≥30.0	3	323	197	210	249	313	392	440	456
	湖南省长沙市	男	BMI<18.5	12	126	5	7	12	64	126	278	426
			18.5≤BMI<23.0	137	95	4	6	14	34	86	268	438
			23.0≤BMI<25.0	80	83	4	7	13	34	90	255	312
			25.0≤BMI<30.0	60	68	4	4	11	29	62	187	287
			BMI≥30.0	9	32	5	10	14	17	51	62	82

续表

流域	调查点	性别	BMI	N	平均每天洗手时间/（秒/天）							
					均值	P_5	P_10	P_25	P_50	P_75	P_90	P_95
长江	湖南省 长沙市	女	BMI<18.5	37	101	5	14	29	43	103	213	465
			18.5≤BMI<23.0	160	143	7	11	25	68	196	361	527
			23.0≤BMI<25.0	56	92	9	11	20	43	103	180	330
			25.0≤BMI<30.0	47	88	8	10	26	47	116	239	253
			BMI≥30.0	8	144	43	43	43	56	185	306	413
黄河	甘肃省 兰州市	男	BMI<18.5	31	503	74	74	87	322	813	1389	1422
			18.5≤BMI<23.0	267	277	75	81	94	171	355	576	813
			23.0≤BMI<25.0	145	257	74	79	97	184	369	562	677
			25.0≤BMI<30.0	155	321	72	77	100	217	397	758	1036
			BMI≥30.0	20	281	72	84	105	160	306	396	473
		女	BMI<18.5	71	396	86	97	133	259	576	834	1138
			18.5≤BMI<23.0	292	351	80	87	117	249	439	760	1036
			23.0≤BMI<25.0	147	396	82	90	117	283	558	801	1042
			25.0≤BMI<30.0	103	410	82	84	127	264	494	1018	1352
			BMI≥30.0	15	288	126	141	183	227	313	409	583
	内蒙古 自治区 呼和浩 特市	男	BMI<18.5	8	104	12	15	20	50	124	253	319
			18.5≤BMI<23.0	147	94	7	11	26	46	126	207	343
			23.0≤BMI<25.0	86	135	13	14	42	95	175	304	396
			25.0≤BMI<30.0	47	133	4	11	29	89	209	278	446
			BMI≥30.0	5	201	21	25	37	220	263	386	426
		女	BMI<18.5	21	147	7	11	23	59	231	382	514
			18.5≤BMI<23.0	139	125	13	19	36	85	171	285	402
			23.0≤BMI<25.0	91	174	14	20	40	104	202	386	541
			25.0≤BMI<30.0	61	185	11	15	23	89	227	549	583
			BMI≥30.0	3	275	30	31	35	41	399	613	685
	河北省 石家庄市	男	BMI<18.5	3	299	178	185	205	240	364	438	462
			18.5≤BMI<23.0	52	330	96	114	187	288	454	591	663
			23.0≤BMI<25.0	35	299	50	59	154	259	352	621	811
			25.0≤BMI<30.0	65	300	120	143	176	236	386	516	588
			BMI≥30.0	16	372	114	142	165	266	561	721	810

续表

流域	调查点	性别	BMI	N	平均每天洗手时间/（秒/天）							
					均值	P_5	P_{10}	P_{25}	P_{50}	P_{75}	P_{90}	P_{95}
黄河	河北省石家庄市	女	BMI<18.5	17	266	55	70	136	214	418	445	486
			18.5≤BMI<23.0	68	439	66	119	204	370	478	918	1230
			23.0≤BMI<25.0	33	399	97	156	258	403	488	649	824
			25.0≤BMI<30.0	44	390	97	153	238	364	555	688	745
			BMI≥30.0	11	227	60	64	109	198	249	558	565
珠江	广东省佛山市	男	BMI<18.5	35	147	7	8	23	86	223	339	409
			18.5≤BMI<23.0	248	163	5	7	14	55	188	479	683
			23.0≤BMI<25.0	93	172	5	9	14	69	202	557	726
			25.0≤BMI<30.0	124	120	4	6	11	34	118	413	519
			BMI≥30.0	13	193	5	6	29	145	269	527	546
		女	BMI<18.5	69	207	3	7	29	86	236	550	763
			18.5≤BMI<23.0	224	223	7	10	21	86	254	619	912
			23.0≤BMI<25.0	96	180	7	9	17	89	199	484	712
			25.0≤BMI<30.0	95	177	6	7	17	97	247	507	567
			BMI≥30.0	18	252	7	10	16	77	360	744	1002
	广西壮族自治区北海市	男	BMI<18.5	18	308	57	61	122	230	351	634	748
			18.5≤BMI<23.0	92	300	48	72	115	208	383	655	782
			23.0≤BMI<25.0	38	280	45	54	93	198	422	529	749
			25.0≤BMI<30.0	26	314	16	23	124	214	492	655	777
			BMI≥30.0	2	248	168	176	203	248	293	319	328
		女	BMI<18.5	32	242	20	43	66	132	448	646	714
			18.5≤BMI<23.0	98	316	28	55	126	204	448	744	909
			23.0≤BMI<25.0	40	319	54	94	169	288	445	581	678
			25.0≤BMI<30.0	48	357	60	87	149	255	450	773	1027
			BMI≥30.0	2	258	211	216	232	258	285	301	306
松花江	黑龙江省牡丹江市	男	BMI<18.5	19	114	14	19	27	51	185	313	346
			18.5≤BMI<23.0	187	161	7	14	39	98	237	386	509
			23.0≤BMI<25.0	158	151	8	11	26	84	202	408	555
			25.0≤BMI<30.0	192	175	11	14	43	103	220	408	534
			BMI≥30.0	22	105	8	9	27	71	118	288	381

流域	调查点	性别	BMI	N	平均每天洗手时间/（秒/天）							
					均值	P_5	P_{10}	P_{25}	P_{50}	P_{75}	P_{90}	P_{95}
松花江	黑龙江省牡丹江市	女	BMI<18.5	31	171	4	26	59	143	221	399	425
			18.5≤BMI<23.0	268	176	13	21	43	107	234	432	497
			23.0≤BMI<25.0	176	204	11	19	51	132	283	510	598
			25.0≤BMI<30.0	185	185	10	19	43	124	262	419	479
			BMI≥30.0	29	133	22	29	43	73	191	304	360
淮河	河南省郑州市	男	BMI<18.5	17	151	8	14	24	43	151	340	575
			18.5≤BMI<23.0	237	200	8	9	19	84	227	556	802
			23.0≤BMI<25.0	179	164	6	9	19	77	203	428	644
			25.0≤BMI<30.0	162	182	9	13	26	102	208	494	667
			BMI≥30.0	9	299	26	26	79	142	384	759	870
		女	BMI<18.5	43	280	29	35	70	194	432	585	721
			18.5≤BMI<23.0	324	239	10	13	27	113	333	695	882
			23.0≤BMI<25.0	153	209	9	11	30	95	269	579	754
			25.0≤BMI<30.0	134	195	11	13	34	118	224	541	721
			BMI≥30.0	7	192	12	16	27	114	254	495	577
海河	天津市	男	BMI<18.5	22	95	12	14	22	32	54	362	455
			18.5≤BMI<23.0	141	74	4	9	17	26	61	278	341
			23.0≤BMI<25.0	133	95	6	9	17	34	69	227	444
			25.0≤BMI<30.0	258	82	4	7	14	30	64	235	404
			BMI≥30.0	33	115	6	9	14	26	170	441	474
		女	BMI<18.5	31	212	15	17	31	114	367	520	559
			18.5≤BMI<23.0	241	145	11	14	24	51	154	436	549
			23.0≤BMI<25.0	153	119	9	14	21	43	93	324	520
			25.0≤BMI<30.0	198	103	7	10	17	33	83	275	491
			BMI≥30.0	16	42	14	17	17	34	54	77	96
辽河	辽宁省沈阳市	男	BMI<18.5	13	134	11	14	21	69	210	291	372
			18.5≤BMI<23.0	202	235	9	14	34	116	292	655	870
			23.0≤BMI<25.0	166	219	12	21	43	112	290	548	754
			25.0≤BMI<30.0	166	268	11	17	43	156	362	687	1075
			BMI≥30.0	21	233	36	43	86	170	314	545	577

流域	调查点	性别	BMI	N	平均每天洗手时间/（秒/天）							
					均值	P_5	P_{10}	P_{25}	P_{50}	P_{75}	P_{90}	P_{95}
辽河	辽宁省沈阳市	女	BMI<18.5	58	235	9	14	36	143	308	547	684
			18.5≤BMI<23.0	290	307	14	21	51	170	403	723	1137
			23.0≤BMI<25.0	144	242	14	24	43	149	287	610	982
			25.0≤BMI<30.0	147	314	24	38	65	184	437	745	902
			BMI≥30.0	10	186	18	21	43	110	251	458	521
浙闽片河流	浙江省平湖市	男	BMI<18.5	6	89	45	47	58	90	103	130	144
			18.5≤BMI<23.0	80	139	7	9	21	48	131	452	593
			23.0≤BMI<25.0	60	149	4	8	21	82	219	415	550
			25.0≤BMI<30.0	48	156	11	14	25	51	206	380	437
			BMI≥30.0	3	290	24	34	67	121	429	614	676
		女	BMI<18.5	8	157	13	18	25	36	126	463	594
			18.5≤BMI<23.0	107	204	9	14	26	69	286	591	736
			23.0≤BMI<25.0	54	230	12	16	32	134	357	597	757
			25.0≤BMI<30.0	36	201	9	13	25	96	233	479	619
			BMI≥30.0	1	21	21	21	21	21	21	21	21
西北诸河	新疆维吾尔自治区库尔勒市	男	BMI<18.5	4	520	194	208	249	426	697	908	979
			18.5≤BMI<23.0	38	429	64	102	153	301	612	1002	1150
			23.0≤BMI<25.0	46	450	68	94	159	314	595	908	1215
			25.0≤BMI<30.0	79	463	69	91	150	309	633	1094	1283
			BMI≥30.0	11	587	16	26	185	343	868	1493	1653
		女	BMI<18.5	20	592	91	137	320	574	912	1081	1176
			18.5≤BMI<23.0	107	556	45	86	184	404	708	1288	1733
			23.0≤BMI<25.0	41	530	96	104	179	327	800	1065	1409
			25.0≤BMI<30.0	55	619	118	141	214	405	821	1588	1804
			BMI≥30.0	12	562	157	168	225	332	962	1064	1345
西南诸河	云南省腾冲市	男	BMI<18.5	6	210	72	75	83	139	271	415	474
			18.5≤BMI<23.0	53	228	64	78	120	163	305	483	516
			23.0≤BMI<25.0	41	243	61	72	100	137	301	525	610
			25.0≤BMI<30.0	55	234	76	84	123	178	297	466	606
			BMI≥30.0	1	650	650	650	650	650	650	650	650

流域	调查点	性别	BMI	N	平均每天洗手时间/（秒/天）							
					均值	P_5	P_{10}	P_{25}	P_{50}	P_{75}	P_{90}	P_{95}
西南诸河	云南省腾冲市	女	BMI<18.5	14	231	77	81	94	143	291	414	582
			18.5≤BMI<23.0	75	273	70	82	107	171	331	697	814
			23.0≤BMI<25.0	29	333	95	116	134	189	360	665	967
			25.0≤BMI<30.0	46	384	67	83	145	278	449	753	1136
			BMI≥30.0	2	162	111	117	134	162	190	207	212
巢湖	安徽省巢湖市	男	BMI<18.5	9	174	34	35	92	143	239	303	421
			18.5≤BMI<23.0	135	208	24	40	77	144	259	433	533
			23.0≤BMI<25.0	66	230	32	38	91	166	269	463	639
			25.0≤BMI<30.0	79	220	41	67	101	175	283	428	495
			BMI≥30.0	8	160	45	48	76	132	223	297	328
		女	BMI<18.5	33	228	34	56	94	189	317	472	522
			18.5≤BMI<23.0	180	261	43	70	107	213	311	527	747
			23.0≤BMI<25.0	75	277	44	59	116	196	349	504	827
			25.0≤BMI<30.0	44	257	32	108	134	226	331	448	564
太湖	江苏省无锡市	男	BMI<18.5	15	240	40	61	110	281	347	405	446
			18.5≤BMI<23.0	244	241	26	35	69	137	301	554	766
			23.0≤BMI<25.0	197	254	25	33	68	148	317	610	813
			25.0≤BMI<30.0	140	282	37	56	92	197	322	587	697
			BMI≥30.0	11	214	47	54	91	109	200	536	681
		女	BMI<18.5	46	289	47	57	118	205	308	674	934
			18.5≤BMI<23.0	366	279	36	53	99	189	344	628	826
			23.0≤BMI<25.0	150	279	31	54	106	189	376	652	845
			25.0≤BMI<30.0	81	324	76	86	120	263	440	686	891
			BMI≥30.0	9	255	25	32	63	334	386	470	501

附表 A-55　我国重点流域典型城市居民（成人）分流域、性别、BMI 每天洗脸时间

流域	调查点	性别	BMI	N	平均每天洗脸时间/（秒/天）							
					均值	P_5	P_{10}	P_{25}	P_{50}	P_{75}	P_{90}	P_{95}
长江	四川省射洪市	男	BMI<18.5	4	181	47	63	110	175	246	304	324
			18.5≤BMI<23.0	86	197	40	44	79	146	256	406	506
			23.0≤BMI<25.0	101	224	61	90	130	206	263	421	514

续表

流域	调查点	性别	BMI	N	平均每天洗脸时间/（秒/天）							
					均值	P_5	P_{10}	P_{25}	P_{50}	P_{75}	P_{90}	P_{95}
长江	四川省射洪市	男	25.0≤BMI<30.0	93	246	67	77	121	177	303	535	650
			BMI≥30.0	6	243	105	119	161	219	334	391	403
		女	BMI<18.5	31	352	101	126	151	266	411	763	810
			18.5≤BMI<23.0	151	388	74	87	203	311	506	623	965
			23.0≤BMI<25.0	62	310	63	91	162	239	377	543	651
			25.0≤BMI<30.0	50	281	69	85	146	247	362	537	636
			BMI≥30.0	3	401	264	280	327	405	477	520	534
	湖南省长沙市	男	BMI<18.5	12	125	4	6	30	71	167	349	406
			18.5≤BMI<23.0	137	102	3	9	26	60	124	272	334
			23.0≤BMI<25.0	80	95	7	9	26	62	135	232	276
			25.0≤BMI<30.0	60	119	4	6	16	51	188	262	311
			BMI≥30.0	9	136	4	7	26	46	120	281	508
		女	BMI<18.5	37	129	17	17	39	77	195	307	385
			18.5≤BMI<23.0	160	163	13	17	50	120	257	360	422
			23.0≤BMI<25.0	56	120	9	9	17	88	174	221	277
			25.0≤BMI<30.0	47	123	7	9	21	66	165	287	369
			BMI≥30.0	8	204	24	29	34	84	251	458	651
黄河	甘肃省兰州市	男	BMI<18.5	31	248	101	130	157	206	288	394	434
			18.5≤BMI<23.0	267	247	87	117	152	187	283	420	565
			23.0≤BMI<25.0	145	239	107	129	153	187	291	400	437
			25.0≤BMI<30.0	155	274	77	115	153	207	312	496	609
			BMI≥30.0	20	244	112	139	164	196	330	371	451
		女	BMI<18.5	71	341	154	162	187	272	416	691	785
			18.5≤BMI<23.0	292	338	150	155	187	268	404	616	772
			23.0≤BMI<25.0	147	325	140	145	179	243	378	611	812
			25.0≤BMI<30.0	103	300	90	144	179	234	352	502	596
			BMI≥30.0	15	224	121	131	170	199	245	285	388

流域	调查点	性别	BMI	N	平均每天洗脸时间/（秒/天）							
					均值	P_5	P_{10}	P_{25}	P_{50}	P_{75}	P_{90}	P_{95}
黄河	内蒙古自治区呼和浩特市	男	BMI<18.5	8	155	3	3	46	85	231	324	432
			18.5≤BMI<23.0	147	160	7	11	38	111	214	371	480
			23.0≤BMI<25.0	86	225	19	44	94	165	283	438	504
			25.0≤BMI<30.0	47	185	4	9	66	163	256	378	566
			BMI≥30.0	5	286	135	156	217	235	398	437	450
		女	BMI<18.5	21	248	16	17	95	131	480	540	771
			18.5≤BMI<23.0	139	215	7	17	59	170	353	485	541
			23.0≤BMI<25.0	91	267	10	14	58	166	374	567	740
			25.0≤BMI<30.0	61	224	7	17	94	185	300	410	472
			BMI≥30.0	3	257	30	44	85	155	378	511	556
	河北省石家庄市	男	BMI<18.5	3	208	154	157	165	179	236	270	281
			18.5≤BMI<23.0	52	209	59	77	101	177	240	461	513
			23.0≤BMI<25.0	35	182	63	83	118	183	219	246	304
			25.0≤BMI<30.0	65	255	81	97	136	215	331	457	553
			BMI≥30.0	16	250	82	93	121	171	383	463	480
		女	BMI<18.5	17	299	94	133	217	260	371	410	522
			18.5≤BMI<23.0	68	291	126	149	179	240	351	506	680
			23.0≤BMI<25.0	33	247	76	113	163	234	303	396	465
			25.0≤BMI<30.0	44	254	88	108	164	233	322	396	415
			BMI≥30.0	11	191	124	130	138	166	213	288	323
珠江	广东省佛山市	男	BMI<18.5	35	176	6	7	17	148	231	372	538
			18.5≤BMI<23.0	248	179	3	4	23	84	214	515	715
			23.0≤BMI<25.0	93	176	3	4	17	84	206	534	720
			25.0≤BMI<30.0	124	143	3	5	17	70	193	309	563
			BMI≥30.0	13	154	2	5	17	60	281	401	463
		女	BMI<18.5	69	302	6	9	86	201	426	760	871
			18.5≤BMI<23.0	224	237	4	12	51	153	346	566	805
			23.0≤BMI<25.0	96	262	5	8	51	115	357	685	980
			25.0≤BMI<30.0	95	231	7	10	38	147	334	583	680
			BMI≥30.0	18	218	4	5	18	103	307	563	638

流域	调查点	性别	BMI	N	平均每天洗脸时间/（秒/天）							
					均值	P_5	P_{10}	P_{25}	P_{50}	P_{75}	P_{90}	P_{95}
珠江	广西壮族自治区北海市	男	BMI<18.5	18	224	44	57	138	165	294	416	588
			18.5≤BMI<23.0	92	242	59	79	124	176	330	429	573
			23.0≤BMI<25.0	38	189	9	71	108	155	223	315	444
			25.0≤BMI<30.0	26	219	14	23	104	221	323	417	425
			BMI≥30.0	2	103	91	93	96	103	109	113	114
		女	BMI<18.5	32	308	30	44	106	188	431	662	804
			18.5≤BMI<23.0	98	231	25	53	114	188	334	460	531
			23.0≤BMI<25.0	40	242	68	111	159	212	309	365	477
			25.0≤BMI<30.0	48	246	69	100	124	180	339	452	584
			BMI≥30.0	2	214	29	50	111	214	317	379	399
松花江	黑龙江省牡丹江市	男	BMI<18.5	19	153	16	17	60	116	252	307	327
			18.5≤BMI<23.0	187	141	5	12	51	117	205	296	354
			23.0≤BMI<25.0	158	164	6	16	60	143	229	352	424
			25.0≤BMI<30.0	192	169	14	17	69	151	235	326	374
			BMI≥30.0	22	133	9	15	26	84	218	226	404
		女	BMI<18.5	31	211	4	9	60	180	304	463	614
			18.5≤BMI<23.0	268	185	11	22	53	165	254	370	470
			23.0≤BMI<25.0	176	183	17	26	74	167	250	355	428
			25.0≤BMI<30.0	185	183	17	27	60	162	257	367	439
			BMI≥30.0	29	197	24	48	130	200	265	342	376
淮河	河南省郑州市	男	BMI<18.5	17	152	12	16	19	138	189	351	414
			18.5≤BMI<23.0	237	187	6	9	49	160	281	408	491
			23.0≤BMI<25.0	179	161	7	12	53	126	217	339	479
			25.0≤BMI<30.0	162	171	9	14	54	132	249	388	458
			BMI≥30.0	9	252	84	119	162	219	249	512	528
		女	BMI<18.5	43	297	34	121	211	276	376	496	571
			18.5≤BMI<23.0	324	251	11	17	115	212	338	498	625
			23.0≤BMI<25.0	153	240	11	26	99	202	324	467	554
			25.0≤BMI<30.0	134	202	9	12	76	156	285	411	461
			BMI≥30.0	7	215	8	8	103	266	326	355	366

流域	调查点	性别	BMI	N	平均每天洗脸时间/（秒/天）							
					均值	P_5	P_{10}	P_{25}	P_{50}	P_{75}	P_{90}	P_{95}
海河	天津市	男	BMI<18.5	22	153	12	13	54	106	175	381	390
			18.5≤BMI<23.0	141	96	4	6	13	43	137	297	387
			23.0≤BMI<25.0	133	106	4	6	13	51	167	303	335
			25.0≤BMI<30.0	258	92	3	6	11	48	146	255	292
			BMI≥30.0	33	122	3	5	14	80	183	335	356
		女	BMI<18.5	31	242	30	34	144	231	347	416	510
			18.5≤BMI<23.0	241	184	11	17	51	163	255	395	478
			23.0≤BMI<25.0	153	133	7	9	17	86	180	368	444
			25.0≤BMI<30.0	198	136	6	7	17	71	180	375	429
			BMI≥30.0	16	68	5	7	15	34	58	203	243
辽河	辽宁省沈阳市	男	BMI<18.5	13	131	6	6	9	30	194	333	401
			18.5≤BMI<23.0	202	162	6	9	51	118	233	358	480
			23.0≤BMI<25.0	166	194	9	17	43	146	268	467	580
			25.0≤BMI<30.0	166	212	9	17	65	159	269	456	613
			BMI≥30.0	21	217	6	6	38	80	293	463	479
		女	BMI<18.5	58	263	17	34	85	252	386	523	574
			18.5≤BMI<23.0	290	261	17	26	79	211	343	532	761
			23.0≤BMI<25.0	144	219	17	31	51	152	307	540	651
			25.0≤BMI<30.0	147	223	17	31	74	207	300	400	658
			BMI≥30.0	10	217	38	42	119	178	326	372	451
浙闽片河流	浙江省平湖市	男	BMI<18.5	6	111	19	21	38	97	183	214	218
			18.5≤BMI<23.0	80	145	3	11	17	46	214	392	418
			23.0≤BMI<25.0	60	175	8	13	25	138	249	432	597
			25.0≤BMI<30.0	48	158	10	16	25	72	243	389	507
			BMI≥30.0	3	131	17	23	40	68	191	265	290
		女	BMI<18.5	8	170	20	23	36	110	288	363	411
			18.5≤BMI<23.0	107	177	9	17	34	90	267	454	526
			23.0≤BMI<25.0	54	224	17	36	64	162	322	531	555
			25.0≤BMI<30.0	36	199	6	9	49	112	303	494	566
			BMI≥30.0	1	437	437	437	437	437	437	437	437

续表

流域	调查点	性别	BMI	N	平均每天洗脸时间/（秒/天）							
					均值	P_5	P_{10}	P_{25}	P_{50}	P_{75}	P_{90}	P_{95}
西北诸河	新疆维吾尔自治区库尔勒市	男	BMI<18.5	4	189	146	151	168	179	200	235	247
			18.5≤BMI<23.0	38	249	57	69	114	176	313	489	631
			23.0≤BMI<25.0	46	237	25	59	88	186	301	488	624
			25.0≤BMI<30.0	79	237	36	54	95	174	304	477	515
			BMI≥30.0	11	205	29	40	111	163	278	357	459
		女	BMI<18.5	20	398	33	158	240	370	529	682	749
			18.5≤BMI<23.0	107	360	55	88	173	301	517	681	794
			23.0≤BMI<25.0	41	364	54	67	168	264	452	640	1073
			25.0≤BMI<30.0	55	342	74	100	144	222	511	699	822
			BMI≥30.0	12	425	134	148	197	414	606	717	785
西南诸河	云南省腾冲市	男	BMI<18.5	6	210	153	153	156	181	198	295	344
			18.5≤BMI<23.0	53	278	108	125	153	192	252	423	863
			23.0≤BMI<25.0	41	228	97	137	150	187	320	370	426
			25.0≤BMI<30.0	55	228	115	135	170	196	294	337	377
			BMI≥30.0	1	351	351	351	351	351	351	351	351
		女	BMI<18.5	14	230	101	119	158	191	264	410	492
			18.5≤BMI<23.0	75	304	143	170	193	260	366	453	661
			23.0≤BMI<25.0	29	328	124	152	185	225	343	703	910
			25.0≤BMI<30.0	46	290	150	154	194	225	328	470	631
			BMI≥30.0	2	190	189	189	189	190	191	191	192
巢湖	安徽省巢湖市	男	BMI<18.5	9	232	83	86	87	194	306	400	523
			18.5≤BMI<23.0	135	257	20	41	103	217	328	502	634
			23.0≤BMI<25.0	66	225	38	51	120	191	313	437	525
			25.0≤BMI<30.0	79	237	49	69	115	223	327	413	439
			BMI≥30.0	8	145	56	57	79	146	196	220	248
		女	BMI<18.5	33	311	32	52	148	251	416	615	662
			18.5≤BMI<23.0	180	323	51	79	154	269	403	620	786
			23.0≤BMI<25.0	75	297	31	61	131	257	384	509	687
			25.0≤BMI<30.0	44	297	60	82	170	278	347	475	597

流域	调查点	性别	BMI	N	平均每天洗脸时间/（秒/天）							
					均值	P_5	P_{10}	P_{25}	P_{50}	P_{75}	P_{90}	P_{95}
太湖	江苏省无锡市	男	BMI<18.5	15	215	68	100	120	223	290	368	402
			18.5≤BMI<23.0	244	256	27	66	120	218	298	507	656
			23.0≤BMI<25.0	197	244	50	70	120	206	317	454	603
			25.0≤BMI<30.0	140	248	85	93	137	210	321	466	551
			BMI≥30.0	11	164	69	74	81	99	186	363	401
		女	BMI<18.5	46	377	109	134	196	280	506	628	717
			18.5≤BMI<23.0	366	325	65	102	175	268	386	549	736
			23.0≤BMI<25.0	150	286	59	97	149	240	356	464	642
			25.0≤BMI<30.0	81	316	96	114	165	270	377	566	823
			BMI≥30.0	9	283	47	87	149	240	334	637	651

附表 A-56 我国重点流域典型城市居民（成人）分流域、性别、BMI 每周洗脚时间

流域	调查点	性别	BMI	N	平均每周洗脚时间/（分钟/周）							
					均值	P_5	P_{10}	P_{25}	P_{50}	P_{75}	P_{90}	P_{95}
长江	四川省射洪市	男	BMI<18.5	4	6.5	2.0	2.0	2.0	5.0	9.5	12.3	13.2
			18.5≤BMI<23.0	86	35.3	1.0	2.9	9.2	24.3	57.1	72.8	100.0
			23.0≤BMI<25.0	101	36.5	2.9	2.9	5.2	23.2	52.1	88.8	117.1
			25.0≤BMI<30.0	93	42.1	1.6	2.9	7.0	35.3	56.1	98.9	126.8
			BMI≥30.0	6	25.1	3.9	4.1	4.9	15.7	36.5	55.5	63.1
		女	BMI<18.5	31	44.9	2.9	2.9	12.4	21.7	72.9	105.0	113.8
			18.5≤BMI<23.0	151	40.8	2.9	2.9	11.0	33.6	57.7	96.4	125.2
			23.0≤BMI<25.0	62	44.4	2.9	3.2	9.0	37.2	69.6	86.9	127.5
			25.0≤BMI<30.0	50	51.1	2.9	2.9	5.5	39.9	75.1	110.9	168.9
			BMI≥30.0	3	43.4	9.3	13.5	26.1	47.1	62.6	71.8	74.9
	湖南省长沙市	男	BMI<18.5	12	32.5	0	0	0	13.0	56.5	83.8	93.9
			18.5≤BMI<23.0	137	8.2	0	0	0	0.1	8.6	22.8	30.0
			23.0≤BMI<25.0	80	8.2	0	0	0	0.9	8.6	28.5	36.4
			25.0≤BMI<30.0	60	9.4	0	0	0	0.9	12.4	30.0	46.7
			BMI≥30.0	9	8.8	0	0	0	0.7	8.7	23.6	35.6

流域	调查点	性别	BMI	N	平均每周洗脚时间/（分钟/周）							
					均值	P_5	P_{10}	P_{25}	P_{50}	P_{75}	P_{90}	P_{95}
长江	湖南省长沙市	女	BMI<18.5	37	10.6	0	0	0	1.4	10.0	37.7	52.0
			18.5≤BMI<23.0	160	10.1	0	0	0	3.0	13.3	26.5	31.8
			23.0≤BMI<25.0	56	15.0	0	0	0	2.5	10.0	37.1	71.2
			25.0≤BMI<30.0	47	10.0	0	0	0	1.4	10.4	30.4	31.8
			BMI≥30.0	8	5.0	0	0	0	0	8.6	15.2	17.6
黄河	甘肃省兰州市	男	BMI<18.5	31	36.5	4.1	5.0	8.2	18.6	49.7	97.9	106.5
			18.5≤BMI<23.0	267	40.8	3.2	5.0	10.0	29.3	57.4	80.5	132.7
			23.0≤BMI<25.0	145	39.4	2.9	5.0	15.0	34.0	55.0	80.4	95.7
			25.0≤BMI<30.0	155	51.2	4.7	5.7	15.0	35.9	66.9	116.5	152.8
			BMI≥30.0	20	43.2	2.8	2.9	5.5	30.5	61.3	112.7	127.3
		女	BMI<18.5	71	52.0	2.9	5.0	19.3	45.2	74.1	107.8	127.8
			18.5≤BMI<23.0	292	46.3	3.0	5.7	15.0	34.0	66.0	103.6	120.1
			23.0≤BMI<25.0	147	48.1	3.8	5.7	17.0	34.3	68.7	117.2	139.1
			25.0≤BMI<30.0	103	52.7	5.7	8.6	17.5	32.3	65.4	110.5	163.1
			BMI≥30.0	15	41.3	7.3	12.0	15.0	30.0	54.8	91.8	101.8
	内蒙古自治区呼和浩特市	男	BMI<18.5	8	78.6	23.8	27.8	33.1	61.6	101.6	168.8	171.6
			18.5≤BMI<23.0	147	40.7	3.5	5.0	10.1	25.7	61.4	98.7	127.6
			23.0≤BMI<25.0	86	50.8	7.3	13.3	18.5	35.5	58.1	104.8	156.9
			25.0≤BMI<30.0	47	42.4	4.7	7.9	18.3	32.4	59.7	93.4	108.3
			BMI≥30.0	5	28.7	0	0	0	3.4	49.3	74.1	82.4
		女	BMI<18.5	21	54.1	12.9	14.7	24.0	36.5	94.3	113.0	115.5
			18.5≤BMI<23.0	139	41.1	1.4	4.3	12.5	30.5	58.1	90.1	130.5
			23.0≤BMI<25.0	91	48.2	4.6	8.6	20.8	32.2	56.3	114.5	157.2
			25.0≤BMI<30.0	61	54.0	2.9	6.9	17.0	30.5	69.1	144.4	175.7
			BMI≥30.0	3	54.6	24.0	24.9	27.4	31.6	70.3	93.5	101.3
	河北省石家庄市	男	BMI<18.5	3	72.0	2.9	5.8	14.4	28.9	108.0	155.5	171.3
			18.5≤BMI<23.0	52	37.2	0	0	6.8	20.4	45.5	118.2	142.4
			23.0≤BMI<25.0	35	31.5	0	0.4	10.0	16.2	36.1	64.6	105.0
			25.0≤BMI<30.0	65	32.9	0	0	4.5	23.2	43.1	83.6	96.7
			BMI≥30.0	16	22.7	0	0.4	3.0	10.2	31.8	61.3	87.8

流域	调查点	性别	BMI	N	平均每周洗脚时间/（分钟/周）							
					均值	P_5	P_{10}	P_{25}	P_{50}	P_{75}	P_{90}	P_{95}
黄河	河北省石家庄市	女	BMI<18.5	17	40.8	0	1.3	21.7	24.0	57.3	86.9	110.0
			18.5≤BMI<23.0	68	31.9	0	0	3.7	14.8	44.9	94.3	105.3
			23.0≤BMI<25.0	33	36.1	0	3.0	7.0	25.6	42.9	73.4	106.0
			25.0≤BMI<30.0	44	33.4	0	0	1.4	22.5	51.7	78.7	98.6
			BMI≥30.0	11	26.4	0.6	0.9	6.5	25.1	39.0	57.1	62.6
珠江	广东省佛山市	男	BMI<18.5	35	11.8	0	0	0.9	2.5	14.7	33.3	42.9
			18.5≤BMI<23.0	248	11.5	0	0	0	1.8	10.8	40.3	59.7
			23.0≤BMI<25.0	93	12.5	0	0	0	3.0	12.9	32.5	49.6
			25.0≤BMI<30.0	124	9.1	0	0	0	1.5	9.0	23.3	34.9
			BMI≥30.0	13	11.4	0	0	0	3.6	27.5	30.0	32.8
		女	BMI<18.5	69	12.2	0	0	0.1	3.0	12.1	31.5	50.3
			18.5≤BMI<23.0	224	16.1	0	0	0	3.0	16.2	52.6	81.8
			23.0≤BMI<25.0	96	15.7	0	0	0	4.0	25.0	45.3	57.0
			25.0≤BMI<30.0	95	21.6	0	0	0	2.9	25.8	64.5	96.5
			BMI≥30.0	18	6.3	0	0	0	0.8	6.5	15.6	35.1
	广西壮族自治区北海市	男	BMI<18.5	18	28.7	0	0	2.8	10.0	37.8	81.8	127.9
			18.5≤BMI<23.0	92	15.0	0	0	2.0	8.1	18.6	38.6	56.1
			23.0≤BMI<25.0	38	14.0	0	0	1.4	7.8	17.0	36.8	42.1
			25.0≤BMI<30.0	26	15.3	0	0	2.0	6.9	17.8	43.2	52.4
			BMI≥30.0	2	2.2	0.2	0.4	1.1	2.2	3.3	4.0	4.2
		女	BMI<18.5	32	13.5	0	0	1.0	8.9	16.8	42.0	43.4
			18.5≤BMI<23.0	98	16.3	0	0	1.1	7.6	17.7	53.2	65.5
			23.0≤BMI<25.0	40	22.8	0	0	4.8	12.7	32.5	60.5	77.3
			25.0≤BMI<30.0	48	19.1	0	0	0.1	6.5	29.0	48.1	62.8
			BMI≥30.0	2	31.8	30.2	30.4	30.9	31.8	32.8	33.3	33.5
松花江	黑龙江省牡丹江市	男	BMI<18.5	19	27.8	5.0	6.7	10.0	25.2	36.3	41.8	56.5
			18.5≤BMI<23.0	187	36.6	0.8	1.9	7.9	21.1	44.0	86.3	138.3
			23.0≤BMI<25.0	158	37.2	2.1	5.0	10.0	22.8	46.2	84.2	107.7
			25.0≤BMI<30.0	192	39.5	3.6	5.7	12.0	28.6	52.5	86.5	124.2
			BMI≥30.0	22	29.9	1.0	1.7	10.1	17.8	31.1	89.7	109.2

流域	调查点	性别	BMI	N	平均每周洗脚时间/（分钟/周）							
					均值	P_5	P_{10}	P_{25}	P_{50}	P_{75}	P_{90}	P_{95}
松花江	黑龙江省牡丹江市	女	BMI<18.5	31	41.4	0.9	1.4	6.1	21.1	60.4	105.5	137.2
			18.5≤BMI<23.0	268	44.7	3.0	5.0	10.0	28.5	59.5	101.4	159.2
			23.0≤BMI<25.0	176	45.9	2.9	5.0	14.8	31.0	57.6	114.5	145.3
			25.0≤BMI<30.0	185	50.2	1.8	5.0	12.6	34.4	71.8	121.8	137.5
			BMI≥30.0	29	54.8	10.0	12.5	20.2	37.7	59.7	101.4	163.4
淮河	河南省郑州市	男	BMI<18.5	17	24.5	0	0	0	5.0	28.3	66.8	99.1
			18.5≤BMI<23.0	237	40.4	0	0	4.4	22.2	54.4	107.6	140.7
			23.0≤BMI<25.0	179	35.9	0	0	3.2	23.8	45.7	97.7	120.9
			25.0≤BMI<30.0	162	33.2	0	0	0	18.1	44.1	90.3	130.8
			BMI≥30.0	9	45.8	0	0	0	29.4	100.4	120.4	127.7
		女	BMI<18.5	43	27.5	0	0	3.0	20.4	36.9	62.5	96.7
			18.5≤BMI<23.0	324	38.6	0	0	2.6	21.1	54.2	108.3	140.0
			23.0≤BMI<25.0	153	44.0	0	0	4.0	28.0	69.7	112.6	142.9
			25.0≤BMI<30.0	134	43.0	0	0	9.3	29.9	61.1	108.4	140.7
			BMI≥30.0	7	46.7	0.1	0.2	10.6	26.2	75.7	115.3	121.6
海河	天津市	男	BMI<18.5	22	15.1	0	0	0	2.9	29.8	38.3	54.3
			18.5≤BMI<23.0	141	7.3	0	0	0	0	7.1	27.7	37.9
			23.0≤BMI<25.0	133	12.8	0	0	0	0	11.4	32.6	56.9
			25.0≤BMI<30.0	258	8.4	0	0	0	0	7.1	27.4	38.0
			BMI≥30.0	33	10.3	0	0	0	0	5.7	15.9	22.6
		女	BMI<18.5	31	10.6	0	0	0	0	18.6	37.0	41.9
			18.5≤BMI<23.0	241	8.5	0	0	0	0	10.0	31.0	40.8
			23.0≤BMI<25.0	153	10.6	0	0	0	0	10.5	31.3	44.2
			25.0≤BMI<30.0	198	15.0	0	0	0	0	15.8	46.5	72.2
			BMI≥30.0	16	17.2	0	0	0	1.4	27.4	49.3	71.5
辽河	辽宁省沈阳市	男	BMI<18.5	13	23.5	0	0	4.3	20.0	38.6	56.9	60.2
			18.5≤BMI<23.0	202	30.9	0	0	2.3	18.5	47.5	86.4	119.8
			23.0≤BMI<25.0	166	38.5	0	0	6.0	21.2	61.7	108.7	136.7
			25.0≤BMI<30.0	166	40.8	0	0	2.6	21.4	65.5	117.5	140.3
			BMI≥30.0	21	37.6	0	0	7.1	13.0	68.2	85.0	90.1

流域	调查点	性别	BMI	N	平均每周洗脚时间/（分钟/周）							
					均值	P_5	P_10	P_25	P_50	P_75	P_90	P_95
辽河	辽宁省沈阳市	女	BMI<18.5	58	37.8	0	0	7.0	18.6	55.2	93.9	147.0
			18.5≤BMI<23.0	290	38.0	0	0	4.3	20.7	59.1	110.0	138.7
			23.0≤BMI<25.0	144	51.4	0	0	9.1	30.0	81.2	126.0	162.0
			25.0≤BMI<30.0	147	54.9	0	0	11.1	35.0	85.9	140.0	162.2
			BMI≥30.0	10	58.9	5.1	5.2	10.0	36.3	92.6	116.1	163.1
浙闽片河流	浙江省平湖市	男	BMI<18.5	6	13.4	0.3	0.6	1.2	3.7	7.1	35.9	50.1
			18.5≤BMI<23.0	80	13.0	0	0	0	3.9	16.0	31.0	41.7
			23.0≤BMI<25.0	60	14.1	0	0	0	5.0	25.0	36.4	46.9
			25.0≤BMI<30.0	48	11.1	0	0	0	3.6	17.5	29.0	38.5
			BMI≥30.0	3	6.0	0.3	0.6	1.5	2.9	9.0	12.6	13.8
		女	BMI<18.5	8	9.9	0	0	1.5	2.5	9.6	24.1	37.3
			18.5≤BMI<23.0	107	12.1	0	0	0	4.3	16.5	37.4	44.6
			23.0≤BMI<25.0	54	21.2	0	0	0	9.6	30.0	45.9	66.7
			25.0≤BMI<30.0	36	16.6	0	0	0	5.6	18.7	33.5	51.3
			BMI≥30.0	1	28.0	28.0	28.0	28.0	28.0	28.0	28.0	28.0
西北诸河	新疆维吾尔自治区库尔勒市	男	BMI<18.5	4	31.4	5.4	9.3	21.1	34.2	44.6	51.3	53.6
			18.5≤BMI<23.0	38	42.9	0	4.6	9.0	32.2	63.0	96.5	124.6
			23.0≤BMI<25.0	46	41.9	0	3.6	7.7	28.3	51.3	109.3	148.9
			25.0≤BMI<30.0	79	32.0	0	0.8	4.4	16.3	43.9	71.1	101.1
			BMI≥30.0	11	25.9	2.9	2.9	6.8	11.7	39.3	62.9	76.7
		女	BMI<18.5	20	47.9	8.8	12.8	23.2	36.1	55.5	79.8	137.0
			18.5≤BMI<23.0	107	47.5	2.0	2.9	10.3	34.3	62.9	121.9	143.1
			23.0≤BMI<25.0	41	49.2	3.6	4.3	8.7	22.1	62.8	127.8	200.0
			25.0≤BMI<30.0	55	40.3	1.9	5.0	11.7	21.8	54.3	77.7	138.9
			BMI≥30.0	12	52.7	7.5	9.0	13.3	27.6	72.6	137.6	153.8
西南诸河	云南省腾冲市	男	BMI<18.5	6	32.3	2.2	2.5	6.3	23.1	33.5	71.2	89.5
			18.5≤BMI<23.0	53	35.5	4.6	5.0	15.1	26.4	47.0	68.0	103.0
			23.0≤BMI<25.0	41	34.2	5.0	10.0	17.8	25.8	41.5	68.9	105.2
			25.0≤BMI<30.0	55	27.0	3.7	4.4	13.4	23.4	32.7	67.1	71.3
			BMI≥30.0	1	37.1	37.1	37.1	37.1	37.1	37.1	37.1	37.1

流域	调查点	性别	BMI	N	平均每周洗脚时间/（分钟/周）							
					均值	P_5	P_{10}	P_{25}	P_{50}	P_{75}	P_{90}	P_{95}
西南诸河	云南省腾冲市	女	BMI<18.5	14	34.1	2.7	5.9	10.9	22.0	39.4	56.3	97.7
			18.5≤BMI<23.0	75	27.7	3.0	5.0	14.2	25.8	32.7	44.4	60.0
			23.0≤BMI<25.0	29	31.7	6.2	8.4	14.9	27.0	43.8	59.4	65.3
			25.0≤BMI<30.0	46	36.3	2.8	7.5	15.1	25.3	43.9	66.6	72.1
			BMI≥30.0	2	26.9	15.2	16.5	20.4	26.9	33.5	37.4	38.7
巢湖	安徽省巢湖市	男	BMI<18.5	9	37.1	0	0	1.5	22.5	73.7	90.8	97.5
			18.5≤BMI<23.0	135	26.4	0	0	0	19.3	35.4	72.0	91.3
			23.0≤BMI<25.0	66	32.1	0	0	0	17.2	47.8	87.7	110.3
			25.0≤BMI<30.0	79	23.8	0	0	0	9.9	39.3	67.6	76.0
			BMI≥30.0	8	29.6	0	0	0	4.5	35.1	84.6	112.8
		女	BMI<18.5	33	29.4	0	0	0	21.0	36.9	67.4	110.7
			18.5≤BMI<23.0	180	30.9	0	0	0	20.3	46.3	89.6	109.1
			23.0≤BMI<25.0	75	27.7	0	0	0	12.2	50.1	71.1	83.8
			25.0≤BMI<30.0	44	29.0	0	0	0	16.5	53.0	78.6	89.2
太湖	江苏省无锡市	男	BMI<18.5	15	9.4	0	0	0	0.8	11.8	24.2	39.5
			18.5≤BMI<23.0	244	16.9	0	0	0	4.9	20.5	46.2	69.9
			23.0≤BMI<25.0	197	19.1	0	0	0	4.5	23.6	59.0	92.0
			25.0≤BMI<30.0	140	21.2	0	0	0	8.0	28.8	66.0	98.8
			BMI≥30.0	11	33.0	0	0	0	0	19.5	138.0	162.2
		女	BMI<18.5	46	15.8	0	0	0	0.2	19.2	44.7	80.3
			18.5≤BMI<23.0	366	18.8	0	0	0	3.4	24.2	47.9	90.0
			23.0≤BMI<25.0	150	26.9	0	0	0	8.9	31.2	79.6	110.8
			25.0≤BMI<30.0	81	32.2	0	0	0	13.3	37.1	98.6	137.1
			BMI≥30.0	9	41.5	1.1	2.3	7.1	25.6	51.6	88.3	129.1

附表 A-57 我国重点流域典型城市居民（成人）分流域、性别、BMI 每周洗头时间

流域	调查点	性别	BMI	N	平均每周洗头时间/（分钟/周）							
					均值	P_5	P_{10}	P_{25}	P_{50}	P_{75}	P_{90}	P_{95}
长江	四川省射洪市	男	BMI<18.5	4	7.1	0.2	0.4	1.1	5.5	11.5	15.0	16.2
			18.5≤BMI<23.0	86	16.2	1.4	1.4	1.4	10.5	22.2	29.9	61.4
			23.0≤BMI<25.0	101	16.2	1.4	1.4	1.4	11.4	18.6	34.3	52.6

流域	调查点	性别	BMI	N	平均每周洗头时间/（分钟/周）							
					均值	P_5	P_{10}	P_{25}	P_{50}	P_{75}	P_{90}	P_{95}
长江	四川省射洪市	男	25.0≤BMI<30.0	93	17.0	0	1.4	1.4	10.5	22.3	44.7	62.3
			BMI≥30.0	6	13.9	0.4	0.7	1.8	11.6	24.5	29.4	31.1
		女	BMI<18.5	31	25.7	1.1	1.4	7.4	22.6	34.2	48.3	69.6
			18.5≤BMI<23.0	151	29.4	1.4	1.4	1.4	20.4	38.7	73.6	101.4
			23.0≤BMI<25.0	62	22.3	1.4	1.4	1.4	14.8	38.4	58.0	61.4
			25.0≤BMI<30.0	50	24.1	1.4	1.4	1.4	16.0	32.7	57.8	71.8
			BMI≥30.0	3	42.9	19.4	22.6	32.0	47.7	56.2	61.3	63.0
	湖南省长沙市	男	BMI<18.5	12	7.9	0	0	0	1.6	15.3	21.9	22.8
			18.5≤BMI<23.0	137	3.9	0	0	0	0	4.3	14.8	22.6
			23.0≤BMI<25.0	80	4.1	0	0	0	0.3	5.0	10.8	19.8
			25.0≤BMI<30.0	60	5.1	0	0	0	0	5.0	13.0	29.3
			BMI≥30.0	9	8.9	0	0	0	0	5.6	21.7	40.5
		女	BMI<18.5	37	14.2	0	0	2.9	7.1	20.0	42.0	52.6
			18.5≤BMI<23.0	160	9.0	0	0	0	4.3	10.9	23.6	36.4
			23.0≤BMI<25.0	56	11.3	0	0	0	2.9	15.0	36.1	50.3
			25.0≤BMI<30.0	47	7.9	0	0	0	3.6	12.1	23.7	29.6
			BMI≥30.0	8	6.2	1.0	2.0	3.9	6.2	8.6	9.9	11.4
黄河	甘肃省兰州市	男	BMI<18.5	31	18.9	1.1	1.4	2.9	11.2	28.6	51.8	54.2
			18.5≤BMI<23.0	267	18.8	1.4	1.4	2.9	10.0	25.8	48.0	65.9
			23.0≤BMI<25.0	145	17.6	0.9	1.4	2.9	10.6	26.4	40.2	52.9
			25.0≤BMI<30.0	155	18.4	1.4	1.4	2.9	8.6	24.3	42.2	59.9
			BMI≥30.0	20	11.9	1.4	1.4	3.7	8.4	16.5	19.3	41.6
		女	BMI<18.5	71	29.7	1.4	1.4	5.7	20.0	47.1	73.7	79.9
			18.5≤BMI<23.0	292	28.6	1.4	2.9	5.7	14.3	35.9	68.3	99.3
			23.0≤BMI<25.0	147	19.1	1.4	1.4	2.9	10.0	27.0	51.7	62.8
			25.0≤BMI<30.0	103	19.5	1.4	2.9	4.3	12.7	27.9	49.2	59.3
			BMI≥30.0	15	14.8	1.9	2.4	2.9	7.1	16.1	21.0	44.2

流域	调查点	性别	BMI	N	平均每周洗头时间/（分钟/周）							
					均值	P_5	P_10	P_25	P_50	P_75	P_90	P_95
黄河	内蒙古自治区呼和浩特市	男	BMI<18.5	8	17.3	0.8	1.1	7.4	11.4	32.1	35.6	37.1
			18.5≤BMI<23.0	147	18.9	0.6	1.2	2.9	11.9	26.4	43.0	59.4
			23.0≤BMI<25.0	86	24.1	1.3	2.9	5.8	17.7	30.0	51.6	67.8
			25.0≤BMI<30.0	47	20.9	0.5	0.7	5.9	16.0	26.7	48.4	63.0
			BMI≥30.0	5	13.4	0	0	0	0	32.8	33.7	34.0
		女	BMI<18.5	21	29.3	5.3	9.3	11.7	16.0	33.2	85.7	91.4
			18.5≤BMI<23.0	139	27.0	0	0.6	4.5	17.1	38.4	61.7	97.6
			23.0≤BMI<25.0	91	31.4	0.9	1.4	4.4	16.3	49.6	82.1	98.5
			25.0≤BMI<30.0	61	19.8	0.4	1.4	3.8	11.6	24.6	49.7	59.6
			BMI≥30.0	3	5.3	0.9	1.2	2.3	4.0	7.7	9.9	10.7
	河北省石家庄市	男	BMI<18.5	3	8.8	0.2	0.4	1.1	2.1	13.2	19.9	22.1
			18.5≤BMI<23.0	52	15.4	0	0	2.2	11.2	22.0	32.9	46.2
			23.0≤BMI<25.0	35	10.5	0	0	0	6.6	14.6	20.5	32.1
			25.0≤BMI<30.0	65	14.3	0	0	0	7.0	22.9	34.8	57.8
			BMI≥30.0	16	7.9	0	0	0	2.9	14.2	21.6	24.9
		女	BMI<18.5	17	25.7	0	0	11.4	21.4	36.6	63.9	73.8
			18.5≤BMI<23.0	68	21.8	0	0	0.6	12.6	37.1	60.9	71.2
			23.0≤BMI<25.0	33	12.7	0	0	8.5	19.1	32.3	36.9
			25.0≤BMI<30.0	44	14.9	0	0	0	8.6	24.6	38.7	47.3
			BMI≥30.0	11	13.8	0	0	1.5	6.4	21.6	27.5	40.1
珠江	广东省佛山市	男	BMI<18.5	35	24.8	0	0	3.2	10.3	26.1	79.0	99.7
			18.5≤BMI<23.0	248	20.6	0	0	0.4	10.1	26.7	54.3	69.2
			23.0≤BMI<25.0	93	16.8	0	0	1.4	9.9	25.2	46.7	51.5
			25.0≤BMI<30.0	124	18.3	0	0	0	9.4	19.8	49.3	59.9
			BMI≥30.0	13	26.8	1.2	2.5	6.4	8.8	25.7	82.2	106.9
		女	BMI<18.5	69	30.6	0	1.4	5.7	22.3	44.5	75.8	88.6
			18.5≤BMI<23.0	224	27.2	0	0	4.3	16.6	35.0	65.7	80.0
			23.0≤BMI<25.0	96	27.2	0	0	4.7	12.2	33.4	81.7	90.9
			25.0≤BMI<30.0	95	31.0	0	0	5.4	20.4	50.4	77.4	96.2
			BMI≥30.0	18	22.2	0	0	3.2	17.0	36.4	52.2	65.8

流域	调查点	性别	BMI	N	平均每周洗头时间/（分钟/周）							
					均值	P_5	P_{10}	P_{25}	P_{50}	P_{75}	P_{90}	P_{95}
珠江	广西壮族自治区北海市	男	BMI<18.5	18	28.8	0	0	4.7	27.7	34.8	66.8	77.4
			18.5≤BMI<23.0	92	26.5	0	0	10.0	20.3	38.0	57.6	67.3
			23.0≤BMI<25.0	38	21.7	0	0	9.3	17.5	31.4	43.2	50.4
			25.0≤BMI<30.0	26	33.5	0	0	6.1	20.8	60.5	85.4	92.7
			BMI≥30.0	2	12.1	3.1	4.1	7.1	12.1	17.1	20.1	21.1
		女	BMI<18.5	32	37.6	0	2.3	14.7	29.0	49.0	92.4	113.7
			18.5≤BMI<23.0	98	41.7	2.0	3.0	10.0	28.3	53.2	80.8	108.8
			23.0≤BMI<25.0	40	55.3	4.2	8.3	17.7	35.2	75.4	147.6	170.8
			25.0≤BMI<30.0	48	40.2	2.4	3.9	22.7	35.9	48.8	69.7	92.4
			BMI≥30.0	2	54.3	14.4	18.9	32.1	54.3	76.4	89.7	94.1
松花江	黑龙江省牡丹江市	男	BMI<18.5	19	26.3	0	0	2.1	7.4	26.5	75.2	116.2
			18.5≤BMI<23.0	187	18.9	0.6	1.4	2.9	8.9	22.8	41.0	54.3
			23.0≤BMI<25.0	158	19.2	1.1	1.4	4.2	10.8	25.0	43.9	66.9
			25.0≤BMI<30.0	192	17.9	0.4	1.4	2.9	9.1	23.6	44.2	62.3
			BMI≥30.0	22	20.4	0.7	0.7	2.5	8.6	17.6	65.4	71.8
		女	BMI<18.5	31	24.8	1.4	2.9	4.5	21.6	35.2	57.9	63.7
			18.5≤BMI<23.0	268	25.1	1.4	2.7	4.3	14.6	32.2	52.3	78.9
			23.0≤BMI<25.0	176	19.7	0.7	1.4	4.3	11.5	27.9	42.8	57.5
			25.0≤BMI<30.0	185	19.1	0.8	1.4	3.9	12.0	27.5	41.2	65.7
			BMI≥30.0	29	33.4	2.6	6.0	8.5	14.7	24.6	91.7	128.0
淮河	河南省郑州市	男	BMI<18.5	17	12.1	0	0	0	9.1	15.0	31.1	34.4
			18.5≤BMI<23.0	237	20.2	0	0	4.3	13.4	27.9	45.0	62.7
			23.0≤BMI<25.0	179	16.5	0	0	0.8	11.8	23.2	40.2	48.6
			25.0≤BMI<30.0	162	17.9	0	0	0	11.6	23.8	43.3	56.6
			BMI≥30.0	9	14.3	0	0	0	12.5	21.4	33.5	35.1
		女	BMI<18.5	43	23.8	0	0	0	17.4	31.4	49.2	70.0
			18.5≤BMI<23.0	324	26.5	0	0	5.6	17.2	37.4	63.7	79.2
			23.0≤BMI<25.0	153	23.0	0	0	3.4	15.0	29.3	50.5	71.3
			25.0≤BMI<30.0	134	18.8	0	0	2.9	14.4	30.9	43.5	50.0
			BMI≥30.0	7	21.7	0	0	8.6	20.0	23.0	41.3	55.0

续表

流域	调查点	性别	BMI	N	平均每周洗头时间/（分钟/周）							
					均值	P_5	P_{10}	P_{25}	P_{50}	P_{75}	P_{90}	P_{95}
海河	天津市	男	BMI<18.5	22	22.6	0	0	5.2	14.6	39.2	51.2	68.5
			18.5≤BMI<23.0	141	3.7	0	0	0	0	2.9	10.0	25.9
			23.0≤BMI<25.0	133	3.8	0	0	0	0	5.1	10.5	15.0
			25.0≤BMI<30.0	258	4.5	0	0	0	0	4.7	17.9	24.2
			BMI≥30.0	33	3.8	0	0	0	0	5.0	15.5	20.1
		女	BMI<18.5	31	15.3	0	0	0	2.3	26.8	44.9	59.8
			18.5≤BMI<23.0	241	5.7	0	0	0	0	7.1	18.8	26.8
			23.0≤BMI<25.0	153	5.7	0	0	0	0.4	6.4	19.5	23.8
			25.0≤BMI<30.0	198	4.9	0	0	0	0	4.8	16.1	29.2
			BMI≥30.0	16	3.6	0	0	0	0.2	3.2	13.5	19.2
辽河	辽宁省沈阳市	男	BMI<18.5	13	16.1	0	0	1.4	4.3	29.4	53.3	57.0
			18.5≤BMI<23.0	202	16.2	0	0	2.0	9.4	21.7	44.5	60.6
			23.0≤BMI<25.0	166	19.1	0	0	1.4	7.5	27	52.4	61.9
			25.0≤BMI<30.0	166	20.3	0	0	1.4	10.2	27.4	47.6	65.7
			BMI≥30.0	21	15.8	0	0	0.7	11.2	21.2	37.9	52.9
		女	BMI<18.5	58	28.4	0	0.5	4.6	19.4	40.2	73.5	93.7
			18.5≤BMI<23.0	290	24.3	0	0	2.9	13.2	33.1	64.5	82.8
			23.0≤BMI<25.0	144	23.5	0	0	2.9	10.4	30.0	55.5	91.0
			25.0≤BMI<30.0	147	29.1	0	0	2.9	17.5	41.4	81.7	100.6
			BMI≥30.0	10	25.0	1.0	1.4	11.1	21.2	41.7	51.4	53.7
浙闽片河流	浙江省平湖市	男	BMI<18.5	6	11.0	4.5	4.9	6.6	9.5	11.4	18.4	21.7
			18.5≤BMI<23.0	80	10.3	0	0	0	2.9	13.2	33.0	41.6
			23.0≤BMI<25.0	60	11.6	0	0	0	3.5	13.8	37.9	57.1
			25.0≤BMI<30.0	48	8.3	0	0	0	4.5	9.8	24.7	34.9
			BMI≥30.0	3	11.8	0.2	0.5	1.2	2.4	17.7	26.9	29.9
		女	BMI<18.5	8	6.8	0	0	1.1	3.8	9.8	17.2	19.8
			18.5≤BMI<23.0	107	16.7	0	0	0	6.4	19.7	45.4	90.6
			23.0≤BMI<25.0	54	19.7	0	0	3.2	14.4	24.5	41.3	76.1
			25.0≤BMI<30.0	36	17.8	0	0	0	5.2	24.0	39.0	47.7
			BMI≥30.0	1	1.4	1.4	1.4	1.4	1.4	1.4	1.4	1.4

流域	调查点	性别	BMI	N	平均每周洗头时间/（分钟/周）							
					均值	P_5	P_{10}	P_{25}	P_{50}	P_{75}	P_{90}	P_{95}
西北诸河	新疆维吾尔自治区库尔勒市	男	BMI<18.5	4	13.7	1.4	2.9	7.1	11.3	17.9	26.5	29.4
			18.5≤BMI<23.0	38	23.3	1.4	2.5	5.0	15.7	27.8	44.3	83.1
			23.0≤BMI<25.0	46	22.4	0	0.1	6.4	14.9	32.7	48.8	58.9
			25.0≤BMI<30.0	79	18	0	0.8	2.6	10.4	23.5	43.9	64.7
			BMI≥30.0	11	15.3	1.4	1.4	1.4	9.7	17.4	36.8	53.1
		女	BMI<18.5	20	49.1	0.7	1.4	24.7	41.8	67.8	101.0	132.5
			18.5≤BMI<23.0	107	33.1	0.4	1.8	7.4	28.0	46.0	78.6	99.7
			23.0≤BMI<25.0	41	27.6	1.7	4.3	8.6	17.7	33.0	66.4	78.6
			25.0≤BMI<30.0	55	28.9	1.2	1.5	4.3	26.9	36.3	56.7	74.1
			BMI≥30.0	12	28.4	0	0.1	2.6	20.3	40.0	69.6	83.5
西南诸河	云南省腾冲市	男	BMI<18.5	6	17.5	1.6	1.8	3.8	12.5	20.5	38.1	46.3
			18.5≤BMI<23.0	53	19.6	1.1	1.7	9.1	11.8	31.5	48.2	50.7
			23.0≤BMI<25.0	41	18.0	1.4	2.9	5.0	11.4	23.0	31.2	43.4
			25.0≤BMI<30.0	55	15.0	1.4	2.7	4.7	11.9	19.7	31.8	46.3
			BMI≥30.0	1	27.7	27.7	27.7	27.7	27.7	27.7	27.7	27.7
		女	BMI<18.5	14	29.1	3.5	4.7	6.5	20.8	31.8	52.5	86.6
			18.5≤BMI<23.0	75	19.9	1.4	2.9	4.3	12.5	26.6	44.6	61
			23.0≤BMI<25.0	29	26.9	2.0	4.0	11.7	22.7	38.6	49.4	71.8
			25.0≤BMI<30.0	46	27.4	1.4	2.9	10.2	22.4	40.2	59.0	71.6
			BMI≥30.0	2	19.4	18.4	18.6	18.9	19.4	20.0	20.3	20.5
巢湖	安徽省巢湖市	男	BMI<18.5	9	22.3	0	0	1.3	4.1	15.8	45.2	99.1
			18.5≤BMI<23.0	135	13.8	0	0	0	6.3	19.9	33.1	51.1
			23.0≤BMI<25.0	66	10.3	0	0	0	4.1	14.0	28.7	38.1
			25.0≤BMI<30.0	79	10.5	0	0	0	4.8	13.0	24.5	39.7
			BMI≥30.0	8	7.2	0	0	0	1.1	12.6	21.8	23.3
		女	BMI<18.5	33	21.0	0	0	2.1	12.0	22.9	49.0	68.8
			18.5≤BMI<23.0	180	20.0	0	0	2.9	12.2	26.8	41.8	78.3
			23.0≤BMI<25.0	75	16.3	0	0	0	7.3	27.0	37.2	52.6
			25.0≤BMI<30.0	44	15.3	0	0	0	8.6	20.0	36.1	55.8

续表

流域	调查点	性别	BMI	N	平均每周洗头时间/（分钟/周）							
					均值	P_5	P_{10}	P_{25}	P_{50}	P_{75}	P_{90}	P_{95}
太湖	江苏省无锡市	男	BMI<18.5	15	9.0	0	0	0	5.6	9.5	19.4	35.5
			18.5≤BMI<23.0	244	13.6	0	0	0	6.4	20.8	39.7	58.5
			23.0≤BMI<25.0	197	15.8	0	0	0	6.7	20.7	43.7	69.6
			25.0≤BMI<30.0	140	15.2	0	0	0	9.8	20.1	36.2	53.0
			BMI≥30.0	11	13.1	0	0	0.9	10.6	23.1	30.0	32.5
		女	BMI<18.5	46	33.8	0	0	5.6	19.3	58.5	78.7	102.0
			18.5≤BMI<23.0	366	23.5	0	0	0	11.5	34.8	57.5	81.9
			23.0≤BMI<25.0	150	21.5	0	0	1.6	16.0	29.8	50.4	70.4
			25.0≤BMI<30.0	81	27.1	0	0	0	17.0	33.1	67.1	72.9
			BMI≥30.0	9	20.1	0	0	0	6.4	22.9	44.0	72.0

附表 A-58 我国重点流域典型城市居民（成人）分流域、性别、BMI 每周洗碗时间

流域	调查点	性别	BMI	N	平均每周洗碗时间/（分钟/周）							
					均值	P_5	P_{10}	P_{25}	P_{50}	P_{75}	P_{90}	P_{95}
长江	四川省射洪市	男	BMI<18.5	4	35.5	6.0	6.0	6.0	18.0	47.5	79.0	89.5
			18.5≤BMI<23.0	86	57.9	6.0	6.0	6.0	6.0	79.6	151.2	195.8
			23.0≤BMI<25.0	101	50.7	6.0	6.0	6.0	6.0	65.9	153.0	243.1
			25.0≤BMI<30.0	93	50.0	6.0	6.0	6.0	6.0	53.5	145.1	210.0
			BMI≥30.0	6	7.5	6.0	6.0	6.0	6.0	6.0	10.5	12.8
		女	BMI<18.5	31	103.0	6.0	6.0	10.9	60.0	136.9	242.6	292.6
			18.5≤BMI<23.0	151	102.6	6.0	6.0	6.0	81.9	158.3	258.6	316.4
			23.0≤BMI<25.0	62	135.0	6.0	6.0	19.5	97.3	213.7	290.2	378.0
			25.0≤BMI<30.0	50	126.2	6.0	6.0	41.2	103.0	203.6	290.6	325.9
			BMI≥30.0	3	129.7	34.9	49.8	94.5	169.0	184.5	193.8	196.9
	湖南省长沙市	男	BMI<18.5	12	6.9	0	0	0	2.0	6.3	27.8	30.0
			18.5≤BMI<23.0	137	12.3	0	0	0	0	15.0	37.1	60.0
			23.0≤BMI<25.0	80	9.3	0	0	0	0	7.8	20.1	41.8
			25.0≤BMI<30.0	60	14.9	0	0	0	3.5	15.1	31.8	64.0
			BMI≥30.0	9	6.6	0	0	0	0	12.0	21.4	24.2

续表

流域	调查点	性别	BMI	N	平均每周洗碗时间/（分钟/周）							
					均值	P_5	P_{10}	P_{25}	P_{50}	P_{75}	P_{90}	P_{95}
长江	湖南省长沙市	女	BMI<18.5	37	16.9	0	0	0	0	12.1	24.6	40.3
			18.5≤BMI<23.0	160	26.6	0	0	0	10.0	30.0	79.4	120.5
			23.0≤BMI<25.0	56	21.0	0	0	0	10.0	22.3	53.9	92.9
			25.0≤BMI<30.0	47	27.5	0	0	0	15.0	37.6	54.3	103.1
			BMI≥30.0	8	33.5	0.4	0.7	7.8	10.0	12.2	75.5	142
黄河	甘肃省兰州市	男	BMI<18.5	31	27.3	0	0	6.0	6.0	40.0	60.0	78.7
			18.5≤BMI<23.0	267	27.8	0	5.0	6.0	7.0	30.4	78.0	116.3
			23.0≤BMI<25.0	145	22.5	0	3.2	6.0	10.0	30.3	60.0	76.0
			25.0≤BMI<30.0	155	29.5	0	0	6.0	6.0	40.0	76.0	128.3
			BMI≥30.0	20	28.9	1.9	5.6	6.0	9.0	34.8	73.6	79.6
		女	BMI<18.5	71	42.0	6.0	6.0	6.0	20.0	64.4	107.4	127.0
			18.5≤BMI<23.0	292	39.3	5.7	6.0	6.0	20.0	51.8	103.4	148.1
			23.0≤BMI<25.0	147	57.1	5.0	6.0	12.2	32.2	73.3	131.6	186.5
			25.0≤BMI<30.0	103	61.1	6.0	6.0	10.6	42.0	80.5	160.0	198.7
			BMI≥30.0	15	37.8	4.2	6.0	6.0	7.1	67.0	95.4	111.4
	内蒙古自治区呼和浩特市	男	BMI<18.5	8	32.4	0	0	0	0	18.1	106.6	146.5
			18.5≤BMI<23.0	147	13	0	0	0	0	3.9	52.0	90.1
			23.0≤BMI<25.0	86	27.8	0	0	0	0	31.7	80.5	102.1
			25.0≤BMI<30.0	47	28.7	0	0	0	0	28.7	102.4	146.0
			BMI≥30.0	5	43.8	0	0	0	30.0	74.0	98.6	106.8
		女	BMI<18.5	21	45.0	0	0	0	0	60.0	186.7	237.9
			18.5≤BMI<23.0	139	43.7	0	0	0	28.6	66.7	120.0	160.3
			23.0≤BMI<25.0	91	62.3	0	0	0	32.2	98.1	150.6	204.7
			25.0≤BMI<30.0	61	74.1	0	0	0	25.2	129.6	217.9	280.2
			BMI≥30.0	3	74.9	1.0	2.0	5.0	10.0	112.3	173.7	194.2
	河北省石家庄市	男	BMI<18.5	3	4.9	0	0	0	0	7.4	11.9	13.3
			18.5≤BMI<23.0	52	21.3	0	0	0	12.2	29.6	58.5	76.4
			23.0≤BMI<25.0	35	29.8	0	0	0	11.7	42.9	77.4	133.4
			25.0≤BMI<30.0	65	27.3	0	0	0	19.4	44.6	73.9	81.9
			BMI≥30.0	16	19.6	0	0	0	8.0	29.4	58.8	75.2

续表

流域	调查点	性别	BMI	N	平均每周洗碗时间/（分钟/周）							
					均值	P₅	P₁₀	P₂₅	P₅₀	P₇₅	P₉₀	P₉₅
黄河	河北省石家庄市	女	BMI<18.5	17	20.6	0	0	0	10.1	24.0	62.7	65.5
			18.5≤BMI<23.0	68	64.8	0	0	9.9	41.4	102.3	156.9	215.3
			23.0≤BMI<25.0	33	45.8	0	0	9.1	36.7	62.8	106.3	132.8
			25.0≤BMI<30.0	44	50.4	0	0	12.5	42.1	77.6	111.4	116.7
			BMI≥30.0	11	74.6	16.1	19.6	40.4	59.0	99.0	137.3	160.7
珠江	广东省佛山市	男	BMI<18.5	35	14.9	0	0	0	0	16.5	43.4	61.9
			18.5≤BMI<23.0	248	25.9	0	0	0	9.3	29.2	64.9	118.9
			23.0≤BMI<25.0	93	20.7	0	0	0	9.2	25.0	58.5	89.1
			25.0≤BMI<30.0	124	9.1	0	0	0	0	10.0	25.4	40.0
			BMI≥30.0	13	34.8	0	0	0	0	30.0	48.0	154.1
		女	BMI<18.5	69	36	0	0	8.0	25.0	48.6	94.8	125.7
			18.5≤BMI<23.0	224	44.3	0	0	10.0	26.6	61.2	113.4	159.0
			23.0≤BMI<25.0	96	40.8	0	0	9.3	22.5	42.7	110.3	164.3
			25.0≤BMI<30.0	95	56.0	0	0	14.6	35.2	82.9	120.6	158.0
			BMI≥30.0	18	51.3	2.6	4.4	11.2	40.0	86.6	117.6	126.1
	广西壮族自治区北海市	男	BMI<18.5	18	28.2	0	0	0	0	50.0	85.6	115.6
			18.5≤BMI<23.0	92	25.2	0	0	0	6.6	37.9	60.0	93.8
			23.0≤BMI<25.0	38	30.8	0	0	0	14.5	53.8	61.9	91.0
			25.0≤BMI<30.0	26	20.7	0	0	0	7.0	39.1	55.0	63.0
			BMI≥30.0	2	19.8	2.0	4.0	9.9	19.8	29.6	35.5	37.5
		女	BMI<18.5	32	59.0	0	3.3	9.5	40.0	67.2	112.5	163.6
			18.5≤BMI<23.0	98	77.8	0	0	6.4	42.5	123.2	178.3	239.3
			23.0≤BMI<25.0	40	149.7	0	8.8	29.6	94.1	234.3	359.4	422.2
			25.0≤BMI<30.0	48	83.8	0.5	1.9	21.2	55.8	135.5	206.6	218.9
			BMI≥30.0	2	196.8	146.6	152.2	168.9	196.8	224.8	241.5	247.1
松花江	黑龙江省牡丹江市	男	BMI<18.5	19	6.5	0	0	0	0	4.9	18.0	32.9
			18.5≤BMI<23.0	187	12.7	0	0	0	0	14.3	39.9	62.5
			23.0≤BMI<25.0	158	19.3	0	0	0	0	20.0	47.5	66.5
			25.0≤BMI<30.0	192	13.1	0	0	0	0	15.8	33	60.6
			BMI≥30.0	22	6.4	0	0	0	0	12.3	22.1	25.6

流域	调查点	性别	BMI	N	平均每周洗碗时间/（分钟/周）							
					均值	P_5	P_{10}	P_{25}	P_{50}	P_{75}	P_{90}	P_{95}
松花江	黑龙江省牡丹江市	女	BMI<18.5	31	33.5	0	0	0	14.5	50.0	117.1	125.1
			18.5≤BMI<23.0	268	33.9	0	0	0	15.0	46.2	77.6	120.4
			23.0≤BMI<25.0	176	49.3	0	0	4.5	30.0	60.3	120.2	184.6
			25.0≤BMI<30.0	185	46.6	0	0	3.3	27.8	69.8	120.9	158.6
			BMI≥30.0	29	51.3	0	8.0	15.0	45.0	70.6	102.8	132.3
淮河	河南省郑州市	男	BMI<18.5	17	15.0	0	0	0	0	16.0	48.0	80.0
			18.5≤BMI<23.0	237	12.0	0	0	0	0	10.0	40.8	64.4
			23.0≤BMI<25.0	179	19.2	0	0	0	0	22.4	75.1	99.9
			25.0≤BMI<30.0	162	17.5	0	0	0	0	15.2	62.8	81.3
			BMI≥30.0	9	1.8	0	0	0	0	0	3.3	9.8
		女	BMI<18.5	43	37.1	0	0	0	0	39.0	88.8	130.9
			18.5≤BMI<23.0	324	34.7	0	0	0	15.0	46.6	92.6	143.4
			23.0≤BMI<25.0	153	56.2	0	0	0	34.3	70.1	135.6	202.0
			25.0≤BMI<30.0	134	59.1	0	0	9.9	38.7	86.1	154.3	170.2
			BMI≥30.0	7	62.4	0	0	3.4	12.5	89.6	179.4	209.0
海河	天津市	男	BMI<18.5	22	2.0	0	0	0	0	0	4.3	9.7
			18.5≤BMI<23.0	141	5.1	0	0	0	0	0	18.0	32.5
			23.0≤BMI<25.0	133	9.1	0	0	0	0	6.8	41.4	52.7
			25.0≤BMI<30.0	258	8.2	0	0	0	0	11.0	30.2	46.6
			BMI≥30.0	33	4.4	0	0	0	0	0	12.0	24.0
		女	BMI<18.5	31	21.0	0	0	0	6.0	38.5	68.0	70.5
			18.5≤BMI<23.0	241	27.4	0	0	0	12.3	41.0	78.2	102.2
			23.0≤BMI<25.0	153	30.1	0	0	5.0	16.0	40.0	66.4	94.4
			25.0≤BMI<30.0	198	34.8	0	0	5.1	20.7	46.9	86.0	116.2
			BMI≥30.0	16	14.9	0	0	0	5.0	15.9	31.9	56.9
辽河	辽宁省沈阳市	男	BMI<18.5	13	9.3	0	0	0	0	0	17.8	48.9
			18.5≤BMI<23.0	202	16.5	0	0	0	0	15.0	41.3	79.9
			23.0≤BMI<25.0	166	11.6	0	0	0	0	10.0	38.8	59.1
			25.0≤BMI<30.0	166	20.1	0	0	0	0	22.2	63.2	90.8
			BMI≥30.0	21	11.5	0	0	0	0	20.7	34.9	40.0

续表

流域	调查点	性别	BMI	N	平均每周洗碗时间/（分钟/周）							
					均值	P_5	P_{10}	P_{25}	P_{50}	P_{75}	P_{90}	P_{95}
辽河	辽宁省沈阳市	女	BMI<18.5	58	29.2	0	0	0	2.5	32.2	92.7	137.9
			18.5≤BMI<23.0	290	33.6	0	0	0	14.2	48.7	90.1	121.0
			23.0≤BMI<25.0	144	43.5	0	0	10.0	30.0	60.0	110.4	126.5
			25.0≤BMI<30.0	147	53.4	0	0	11.1	30.0	68.2	126.6	179.2
			BMI≥30.0	10	98.8	0	0	8.2	66.1	96.0	298.3	331.0
浙闽片河流	浙江省平湖市	男	BMI<18.5	6	3.5	0	0	0	0	0	10.5	15.8
			18.5≤BMI<23.0	80	19.4	0	0	0	0	20.0	60.0	92.9
			23.0≤BMI<25.0	60	25.5	0	0	0	1	26.9	91.9	141.1
			25.0≤BMI<30.0	48	19.4	0	0	0	8.1	16.3	61.3	85.0
			BMI≥30.0	3	0	0	0	0	0	0	0	0
		女	BMI<18.5	8	19.9	0	0	0	0	12.4	49.9	91.4
			18.5≤BMI<23.0	107	28.2	0	0	0	10.0	30.0	65.4	115.5
			23.0≤BMI<25.0	54	42.3	0	0	0	19.9	46.2	140.7	177.8
			25.0≤BMI<30.0	36	30.7	0	0	0	15.0	31.1	83.2	117.1
			BMI≥30.0	1	0	0	0	0	0	0	0	0
西北诸河	新疆维吾尔自治区库尔勒市	男	BMI<18.5	4	41.8	6.0	6.0	6.0	32.2	68.0	85.2	90.9
			18.5≤BMI<23.0	38	34.9	4.8	6.0	6.0	9.8	47.5	105.8	115.8
			23.0≤BMI<25.0	46	36.2	6.0	6.0	6.0	6.0	53.4	102.5	175.2
			25.0≤BMI<30.0	79	37.9	6.0	6.0	6.0	6.0	39.1	109.2	162.8
			BMI≥30.0	11	49.6	6.0	6.0	6.0	6.0	58.5	130.0	192.1
		女	BMI<18.5	20	62.1	6.0	9.6	14.3	34.3	80.4	159.1	169.1
			18.5≤BMI<23.0	107	79.0	6.0	6.0	10.5	46.4	114.0	180.6	214.1
			23.0≤BMI<25.0	41	99.6	9.7	20.0	30.0	55.4	122.5	219.7	315.0
			25.0≤BMI<30.0	55	68.4	6.0	6.0	28.5	46.0	109.4	141.6	181.5
			BMI≥30.0	12	75.7	6.0	6.0	6.0	64.2	141.0	173.0	180.8
西南诸河	云南省腾冲市	男	BMI<18.5	6	1.0	0	0	0	0	0	3.0	4.5
			18.5≤BMI<23.0	53	15.8	0	0	0	6.0	6.0	44.6	88.8
			23.0≤BMI<25.0	41	22.3	0	0	0	6.0	30.0	81.0	91.0
			25.0≤BMI<30.0	55	28.9	0	2.2	6.0	14.3	35.0	76.5	105.2
			BMI≥30.0	1	18.0	18.0	18.0	18.0	18.0	18.0	18.0	18.0

流域	调查点	性别	BMI	N	平均每周洗碗时间/（分钟/周）							
					均值	P$_5$	P$_{10}$	P$_{25}$	P$_{50}$	P$_{75}$	P$_{90}$	P$_{95}$
西南诸河	云南省腾冲市	女	BMI<18.5	14	70.5	2.6	4.6	8.2	51.8	102.7	156.5	205.2
			18.5≤BMI<23.0	75	60.0	6.0	10.0	20.0	45.0	85.5	128.2	146.9
			23.0≤BMI<25.0	29	86.1	6.0	6.0	30.1	70.8	110.2	220.0	236.7
			25.0≤BMI<30.0	46	76.5	8.7	10.0	24.9	52.4	113.6	174.4	195.2
			BMI≥30.0	2	139.2	63.6	72.0	97.2	139.2	181.2	206.4	214.8
巢湖	安徽省巢湖市	男	BMI<18.5	9	14.2	0	0	0	0	15.0	36.3	53.3
			18.5≤BMI<23.0	135	19	0	0	0	0	16.5	51.0	110.1
			23.0≤BMI<25.0	66	14.3	0	0	0	0	16.0	40.5	68.8
			25.0≤BMI<30.0	79	23.5	0	0	0	0	23.2	92.0	115.5
			BMI≥30.0	8	9.2	0	0	0	0	15.0	31.2	32.5
		女	BMI<18.5	33	31.7	0	0	0	5.1	49.0	89.0	141.8
			18.5≤BMI<23.0	180	73.1	0	0	1.9	45.8	114.8	170.2	218.6
			23.0≤BMI<25.0	75	83.1	0	0	14.0	68.3	122.7	204.2	222.3
			25.0≤BMI<30.0	44	62.7	0	1.8	16.9	46.2	73.8	142.2	180.3
太湖	江苏省无锡市	男	BMI<18.5	15	15.4	0	0	0	0	10.0	68.0	80.2
			18.5≤BMI<23.0	244	27.4	0	0	0	0	20.0	88.3	122.8
			23.0≤BMI<25.0	197	38.0	0	0	0	0	43.0	124.6	164.3
			25.0≤BMI<30.0	140	42.4	0	0	0	0	57.2	140.3	204.3
			BMI≥30.0	11	33.3	0	0	0	6.0	50.9	105.0	120.0
		女	BMI<18.5	46	36.8	0	0	0	0	31.4	119.0	239.2
			18.5≤BMI<23.0	366	58.5	0	0	0	25.8	90.0	170.0	225.0
			23.0≤BMI<25.0	150	91.6	0	0	15.0	59.2	138.3	231.3	274.8
			25.0≤BMI<30.0	81	94.7	0	0	17.5	70.0	154.5	219.5	265.0
			BMI≥30.0	9	51.4	0	0	1.0	40.0	75.0	112.0	146.0

附表 A-59　我国重点流域典型城市居民（成人）分流域、性别、BMI 每周洗菜时间

流域	调查点	性别	BMI	N	平均每周洗菜时间/（分钟/周）							
					均值	P$_5$	P$_{10}$	P$_{25}$	P$_{50}$	P$_{75}$	P$_{90}$	P$_{95}$
长江	四川省射洪市	男	BMI<18.5	4	0.3	0.3	0.3	0.3	0.3	0.3	0.3	0.3
			18.5≤BMI<23.0	86	20.7	0.3	0.3	0.3	0.3	31.1	61.4	89.9
			23.0≤BMI<25.0	101	19.1	0.3	0.3	0.3	0.3	14.7	48.6	112.3

流域	调查点	性别	BMI	N	平均每周洗菜时间/（分钟/周）							
					均值	P_5	P_{10}	P_{25}	P_{50}	P_{75}	P_{90}	P_{95}
长江	四川省射洪市	男	25.0≤BMI<30.0	93	19.7	0.3	0.3	0.3	0.3	25.6	67.6	96.2
			BMI≥30.0	6	0.3	0.3	0.3	0.3	0.3	0.3	0.3	0.3
		女	BMI<18.5	31	55.4	0.3	0.3	0.3	38.9	67.1	159.1	209.5
			18.5≤BMI<23.0	151	50.6	0.3	0.3	0.3	27.8	85.0	139.4	174.2
			23.0≤BMI<25.0	62	79.7	0.3	0.3	14.2	62.9	125.3	181.8	199.6
			25.0≤BMI<30.0	50	59.7	0.3	0.3	6.4	38.6	76.8	157.3	177.5
			BMI≥30.0	3	59.4	8.9	14.9	33.0	63.1	87.6	102.3	107.2
	湖南省长沙市	男	BMI<18.5	12	1.7	0	0	0	0	1.6	5.1	7.2
			18.5≤BMI<23.0	137	6.8	0	0	0	0	1.1	17.3	44.4
			23.0≤BMI<25.0	80	3.1	0	0	0	0	0.1	4.3	15.0
			25.0≤BMI<30.0	60	5.3	0	0	0	0.6	10.0	18.6	
			BMI≥30.0	9	0.6	0	0	0	0	0.3	2.3	2.6
		女	BMI<18.5	37	7.2	0	0	0	0	1.4	30.1	37.7
			18.5≤BMI<23.0	160	13.9	0	0	0	1.4	11.7	52.2	78.6
			23.0≤BMI<25.0	56	11.2	0	0	0	1.4	6.4	30.8	66.3
			25.0≤BMI<30.0	47	20.5	0	0	0.3	2.9	16.6	41.2	65.0
			BMI≥30.0	8	8.9	0	0	0.5	7.2	10.2	18.1	26.7
黄河	甘肃省兰州市	男	BMI<18.5	31	26.4	0	0	0.3	1.4	24.1	52.3	135.2
			18.5≤BMI<23.0	267	8.8	0	0.2	0.3	0.3	5.8	27.6	50.8
			23.0≤BMI<25.0	145	9.1	0	0	0.3	1.1	10.0	35.4	50.2
			25.0≤BMI<30.0	155	9.5	0	0	0.3	0.7	7.3	29.1	60.0
			BMI≥30.0	20	9.3	0.3	0.3	0.3	1.1	10.4	22.0	37.0
		女	BMI<18.5	71	27.2	0.3	0.3	0.3	3.6	33.0	75.0	102.8
			18.5≤BMI<23.0	292	21.1	0.3	0.3	0.3	3.0	20.8	63.8	93.3
			23.0≤BMI<25.0	147	32.5	0.1	0.3	1.6	8.6	37.8	91.6	123.9
			25.0≤BMI<30.0	103	29.4	0.3	0.3	1.9	10.9	42.1	77.0	103.9
			BMI≥30.0	15	18.0	0.3	0.3	0.3	2.9	24.5	61.6	83.5

续表

流域	调查点	性别	BMI	N	平均每周洗菜时间/（分钟/周）							
					均值	P_5	P_{10}	P_{25}	P_{50}	P_{75}	P_{90}	P_{95}
黄河	内蒙古自治区呼和浩特市	男	BMI<18.5	8	11.2	0	0	0	0	6.9	37.9	50.2
			18.5≤BMI<23.0	147	10.5	0	0	0	0	5.1	34.7	62.4
			23.0≤BMI<25.0	86	17.3	0	0	0	0	22.4	42.2	54.8
			25.0≤BMI<30.0	47	21.1	0	0	0	0	22.0	47.8	59.2
			BMI≥30.0	5	21.4	0	0	0	5.0	47.4	51.7	53.2
		女	BMI<18.5	21	23.3	0	0	0	0	36.7	52.8	125.5
			18.5≤BMI<23.0	139	35.8	0	0	0	15.4	47.6	88.1	133.9
			23.0≤BMI<25.0	91	52.5	0	0	1.1	35.8	75.5	124.3	177.2
			25.0≤BMI<30.0	61	51.3	0	0	0	14.3	83.5	136.1	202.3
			BMI≥30.0	3	21.2	0.1	0.3	0.7	1.4	31.8	50.0	56.0
	河北省石家庄市	男	BMI<18.5	3	1.8	0	0	0	0	2.8	4.4	4.9
			18.5≤BMI<23.0	52	19.8	0	0	0	10.4	25.2	51.1	62.8
			23.0≤BMI<25.0	35	19.9	0	0	0	9.7	28.8	68.6	76.0
			25.0≤BMI<30.0	65	18.3	0	0	0	7.6	28.5	51.9	73.5
			BMI≥30.0	16	7.9	0	0	0	0.6	10.9	25.0	31.0
		女	BMI<18.5	17	13.0	0	0	0	0.4	12.6	34.3	57.9
			18.5≤BMI<23.0	68	36.7	0	0	0	25.7	56.8	86.8	95.9
			23.0≤BMI<25.0	33	35.7	0	0	2.1	25.6	52.3	88.3	123.6
			25.0≤BMI<30.0	44	41.1	0	0	2.9	25.6	70.6	95.1	99.9
			BMI≥30.0	11	42.1	2.7	3.0	23.3	50.2	56.6	66.9	73.7
珠江	广东省佛山市	男	BMI<18.5	35	7.5	0	0	0	0	2.9	23.3	32.2
			18.5≤BMI<23.0	248	17.5	0	0	0	0.5	7.5	42.4	104.7
			23.0≤BMI<25.0	93	9.8	0	0	0	0.7	7.5	30.7	46.0
			25.0≤BMI<30.0	124	6.9	0	0	0	0	2.9	13.1	46.8
			BMI≥30.0	13	9.3	0	0	0	0	1.4	16.5	46.9
		女	BMI<18.5	69	23.2	0	0	0	2.9	25.8	63.0	110.1
			18.5≤BMI<23.0	224	26.0	0	0	0.7	4.6	31.8	84.5	110.0
			23.0≤BMI<25.0	96	26.8	0	0	0.9	3.1	20.8	94.8	121.9
			25.0≤BMI<30.0	95	41.4	0	0.2	2.9	11.4	66.3	113.2	153.0
			BMI≥30.0	18	34.8	0.5	1.2	4.6	23.0	43.6	69.5	116.5

续表

流域	调查点	性别	BMI	N	平均每周洗菜时间/（分钟/周）							
					均值	P_5	P_{10}	P_{25}	P_{50}	P_{75}	P_{90}	P_{95}
珠江	广西壮族自治区北海市	男	BMI<18.5	18	27.2	0	0	0	0	57.2	98.2	104.3
			18.5≤BMI<23.0	92	21.5	0	0	0	4.3	24.9	80.5	95.8
			23.0≤BMI<25.0	38	37.3	0	0	0	13.2	30.2	95.8	127.6
			25.0≤BMI<30.0	26	24.1	0	0	0	2.3	37.2	79.8	83.0
			BMI≥30.0	2	0	0	0	0	0	0	0	0
		女	BMI<18.5	32	44.0	0	0	3.4	10.2	62.3	114.7	139.3
			18.5≤BMI<23.0	98	73.5	0	0	4.3	38.2	118.5	147.8	257.0
			23.0≤BMI<25.0	40	125.2	0.3	2.7	13.2	117.1	163.3	314.8	353.5
			25.0≤BMI<30.0	48	81.9	0	0	3.9	58.6	112.8	230.1	273.2
			BMI≥30.0	2	219.2	101.6	114.7	153.9	219.2	284.5	323.7	336.8
松花江	黑龙江省牡丹江市	男	BMI<18.5	19	3.0	0	0	0	0	1.1	12.9	15.7
			18.5≤BMI<23.0	187	6.7	0	0	0	0	1.4	17.7	40.4
			23.0≤BMI<25.0	158	12.1	0	0	0	0	7.4	31.6	62.1
			25.0≤BMI<30.0	192	7.7	0	0	0	0	4.3	25.7	47.0
			BMI≥30.0	22	4.5	0	0	0	0	4.8	14.0	19.2
		女	BMI<18.5	31	34.5	0	0	0	2.9	27.8	85.4	126.2
			18.5≤BMI<23.0	268	24.4	0	0	0	2.9	29.4	68.3	111.7
			23.0≤BMI<25.0	176	36.1	0	0	0.6	12.9	41.8	100.3	166.2
			25.0≤BMI<30.0	185	32	0	0	0.6	8.6	40.7	94.5	142.3
			BMI≥30.0	29	36.6	0	0	1.4	13.5	56.9	105.8	114.5
淮河	河南省郑州市	男	BMI<18.5	17	1.4	0	0	0	0	2.1	4.1	6.7
			18.5≤BMI<23.0	237	8.6	0	0	0	0	0.7	24.9	57.4
			23.0≤BMI<25.0	179	10.9	0	0	0	0	1.1	34.0	61.2
			25.0≤BMI<30.0	162	13.3	0	0	0	0	8.4	50.3	76.9
			BMI≥30.0	9	1.3	0	0	0	0	0	3.1	7.1
		女	BMI<18.5	43	32.7	0	0	0	0	26.2	82.5	156.7
			18.5≤BMI<23.0	324	25.5	0	0	0	2.9	38.7	76.2	114.3
			23.0≤BMI<25.0	153	45.9	0	0	0	21.9	65.1	126.8	173.6
			25.0≤BMI<30.0	134	52.5	0	0	3.2	36.8	72.7	130.6	168.4
			BMI≥30.0	7	31.1	0	0	0.4	1.4	41.4	97.1	115.1

流域	调查点	性别	BMI	N	平均每周洗菜时间/（分钟/周）							
					均值	P_5	P_{10}	P_{25}	P_{50}	P_{75}	P_{90}	P_{95}
海河	天津市	男	BMI<18.5	22	0.5	0	0	0	0	0	1.3	2.8
			18.5≤BMI<23.0	141	1.9	0	0	0	0	0	2.8	6.2
			23.0≤BMI<25.0	133	4.5	0	0	0	0	0.9	17.8	24.2
			25.0≤BMI<30.0	258	3.7	0	0	0	0	0.7	10.8	23.9
			BMI≥30.0	33	2.6	0	0	0	0	0	2.1	15.5
		女	BMI<18.5	31	12.6	0	0	0	0.4	22.3	43.5	49.5
			18.5≤BMI<23.0	241	15.0	0	0	0	1.4	22.8	46.6	63.0
			23.0≤BMI<25.0	153	18.0	0	0	0.7	4.0	23.6	50.4	65.0
			25.0≤BMI<30.0	198	18.7	0	0	0.7	4.3	29.6	57.5	71.9
			BMI≥30.0	16	14.4	0	0	0	1.1	20.5	36.1	49.7
辽河	辽宁省沈阳市	男	BMI<18.5	13	9.1	0	0	0	0	0	2.3	48.1
			18.5≤BMI<23.0	202	7.8	0	0	0	0	2.1	18.3	32.7
			23.0≤BMI<25.0	166	7.8	0	0	0	0	1.4	25.1	45.4
			25.0≤BMI<30.0	166	13.5	0	0	0	0	2.9	33.7	77.7
			BMI≥30.0	21	2.8	0	0	0	0	1.0	11.9	13.3
		女	BMI<18.5	58	19.7	0	0	0	0	21.2	66.2	120.4
			18.5≤BMI<23.0	290	26.1	0	0	0	2.9	31.6	71.2	106.2
			23.0≤BMI<25.0	144	31.2	0	0	1.2	5.0	48.9	96.8	131.1
			25.0≤BMI<30.0	147	47.3	0	0	2.1	18.6	62.2	131.1	217.6
			BMI≥30.0	10	78.2	0	0	1.0	60.2	111.2	197.9	238.1
浙闽片河流	浙江省平湖市	男	BMI<18.5	6	0	0	0	0	0	0	0	0
			18.5≤BMI<23.0	80	14.8	0	0	0	0	4.9	58.3	95.5
			23.0≤BMI<25.0	60	23.1	0	0	0	0	4.1	79.5	163.1
			25.0≤BMI<30.0	48	8.9	0	0	0	0	3.3	33.1	38.5
			BMI≥30.0	3	0	0	0	0	0	0	0	0
		女	BMI<18.5	8	21.1	0	0	0	0.7	3.5	53.3	105.1
			18.5≤BMI<23.0	107	15.6	0	0	0	1.4	7.2	48.9	78.7
			23.0≤BMI<25.0	54	32.9	0	0	0	3.4	39.4	119.6	133.1
			25.0≤BMI<30.0	36	19.8	0	0	0	2.9	14.6	38.6	109.7
			BMI≥30.0	1	84.0	84.0	84.0	84.0	84.0	84.0	84.0	84.0

流域	调查点	性别	BMI	N	平均每周洗菜时间/（分钟/周）							
					均值	P_5	P_{10}	P_{25}	P_{50}	P_{75}	P_{90}	P_{95}
西北诸河	新疆维吾尔自治区库尔勒市	男	BMI<18.5	4	16.6	0.3	0.3	0.3	11.2	27.5	37.3	40.5
			18.5≤BMI<23.0	38	26.8	0.3	0.3	0.3	0.3	16.0	101.5	162.9
			23.0≤BMI<25.0	46	17.1	0.3	0.3	0.3	0.3	5.6	79.7	98.5
			25.0≤BMI<30.0	79	20.5	0.3	0.3	0.3	0.3	17.7	60.1	127.1
			BMI≥30.0	11	19.6	0.3	0.3	0.3	0.7	13.2	45.7	90.8
		女	BMI<18.5	20	50.2	0.3	0.3	2.0	10.2	34.2	64.9	135.2
			18.5≤BMI<23.0	107	45.2	0.3	0.3	0.4	17.0	61.7	133.6	152.9
			23.0≤BMI<25.0	41	53.6	0.3	1.1	14.6	30.3	64.4	160.4	180.3
			25.0≤BMI<30.0	55	44.3	0.3	0.7	1.6	24.6	51.1	144.0	164.9
			BMI≥30.0	12	25.9	0.3	0.3	0.3	2.3	54.2	71.6	73.6
西南诸河	云南省腾冲市	男	BMI<18.5	6	3.6	0	0	0	0	0	10.7	16.1
			18.5≤BMI<23.0	53	6.5	0	0	0	0.3	0.3	13.5	45.0
			23.0≤BMI<25.0	41	9.8	0	0	0	0.3	2.9	49.5	56.3
			25.0≤BMI<30.0	55	12.4	0	0	0.3	0.9	6.8	42.9	75.9
			BMI≥30.0	1	0.3	0.3	0.3	0.3	0.3	0.3	0.3	0.3
		女	BMI<18.5	14	23.1	0.7	0.9	1.4	7.1	21.1	73.4	101.3
			18.5≤BMI<23.0	75	38.5	0.6	0.9	2.7	14.3	60.6	99.5	145.9
			23.0≤BMI<25.0	29	53.5	0.3	1.8	7.4	33.1	77.6	133.1	192.2
			25.0≤BMI<30.0	46	50.9	1.2	1.4	9.5	36.3	80.3	128.4	151.9
			BMI≥30.0	2	115.1	42.8	50.9	75.0	115.1	155.3	179.4	187.4
巢湖	安徽省巢湖市	男	BMI<18.5	9	13.0	0	0	0	0	6.4	40.3	59.5
			18.5≤BMI<23.0	135	7.7	0	0	0	0	0	13.9	27.7
			23.0≤BMI<25.0	66	14.3	0	0	0	0	2.1	41.3	87.5
			25.0≤BMI<30.0	79	14.4	0	0	0	0	6.8	58.4	82.6
			BMI≥30.0	8	0.4	0	0	0	0	0.4	1.4	1.4
		女	BMI<18.5	33	26.4	0	0	0	0	24.9	80.6	101.4
			18.5≤BMI<23.0	180	51.7	0	0	0	21.0	75.2	145.0	207.9
			23.0≤BMI<25.0	75	58.0	0	0	0.7	32.4	82.5	143.5	227.9
			25.0≤BMI<30.0	44	43.7	0	0	1.4	24.0	75.8	104.3	118.1

流域	调查点	性别	BMI	N	平均每周洗菜时间/（分钟/周）							
					均值	P_5	P_{10}	P_{25}	P_{50}	P_{75}	P_{90}	P_{95}
太湖	江苏省无锡市	男	BMI<18.5	15	7.4	0	0	0	0	0	21.9	48.0
			18.5≤BMI<23.0	244	15.1	0	0	0	0	2.9	66.6	96.7
			23.0≤BMI<25.0	197	24.1	0	0	0	0	21.2	96.5	122.0
			25.0≤BMI<30.0	140	21.2	0	0	0	0	20.0	65.3	117.4
			BMI≥30.0	11	16.8	0	0	0	0	33.2	55.0	59.0
		女	BMI<18.5	46	18.0	0	0	0	0	21.9	69.6	92.9
			18.5≤BMI<23.0	366	43.1	0	0	0	4.3	72.9	132.1	153.6
			23.0≤BMI<25.0	150	70.7	0	0	2.1	53.9	110.3	173.5	230.4
			25.0≤BMI<30.0	81	63.1	0	0	0.7	41.4	97.8	168.8	245.7
			BMI≥30.0	9	34.3	0	0	4.3	4.3	62.1	83.4	113.1

附表 A-60　我国重点流域典型城市居民（成人）分流域、性别、BMI 每周手洗衣服时间

流域	调查点	性别	BMI	N	平均每周手洗衣服时间/（分钟/周）							
					均值	P_5	P_{10}	P_{25}	P_{50}	P_{75}	P_{90}	P_{95}
长江	四川省射洪市	男	BMI<18.5	4	17.5	0.6	1.3	3.2	16.4	30.7	34.6	35.9
			18.5≤BMI<23.0	86	11.0	0	0	0	0	5.5	43.7	67.6
			23.0≤BMI<25.0	101	16.3	0	0	0	0	11.4	60.0	97.1
			25.0≤BMI<30.0	93	17.0	0	0	0	0	10.0	54.5	108.7
			BMI≥30.0	6	13.3	0	0	0	0	0	40.0	60.0
		女	BMI<18.5	31	35.3	0	0	3.6	32.0	47.4	88.1	93.9
			18.5≤BMI<23.0	151	41.3	0	0	0	27.6	59.7	109.0	130.9
			23.0≤BMI<25.0	62	44.8	0	0	3.4	35.9	58.0	86.3	128.3
			25.0≤BMI<30.0	50	38.7	0	0	6.2	34.3	50.4	87.9	105.5
			BMI≥30.0	3	37.0	3.0	6.0	15.0	30.0	55.5	70.8	75.9
长江	湖南省长沙市	男	BMI<18.5	12	5.0	0	0	0	0	5.7	15.2	22.2
			18.5≤BMI<23.0	137	3.2	0	0	0	0	0	9.9	20.9
			23.0≤BMI<25.0	80	4.1	0	0	0	0	0	9.1	20.7
			25.0≤BMI<30.0	60	6.4	0	0	0	0	2.9	10.4	22.0
			BMI≥30.0	9	0	0	0	0	0	0	0	0

续表

流域	调查点	性别	BMI	N	平均每周手洗衣服时间/（分钟/周）							
					均值	P_5	P_{10}	P_{25}	P_{50}	P_{75}	P_{90}	P_{95}
长江	湖南省长沙市	女	BMI<18.5	37	25.2	0	0	0	10.0	40.0	68.9	75.1
			18.5≤BMI<23.0	160	16.9	0	0	0	5.0	20.0	45.7	84.0
			23.0≤BMI<25.0	56	16.5	0	0	0	5.7	20.3	43.9	79.1
			25.0≤BMI<30.0	47	12.6	0	0	0	4.3	25.2	31.7	39.8
			BMI≥30.0	8	25.6	0	0	1.6	5.8	22.1	63.4	102.5
黄河	甘肃省兰州市	男	BMI<18.5	31	22.7	0	0	0	2.9	24.3	67.9	109.3
			18.5≤BMI<23.0	267	14.0	0	0	0	0	11.6	41.6	70.4
			23.0≤BMI<25.0	145	11.6	0	0	0	0	6.4	37.3	59.3
			25.0≤BMI<30.0	155	15.8	0	0	0	0	12.1	54.3	81.7
			BMI≥30.0	20	11.7	0	0	0	0	4.8	35.7	40.1
		女	BMI<18.5	71	39.6	0	0	0	8.6	57.0	129.0	166.2
			18.5≤BMI<23.0	292	29.6	0	0	0	8.6	30.0	83.0	150.2
			23.0≤BMI<25.0	147	26.0	0	0	0	8.6	34.6	80.1	109.0
			25.0≤BMI<30.0	103	29.7	0	0	0	12.9	40.1	94.6	109.1
			BMI≥30.0	15	8.2	0	0	0	0	10.7	17.1	29.4
	内蒙古自治区呼和浩特市	男	BMI<18.5	8	25.1	0	0	0	0	21.6	94.8	104.5
			18.5≤BMI<23.0	147	9.6	0	0	0	0	2.9	42.9	64.3
			23.0≤BMI<25.0	86	22.7	0	0	0	0	19.0	49.8	69.6
			25.0≤BMI<30.0	47	15.7	0	0	0	0	20.2	42.9	51.4
			BMI≥30.0	5	16.3	0	0	0	0	0	48.9	65.2
		女	BMI<18.5	21	26.2	0	0	0	0	40.1	72.9	75.5
			18.5≤BMI<23.0	139	32.6	0	0	0	8.6	47.8	86.5	131.1
			23.0≤BMI<25.0	91	45.9	0	0	0	17.1	68.8	138.1	178.7
			25.0≤BMI<30.0	61	48.1	0	0	0	22.4	78.5	134.6	185.7
			BMI≥30.0	3	7.6	0	0	0	0	11.4	18.3	20.6
	河北省石家庄市	男	BMI<18.5	3	1.3	0	0	0	0	2.0	3.2	3.6
			18.5≤BMI<23.0	52	22.4	0	0	0	8.6	30.7	61.5	111.1
			23.0≤BMI<25.0	35	17.4	0	0	0	2.1	17.4	60.3	69.2
			25.0≤BMI<30.0	65	19.1	0	0	0	3.2	29.1	62.8	75.1
			BMI≥30.0	16	4.6	0	0	0	0	5.5	18.1	21.3

流域	调查点	性别	BMI	N	平均每周手洗衣服时间/（分钟/周）							
					均值	P_5	P_{10}	P_{25}	P_{50}	P_{75}	P_{90}	P_{95}
黄河	河北省石家庄市	女	BMI<18.5	17	20.9	0	0	0	1.5	14.2	28.3	77.6
			18.5≤BMI<23.0	68	50.9	0	0	6.0	34.5	80.6	129.8	157.6
			23.0≤BMI<25.0	33	54.4	0	0	14.9	44.2	76.3	132.2	153.1
			25.0≤BMI<30.0	44	40.4	0	0	6.6	30.8	62.8	103.5	121.3
			BMI≥30.0	11	61.2	4.3	8.6	22.1	66.5	89.5	112.5	116.5
珠江	广东省佛山市	男	BMI<18.5	35	26.1	0	0	0	0	14.7	67.2	165.1
			18.5≤BMI<23.0	248	21.8	0	0	0	0	15.0	76.8	123.2
			23.0≤BMI<25.0	93	13.4	0	0	0	0	5.0	43.3	91.5
			25.0≤BMI<30.0	124	8.4	0	0	0	0	0	15.1	82.1
			BMI≥30.0	13	15.7	0	0	0	0	0	37.2	86.4
		女	BMI<18.5	69	28.9	0	0	0	10.0	35.0	97.5	128.4
			18.5≤BMI<23.0	224	34.5	0	0	0	12.9	36.5	103.5	149.6
			23.0≤BMI<25.0	96	35.5	0	0	0	10.0	27.8	110.2	147.5
			25.0≤BMI<30.0	95	45.0	0	0	0	15.0	76.7	135.7	180.0
			BMI≥30.0	18	21.2	0	0	0	4.0	40.4	64.8	76.9
	广西壮族自治区北海市	男	BMI<18.5	18	25.8	0	0	0	17.7	103.8	126.3	
			18.5≤BMI<23.0	92	22.0	0	0	0	1.4	20.8	46.9	85.3
			23.0≤BMI<25.0	38	20.6	0	0	0	7.5	32.6	55.5	69.2
			25.0≤BMI<30.0	26	21.5	0	0	0	0	26.0	65.2	97.9
			BMI≥30.0	2	0	0	0	0	0	0	0	0
		女	BMI<18.5	32	49.7	0	0	0	37.5	76.2	133.4	138.5
			18.5≤BMI<23.0	98	48.2	0	0	0.4	20.0	64.7	125.6	180.2
			23.0≤BMI<25.0	40	70.7	0	0	16.5	59.8	112.8	155.6	215
			25.0≤BMI<30.0	48	48.2	0	0	3.0	25.4	70.0	129.0	160.2
			BMI≥30.0	2	109	73.9	77.8	89.5	109.0	128.5	140.2	144.1
松花江	黑龙江省牡丹江市	男	BMI<18.5	19	20.5	0	0	0	8.6	28.0	60.5	92.3
			18.5≤BMI<23.0	187	10.1	0	0	0	0	7.2	27.3	43.6
			23.0≤BMI<25.0	158	11.2	0	0	0	0	10.4	39.5	68.6
			25.0≤BMI<30.0	192	12.6	0	0	0	0	11.0	30.7	65.9
			BMI≥30.0	22	6.5	0	0	0	0	2.7	19.3	39.0

流域	调查点	性别	BMI	N	平均每周手洗衣服时间/（分钟/周）							
					均值	P₅	P₁₀	P₂₅	P₅₀	P₇₅	P₉₀	P₉₅
松花江	黑龙江省牡丹江市	女	BMI<18.5	31	30.9	0	0	0	8.6	35.7	135.7	141.4
			18.5≤BMI<23.0	268	25.1	0	0	0	8.6	35.3	69.8	104.5
			23.0≤BMI<25.0	176	32.7	0	0	0	11.4	40.1	95.5	138.4
			25.0≤BMI<30.0	185	26.7	0	0	0	10.0	38.6	77.7	106.4
			BMI≥30.0	29	51.7	0	0	5.7	25.7	83.1	139.7	171.2
淮河	河南省郑州市	男	BMI<18.5	17	21.2	0	0	0	0	31.7	58.5	91.4
			18.5≤BMI<23.0	237	13.0	0	0	0	0	15.8	42.7	59.7
			23.0≤BMI<25.0	179	17.3	0	0	0	0	14.0	63.6	88.5
			25.0≤BMI<30.0	162	14.3	0	0	0	0	14.3	53.3	77.2
			BMI≥30.0	9	8.8	0	0	0	0	1.4	36.8	39.8
		女	BMI<18.5	43	32.4	0	0	0	20.0	50.5	89.2	126.1
			18.5≤BMI<23.0	324	38.1	0	0	0	17.1	56.8	106.1	132.6
			23.0≤BMI<25.0	153	40.9	0	0	0	15.1	66.7	128.9	151.4
			25.0≤BMI<30.0	134	44.3	0	0	0	24.5	69.8	125.1	155.2
			BMI≥30.0	7	45.0	0	0	7.3	43.2	65.7	99.1	112.4
海河	天津市	男	BMI<18.5	22	2.8	0	0	0	0	0	12.3	14.3
			18.5≤BMI<23.0	141	3.1	0	0	0	0	0	4.3	19.3
			23.0≤BMI<25.0	133	4.8	0	0	0	0	0	13.9	30.0
			25.0≤BMI<30.0	258	6.9	0	0	0	0	0	20.9	34.7
			BMI≥30.0	33	1.8	0	0	0	0	0	0	11.1
		女	BMI<18.5	31	17.0	0	0	0	0	22.0	40.8	70.3
			18.5≤BMI<23.0	241	23.0	0	0	0	6.9	31.9	71.4	90.0
			23.0≤BMI<25.0	153	22.0	0	0	0	6.9	26.6	74.4	106.5
			25.0≤BMI<30.0	198	23.2	0	0	0	8.6	30.0	65.5	107.7
			BMI≥30.0	16	21.1	0	0	0	0	22.1	52.5	81.4
辽河	辽宁省沈阳市	男	BMI<18.5	13	7.3	0	0	0	0	0	0	37.7
			18.5≤BMI<23.0	202	8.5	0	0	0	0	8.2	22.9	38.5
			23.0≤BMI<25.0	166	9.9	0	0	0	0	8.6	35.8	58.3
			25.0≤BMI<30.0	166	9.7	0	0	0	0	7.7	38.6	58.3
			BMI≥30.0	21	5.6	0	0	0	0	7.7	13.8	31.4

流域	调查点	性别	BMI	N	平均每周手洗衣服时间/（分钟/周）							
					均值	P_5	P_{10}	P_{25}	P_{50}	P_{75}	P_{90}	P_{95}
辽河	辽宁省沈阳市	女	BMI<18.5	58	35.7	0	0	0	9.3	43.8	94.3	168.9
			18.5≤BMI<23.0	290	31.1	0	0	0	8.6	43.7	88.9	128.3
			23.0≤BMI<25.0	144	35.6	0	0	1.6	16.9	52.0	99.4	125.5
			25.0≤BMI<30.0	147	52.4	0	0	7.9	25.7	64.7	134.3	163.3
			BMI≥30.0	10	38.2	0	0	2.5	12.1	72.4	101.8	123.0
浙闽片河流	浙江省平湖市	男	BMI<18.5	6	5.3	0	0	0	0	10.5	16.0	17.0
			18.5≤BMI<23.0	80	8.3	0	0	0	0	8.9	25.9	47.9
			23.0≤BMI<25.0	60	16.4	0	0	0	0	5.2	60.7	92.1
			25.0≤BMI<30.0	48	6.0	0	0	0	0	4.8	22.7	29.5
			BMI≥30.0	3	0	0	0	0	0	0	0	0
		女	BMI<18.5	8	26.8	0	0	4.3	18.5	37.7	66.8	73.8
			18.5≤BMI<23.0	107	36.5	0	0	5.4	20.0	47.8	75.5	145.6
			23.0≤BMI<25.0	54	51.4	0	0	0	15.0	66.9	150.4	176.6
			25.0≤BMI<30.0	36	48.7	0	0	5.4	20.0	54.3	147.2	208.2
			BMI≥30.0	1	90.0	90.0	90.0	90.0	90.0	90.0	90.0	90.0
西北诸河	新疆维吾尔自治区库尔勒市	男	BMI<18.5	4	7.6	0	0	0	0	7.6	21.2	25.7
			18.5≤BMI<23.0	38	13.6	0	0	0	0	9.6	37.6	74.8
			23.0≤BMI<25.0	46	12.4	0	0	0	0	8.5	45.1	67.6
			25.0≤BMI<30.0	79	13.9	0	0	0	0	9.4	29.1	91.8
			BMI≥30.0	11	5.0	0	0	0	0	6.9	20.0	20.6
		女	BMI<18.5	20	40.1	0	0	6.8	23.5	65.9	92.6	105.2
			18.5≤BMI<23.0	107	49.2	0	0	0.4	25.0	69.0	131.9	166.8
			23.0≤BMI<25.0	41	61.2	0	0	8.6	36.0	100.0	178.4	191.0
			25.0≤BMI<30.0	55	34.0	0	0	4.6	20.8	47.3	69.6	90.2
			BMI≥30.0	12	33.5	0	0.4	5.2	27.9	52.1	85.1	87.0
西南诸河	云南省腾冲市	男	BMI<18.5	6	3.6	0	0	0	0	6.4	10.7	11.8
			18.5≤BMI<23.0	53	14.8	0	0	0	0	8.6	26.0	111.0
			23.0≤BMI<25.0	41	11.2	0	0	0	0	5.7	39.3	56.1
			25.0≤BMI<30.0	55	11.3	0	0	0	0	11.4	35.0	64.1
			BMI≥30.0	1	0	0	0	0	0	0	0	0

流域	调查点	性别	BMI	N	平均每周手洗衣服时间/（分钟/周）							
					均值	P_5	P_{10}	P_{25}	P_{50}	P_{75}	P_{90}	P_{95}
西南诸河	云南省腾冲市	女	BMI<18.5	14	40.0	0	0	7.1	15.7	79.4	104.3	109.1
			18.5≤BMI<23.0	75	52.2	0	4.3	8.6	23.7	72.1	138.1	162.3
			23.0≤BMI<25.0	29	72.7	0	0	15.0	50.9	87.0	151.8	273.0
			25.0≤BMI<30.0	46	40.5	0	2.1	8.9	32.2	68.7	93.9	100.4
			BMI≥30.0	2	176.9	58.6	71.8	111.2	176.9	242.7	282.1	295.2
巢湖	安徽省巢湖市	男	BMI<18.5	9	17.5	0	0	0	0	15.3	62.6	67.9
			18.5≤BMI<23.0	135	9.0	0	0	0	0	0	26.0	43.1
			23.0≤BMI<25.0	66	8.4	0	0	0	0	0	17.7	28.9
			25.0≤BMI<30.0	79	14.3	0	0	0	0	0	41.9	116.6
			BMI≥30.0	8	0	0	0	0	0	0	0	0
		女	BMI<18.5	33	31.5	0	0	0	0	45.3	93.5	121.0
			18.5≤BMI<23.0	180	70.2	0	0	0	40.4	108.0	199.1	243.1
			23.0≤BMI<25.0	75	83.0	0	0	5.4	37.8	128.3	241.9	265.7
			25.0≤BMI<30.0	44	77.7	0	0	10.4	43.0	102.2	207.1	266.1
太湖	江苏省无锡市	男	BMI<18.5	15	7.7	0	0	0	0	0	5.7	37.5
			18.5≤BMI<23.0	244	11.3	0	0	0	0	0	30.2	73.4
			23.0≤BMI<25.0	197	14.5	0	0	0	0	2.1	59.7	97.3
			25.0≤BMI<30.0	140	13.7	0	0	0	0	0	55.4	89.8
			BMI≥30.0	11	12.9	0	0	0	0	0	70.0	71.0
		女	BMI<18.5	46	44.4	0	0	0	1.4	62.4	120.5	172.5
			18.5≤BMI<23.0	366	43.8	0	0	0	10.0	59.6	142.3	201.3
			23.0≤BMI<25.0	150	69.5	0	0	3.3	30.3	117.2	201.0	230.8
			25.0≤BMI<30.0	81	61.7	0	0	0	30.0	100.0	185.0	218.6
			BMI≥30.0	9	30.6	0	0	0	11.4	30.0	78.0	114.0

附表 A-61 我国重点流域典型城市居民（成人）分流域、性别、BMI 每周洗澡时间

流域	调查点	性别	BMI	N	平均每周洗澡时间/（分钟/周）							
					均值	P_5	P_{10}	P_{25}	P_{50}	P_{75}	P_{90}	P_{95}
长江	四川省射洪市	男	BMI<18.5	4	51.0	24.3	26.3	32.4	38.4	57.1	85.8	95.4
			18.5≤BMI<23.0	86	57.8	13.0	17.3	23.6	45.6	74.7	121.3	152.5
			23.0≤BMI<25.0	101	60.1	16.4	17.1	25.1	46.8	84.5	111.0	141.0

流域	调查点	性别	BMI	N	平均每周洗澡时间/（分钟/周）							
					均值	P_5	P_{10}	P_{25}	P_{50}	P_{75}	P_{90}	P_{95}
长江	四川省射洪市	男	25.0≤BMI<30.0	93	62.1	12.3	17.1	30.6	50.2	73.0	110.9	151.1
			BMI≥30.0	6	84	20.5	23.1	29.8	59.3	121.3	169.5	187.5
		女	BMI<18.5	31	69.2	13.3	16.4	33.4	55.0	86.2	136.4	187.5
			18.5≤BMI<23.0	151	78.9	20.2	33.4	45.7	67.8	95.8	132.4	195.1
			23.0≤BMI<25.0	62	64.5	17.2	22.4	34.3	51.4	95.0	107.8	130.0
			25.0≤BMI<30.0	50	74.2	22.3	26.4	42.2	68.0	96.2	117.1	171.8
			BMI≥30.0	3	44.3	16.1	19.4	29.3	45.7	60.0	68.5	71.4
	湖南省长沙市	男	BMI<18.5	12	29.2	6.8	10.1	12.5	20.0	36.0	54.1	71.2
			18.5≤BMI<23.0	137	27.2	2.9	4.3	8.6	17.2	36.2	58.0	74.8
			23.0≤BMI<25.0	80	25.7	1.4	4.3	8.6	19.5	33.4	58.7	82.6
			25.0≤BMI<30.0	60	29.9	1.4	2.8	5.0	15.0	30.0	83.4	116.9
			BMI≥30.0	9	19.6	2.1	2.1	4.3	5.0	24.3	52.3	66.3
		女	BMI<18.5	37	32.8	5.4	6.8	9.0	16.3	56.2	74.8	88.0
			18.5≤BMI<23.0	160	32.6	2.8	4.3	8.6	20.0	42.2	79.3	94.1
			23.0≤BMI<25.0	56	27.0	2.1	2.9	6.2	15.0	35.8	79.4	87.2
			25.0≤BMI<30.0	47	23.8	4.3	4.3	8.6	16.0	37.3	49.8	62.9
			BMI≥30.0	8	18.7	3.4	3.9	5.6	16.4	23.3	38.3	44.3
黄河	甘肃省兰州市	男	BMI<18.5	31	26.7	4.3	4.3	5.0	8.6	21.4	74.6	124.5
			18.5≤BMI<23.0	267	26.1	4.3	4.3	5.7	8.6	20.0	75.7	121.8
			23.0≤BMI<25.0	145	23.5	4.3	4.3	5.7	8.6	25.7	50.1	91.8
			25.0≤BMI<30.0	155	28.0	3.3	4.3	5.7	8.6	30.0	86.9	131.3
			BMI≥30.0	20	27.5	2.0	2.1	6.2	10.0	22.5	64.8	133.3
		女	BMI<18.5	71	50.2	4.3	4.7	8.6	17.1	45.5	146.5	176.2
			18.5≤BMI<23.0	292	32.7	4.3	5.7	8.6	12.9	28.9	84.4	142.3
			23.0≤BMI<25.0	147	30.9	4.3	5.7	8.6	11.4	25.7	105.0	143.6
			25.0≤BMI<30.0	103	24.1	4.3	4.3	5.7	8.6	17.1	84.5	107.5
			BMI≥30.0	15	17.7	4.3	4.3	6.4	8.6	11.8	15.4	54.8

流域	调查点	性别	BMI	N	平均每周洗澡时间/（分钟/周）							
					均值	P_5	P_{10}	P_{25}	P_{50}	P_{75}	P_{90}	P_{95}
黄河	内蒙古自治区呼和浩特市	男	BMI<18.5	8	71.2	10.9	17.4	42.2	75.4	102.9	113.1	125.1
			18.5≤BMI<23.0	147	45.6	4.5	6.4	11.4	34.3	68.8	102.9	116.7
			23.0≤BMI<25.0	86	61.7	5.9	7.1	34.3	53.0	93.1	123.2	141.6
			25.0≤BMI<30.0	47	57.6	5.2	6.6	15.4	40.9	72.6	121.8	204.1
			BMI≥30.0	5	120.7	87.7	90.5	98.9	102.8	107.0	168.7	189.3
		女	BMI<18.5	21	85.2	11.4	12.9	46.2	68.9	117.9	165.0	175.9
			18.5≤BMI<23.0	139	64.9	5.7	6.4	12.9	51.9	92.3	142.5	172.0
			23.0≤BMI<25.0	91	73.7	4.3	5.7	17.1	52.9	107.4	166.4	201.2
			25.0≤BMI<30.0	61	59.8	4.3	5.7	22.9	51.7	71.5	141.2	153.4
			BMI≥30.0	3	11.5	3.9	4.9	7.9	12.9	15.9	17.7	18.3
	河北省石家庄市	男	BMI<18.5	3	100.8	47.0	51.7	65.7	89.1	130.0	154.6	162.8
			18.5≤BMI<23.0	52	72.8	16.1	23.8	39.2	69.4	103.2	118.4	120.9
			23.0≤BMI<25.0	35	65.7	30.9	34.4	40.2	55.7	85.9	116.0	123.8
			25.0≤BMI<30.0	65	77.4	29.2	34.6	45.7	68.7	100.0	137.9	151.0
			BMI≥30.0	16	51.7	13.9	20.3	31.9	52.0	57.5	94.6	109.0
		女	BMI<18.5	17	100.8	27.5	33.4	52.1	101.4	115.0	201.8	214.4
			18.5≤BMI<23.0	68	98.0	23.2	38.3	59.7	85.6	121.6	170.0	209.1
			23.0≤BMI<25.0	33	83.2	25.4	31.6	51.4	72.5	102.9	136.7	167.5
			25.0≤BMI<30.0	44	85.8	24.9	31.2	65.4	89.5	107.5	129.0	141.8
			BMI≥30.0	11	90.2	18.7	20.3	45.2	98.9	128.0	142.9	162.9
珠江	广东省佛山市	男	BMI<18.5	35	85.3	14.5	15.5	19.8	70.4	117.4	188.2	238.8
			18.5≤BMI<23.0	248	65.3	4.5	10.0	17.0	51.1	100.6	140.9	163.8
			23.0≤BMI<25.0	93	58.9	2.9	8.0	20.0	42.4	91.8	133.0	148.1
			25.0≤BMI<30.0	124	65.4	5.1	10.0	20.0	58.5	94.9	131.7	167.0
			BMI≥30.0	13	79.4	13.5	19.4	30.9	76.0	114.6	132.1	165.2
		女	BMI<18.5	69	81.0	2.9	10.0	20.2	85.4	115.2	151.8	167.7
			18.5≤BMI<23.0	224	73.5	8.3	10.0	20.5	62.5	105.4	148.0	173.2
			23.0≤BMI<25.0	96	74.5	5.0	10.0	18.9	60.5	105.6	164.9	187.4
			25.0≤BMI<30.0	95	74.1	5.7	10.0	21.3	75.1	106.4	143.0	161.8
			BMI≥30.0	18	73.0	10.0	13.5	31.4	48.5	88.2	190.9	194.1

流域	调查点	性别	BMI	N	平均每周洗澡时间/（分钟/周）							
					均值	P5	P10	P25	P50	P75	P90	P95
珠江	广西壮族自治区北海市	男	BMI<18.5	18	110.4	62.5	71.4	74.7	100.1	135.7	165.6	188.3
			18.5≤BMI<23.0	92	94.6	36.1	54.1	65.1	77.4	106.0	161.8	199.5
			23.0≤BMI<25.0	38	77.6	30.0	40.3	47.3	70.3	102.9	120.3	138.8
			25.0≤BMI<30.0	26	105.8	31.6	62.7	70.0	78.9	106.9	172.3	267.5
			BMI≥30.0	2	98.7	88.5	89.7	93.1	98.7	104.4	107.7	108.9
		女	BMI<18.5	32	103.9	53.8	55.8	73.6	87.8	118.1	161.1	195.9
			18.5≤BMI<23.0	98	96.1	30.4	46.6	69.1	83.7	106.6	167.2	205.7
			23.0≤BMI<25.0	40	102.9	26.2	34.7	62.7	87.7	115.3	184.0	223.0
			25.0≤BMI<30.0	48	103.6	49.5	63.4	70.3	77.5	106.2	182.0	205.3
			BMI≥30.0	2	221.8	133.3	143.2	172.6	221.8	270.9	300.4	310.2
松花江	黑龙江省牡丹江市	男	BMI<18.5	19	69.8	5.6	8.0	10.0	16.4	79.7	121.3	183.5
			18.5≤BMI<23.0	187	39.8	4.3	5.7	8.6	25.7	49.8	87.3	121.9
			23.0≤BMI<25.0	158	51.7	5.6	8.6	15.4	35.7	72.7	117.2	163.4
			25.0≤BMI<30.0	192	61.9	5.7	8.6	14.3	41.5	78.9	132.8	177.4
			BMI≥30.0	22	55.3	4.4	5.8	9.3	31.2	71.3	125.7	197.9
		女	BMI<18.5	31	66.7	2.5	8.6	12.1	35.7	71.8	194.2	255.8
			18.5≤BMI<23.0	268	57.9	4.3	8.1	12.9	35.4	73.7	124.3	197.9
			23.0≤BMI<25.0	176	56.7	4.3	6.4	12.9	38.6	74.2	122.3	170.9
			25.0≤BMI<30.0	185	57.1	5.9	8.6	14.3	42.9	68.9	117.5	190.7
			BMI≥30.0	29	87.2	10.3	16.3	25.7	54.4	109.1	148.3	185.1
淮河	河南省郑州市	男	BMI<18.5	17	66.3	7.7	9.2	57.3	69.5	82.3	110.1	115.5
			18.5≤BMI<23.0	237	66.0	4.3	10.0	32.1	62.3	85.4	138.7	166.7
			23.0≤BMI<25.0	179	66.6	7.0	11.7	34.3	58.8	85.5	128.8	153.9
			25.0≤BMI<30.0	162	80.8	14.4	25.0	45.8	72.0	116.9	142.1	158.1
			BMI≥30.0	9	67.3	26.6	32.5	36.4	45.7	69.1	104.3	166.3
		女	BMI<18.5	43	99.6	24.5	33.8	62.0	82.9	136.5	192.3	200.6
			18.5≤BMI<23.0	324	91.4	10.0	20.4	41.4	73.6	133.8	184.2	210.0
			23.0≤BMI<25.0	153	83.4	8.0	17.3	34.4	76.9	124.7	161.2	192.7
			25.0≤BMI<30.0	134	79.9	10.5	20.7	36.0	68.7	101.9	151.0	204.3
			BMI≥30.0	7	92.1	23.7	35.7	68.3	88.5	98.8	144.9	177.4

续表

流域	调查点	性别	BMI	N	平均每周洗澡时间/（分钟/周）							
					均值	P₅	P₁₀	P₂₅	P₅₀	P₇₅	P₉₀	P₉₅
海河	天津市	男	BMI<18.5	22	46.3	9.8	13.1	17.5	39.7	61.6	94.6	99.8
			18.5≤BMI<23.0	141	33.1	2.9	4.3	7.1	20.0	41.0	81.6	117.1
			23.0≤BMI<25.0	133	34.0	4.3	5.7	10.0	21.5	44.7	91.0	98.6
			25.0≤BMI<30.0	258	35.4	2.9	4.3	7.1	21.2	58.8	90.4	104.3
			BMI≥30.0	33	41.1	4.3	6.3	10.0	37.0	71.4	86.0	96.3
		女	BMI<18.5	31	63.2	11.5	15.0	21.7	68.5	89.9	101.2	117.6
			18.5≤BMI<23.0	241	51.4	5.0	8.6	14.3	32.7	69.8	128.7	157.0
			23.0≤BMI<25.0	153	41.8	4.3	5.7	10.0	21.0	61.5	110.0	129.1
			25.0≤BMI<30.0	198	40.8	4.3	4.3	10.0	21.2	56.2	109.1	125.5
			BMI≥30.0	16	32.6	4.3	5.4	9.3	20.0	36.2	95.5	108.4
辽河	辽宁省沈阳市	男	BMI<18.5	13	65.3	4.6	6.6	12.9	43.1	90.0	153.0	178.3
			18.5≤BMI<23.0	202	65.6	5.7	8.6	20.0	52.1	96.6	146.2	179.9
			23.0≤BMI<25.0	166	67.3	6.4	8.6	17.1	52.8	78.5	136.9	190.9
			25.0≤BMI<30.0	166	70.9	7.1	9.3	20.0	55.7	91.0	171.2	187.6
			BMI≥30.0	21	78.8	8.6	10.0	17.1	84.0	102.8	179.5	202.7
		女	BMI<18.5	58	78.4	8.6	10.0	25.7	69.7	109.7	148.7	170.5
			18.5≤BMI<23.0	290	80.4	5.7	8.6	20.0	68.7	113.3	174.3	211.1
			23.0≤BMI<25.0	144	66.6	5.7	7.6	17.1	47.1	100.4	151.5	208.6
			25.0≤BMI<30.0	147	83.1	5.7	8.6	21.6	68.6	119.7	173.5	232.8
			BMI≥30.0	10	98.5	6.9	9.4	46.6	76.0	150.0	210.1	225.0
浙闽片河流	浙江省平湖市	男	BMI<18.5	6	33.2	16.1	19.4	26.9	30.2	34.4	49.9	56.9
			18.5≤BMI<23.0	80	28.4	4.2	4.3	8.6	15	34.3	72.4	91.1
			23.0≤BMI<25.0	60	42.4	4.2	5.0	10.0	32.3	61.3	94.0	120.7
			25.0≤BMI<30.0	48	35.7	4.3	5.0	8.6	20.7	53.6	85.5	97.1
			BMI≥30.0	3	77.6	25.4	33.7	58.6	100.0	107.8	112.4	114.0
		女	BMI<18.5	8	30.9	3.1	4.1	8.8	24.5	42.2	63.4	76.9
			18.5≤BMI<23.0	107	45.4	4.3	5.0	11.8	30.0	53.7	104.0	174.6
			23.0≤BMI<25.0	54	51.2	3.5	5.2	15.0	42.0	60.8	126.1	158.9
			25.0≤BMI<30.0	36	52.6	3.9	9.3	15.2	38.8	72.6	117.6	153.1
			BMI≥30.0	1	120.0	120.0	120.0	120.0	120.0	120.0	120.0	120.0

流域	调查点	性别	BMI	N	平均每周洗澡时间/（分钟/周）							
					均值	P_5	P_{10}	P_{25}	P_{50}	P_{75}	P_{90}	P_{95}
西北诸河	新疆维吾尔自治区库尔勒市	男	BMI<18.5	4	109.3	45.1	52.0	72.7	104.6	141.3	170.5	180.3
			18.5≤BMI<23.0	38	68.5	4.1	7.7	33.7	54.0	81.8	138.7	163.1
			23.0≤BMI<25.0	46	61.7	9.7	17.8	28.2	52.8	76.2	124.2	172.9
			25.0≤BMI<30.0	79	68.0	6.7	9.1	25.4	54.8	102.9	129.7	172.6
			BMI≥30.0	11	72.1	15.1	25.9	32.0	50.7	114.5	136.9	160.1
		女	BMI<18.5	20	85.3	25.3	36.4	42.7	61.1	94.7	135.9	173.6
			18.5≤BMI<23.0	107	77.7	9.9	17.1	40.0	64.8	113.5	144.1	172.4
			23.0≤BMI<25.0	41	98.8	14.3	21.4	39.3	73.6	122.3	195.0	217.1
			25.0≤BMI<30.0	55	89.2	10.7	19.3	45.4	67.1	108.9	178.0	194.0
			BMI≥30.0	12	81.6	9.6	13.6	35.6	80.7	125.5	142.4	159.7
西南诸河	云南省腾冲市	男	BMI<18.5	6	33.5	6.4	7.1	8.6	21.1	33.9	72.4	91.6
			18.5≤BMI<23.0	53	44	4.3	5.7	8.6	36.5	59.5	86.9	108.4
			23.0≤BMI<25.0	41	47.8	5.7	5.7	14.3	34.5	60.0	110.4	111.2
			25.0≤BMI<30.0	55	45.8	4.3	4.3	8.6	36.1	62.3	108.4	131.0
			BMI≥30.0	1	100.7	100.7	100.7	100.7	100.7	100.7	100.7	100.7
		女	BMI<18.5	14	63.3	4.5	7.9	18.2	43.6	74.9	170.0	214.2
			18.5≤BMI<23.0	75	46.6	4.3	5.7	10.0	39.7	65.6	97.5	133.4
			23.0≤BMI<25.0	29	58.4	4.9	6.3	12.9	46.4	73.9	125.7	169.0
			25.0≤BMI<30.0	46	50.3	4.3	4.3	12.9	46.7	73.5	100.3	124.7
			BMI≥30.0	2	24.0	14.0	15.1	18.4	24.0	29.6	33.0	34.1
巢湖	安徽省巢湖市	男	BMI<18.5	9	62.5	18.4	22.3	25.1	33.1	44.8	171.6	181.4
			18.5≤BMI<23.0	135	53.4	6.0	14.9	28.6	43.6	71.7	106.0	118.0
			23.0≤BMI<25.0	66	58.3	11.8	19.1	30.0	44.0	74.8	114.9	128.2
			25.0≤BMI<30.0	79	49.6	5.7	12.6	26.4	42.9	66.9	91.7	119.2
			BMI≥30.0	8	38.8	6.3	7.7	15.1	37.8	47.0	68.7	87.1
		女	BMI<18.5	33	66.6	3.1	6.0	40.0	49.3	91.5	138.7	149.1
			18.5≤BMI<23.0	180	62.6	8.6	15.3	27.0	45.8	90.5	131.1	175.0
			23.0≤BMI<25.0	75	66.5	10.0	22.3	34.5	54.0	85.3	119.0	140.9
			25.0≤BMI<30.0	44	57.2	8.8	10.0	29.2	41.5	70.1	128.3	164.7

续表

流域	调查点	性别	BMI	N	平均每周洗澡时间/（分钟/周）							
					均值	P5	P10	P25	P50	P75	P90	P95
太湖	江苏省无锡市	男	BMI<18.5	15	94.0	44.6	55.2	67.7	70.9	104.0	142.4	181.8
			18.5≤BMI<23.0	244	82.5	13.3	19.6	45.7	73.0	105.4	140.0	180.6
			23.0≤BMI<25.0	197	83.7	17.9	24.4	45.7	70.0	110.0	150.0	194.3
			25.0≤BMI<30.0	140	78.7	17.6	26.3	42.9	70.0	98.8	144.3	168.2
			BMI≥30.0	11	125.6	27.1	41.7	62.7	95.3	169.9	278.0	294.0
		女	BMI<18.5	46	104.5	27.9	39.9	67.8	96.5	136.9	169.5	200.6
			18.5≤BMI<23.0	366	99.2	21.4	33.6	59.4	88.7	130.0	166.4	198.8
			23.0≤BMI<25.0	150	80.5	16.8	25.7	39.3	74.5	107.2	145.8	188.4
			25.0≤BMI<30.0	81	89.6	30.0	38.4	58.1	80.0	106.4	150.0	171.4
			BMI≥30.0	9	70.7	19.6	33.1	52.1	70.0	104.0	107.1	108.6

附表 A-62　我国重点流域典型城市居民（成人）分流域、性别、BMI 每月游泳时间

流域	调查点	性别	BMI	N	平均每月游泳时间/（分钟/月）							
					均值	P5	P10	P25	P50	P75	P90	P95
长江	四川省射洪市	男	BMI<18.5	4	60.0	0	0	0	0	60.0	168.0	204.0
			18.5≤BMI<23.0	86	9.8	0	0	0	0	0	0	60.0
			23.0≤BMI<25.0	101	14.9	0	0	0	0	0	0	180.0
			25.0≤BMI<30.0	93	22.0	0	0	0	0	0	120.0	180.0
			BMI≥30.0	6	0	0	0	0	0	0	0	0
		女	BMI<18.5	31	5.8	0	0	0	0	0	0	0
			18.5≤BMI<23.0	151	8.1	0	0	0	0	0	0	0
			23.0≤BMI<25.0	62	2.4	0	0	0	0	0	0	0
			25.0≤BMI<30.0	50	7.2	0	0	0	0	0	0	0
			BMI≥30.0	3	0	0	0	0	0	0	0	0
	湖南省长沙市	男	BMI<18.5	12	0	0	0	0	0	0	0	0
			18.5≤BMI<23.0	137	8.5	0	0	0	0	0	0	66.0
			23.0≤BMI<25.0	80	9.0	0	0	0	0	0	0	91.5
			25.0≤BMI<30.0	60	5.2	0	0	0	0	0	0	0.7
			BMI≥30.0	9	0	0	0	0	0	0	0	0

流域	调查点	性别	BMI	N	平均每月游泳时间/（分钟/月）							
					均值	P_5	P_{10}	P_{25}	P_{50}	P_{75}	P_{90}	P_{95}
长江	湖南省长沙市	女	BMI<18.5	37	17.8	0	0	0	0	0	48.0	180.0
			18.5≤BMI<23.0	160	6.0	0	0	0	0	0	0	0
			23.0≤BMI<25.0	56	2.1	0	0	0	0	0	0	0
			25.0≤BMI<30.0	47	0	0	0	0	0	0	0	0
			BMI≥30.0	8	0	0	0	0	0	0	0	0
黄河	甘肃省兰州市	男	BMI<18.5	31	12.6	0	0	0	0	0	0	75.0
			18.5≤BMI<23.0	267	9.4	0	0	0	0	0	0	81.0
			23.0≤BMI<25.0	145	11.2	0	0	0	0	0	0	120.0
			25.0≤BMI<30.0	155	7.3	0	0	0	0	0	0	0
			BMI≥30.0	20	15.0	0	0	0	0	0	12.0	123.0
		女	BMI<18.5	71	11.4	0	0	0	0	0	0	60.0
			18.5≤BMI<23.0	292	8.4	0	0	0	0	0	0	60.0
			23.0≤BMI<25.0	147	1.7	0	0	0	0	0	0	0
			25.0≤BMI<30.0	103	2.9	0	0	0	0	0	0	0
			BMI≥30.0	15	4.0	0	0	0	0	0	0	18.0
	内蒙古自治区呼和浩特市	男	BMI<18.5	8	0	0	0	0	0	0	0	0
			18.5≤BMI<23.0	147	19.1	0	0	0	0	0	74.0	180.0
			23.0≤BMI<25.0	86	5.6	0	0	0	0	0	0	0
			25.0≤BMI<30.0	47	10.2	0	0	0	0	0	0	84.0
			BMI≥30.0	5	0	0	0	0	0	0	0	0
		女	BMI<18.5	21	28.6	0	0	0	0	60.0	60.0	120.0
			18.5≤BMI<23.0	139	7.5	0	0	0	0	0	0	60.0
			23.0≤BMI<25.0	91	9.8	0	0	0	0	0	0	90.0
			25.0≤BMI<30.0	61	2	0	0	0	0	0	0	0
			BMI≥30.0	3	0	0	0	0	0	0	0	0
	河北省石家庄市	男	BMI<18.5	3	0	0	0	0	0	0	0	0
			18.5≤BMI<23.0	52	11.2	0	0	0	0	0	0	87.0
			23.0≤BMI<25.0	35	18.9	0	0	0	0	0	72.0	180.0
			25.0≤BMI<30.0	65	0	0	0	0	0	0	0	0
			BMI≥30.0	16	0	0	0	0	0	0	0	0

续表

流域	调查点	性别	BMI	N	平均每月游泳时间/（分钟/月）							
					均值	P_5	P_{10}	P_{25}	P_{50}	P_{75}	P_{90}	P_{95}
黄河	河北省石家庄市	女	BMI<18.5	17	24.7	0	0	0	0	0	108.0	180.0
			18.5≤BMI<23.0	68	4.9	0	0	0	0	0	0	0
			23.0≤BMI<25.0	33	0	0	0	0	0	0	0	0
			25.0≤BMI<30.0	44	0	0	0	0	0	0	0	0
			BMI≥30.0	11	0	0	0	0	0	0	0	0
珠江	广东省佛山市	男	BMI<18.5	35	33.4	0	0	0	0	0	180.0	180.0
			18.5≤BMI<23.0	248	20.3	0	0	0	0	0	99.0	180.0
			23.0≤BMI<25.0	93	13.1	0	0	0	0	0	30.0	102.0
			25.0≤BMI<30.0	124	18.9	0	0	0	0	0	60.0	180.0
			BMI≥30.0	13	23.1	0	0	0	0	0	96.0	144.0
		女	BMI<18.5	69	6.8	0	0	0	0	0	0	40.0
			18.5≤BMI<23.0	224	19.4	0	0	0	0	0	97.0	180.0
			23.0≤BMI<25.0	96	5.4	0	0	0	0	0	0	10.0
			25.0≤BMI<30.0	95	8.8	0	0	0	0	0	0	78.0
			BMI≥30.0	18	1.7	0	0	0	0	0	0	4.5
	广西壮族自治区北海市	男	BMI<18.5	18	0	0	0	0	0	0	0	0
			18.5≤BMI<23.0	92	15.3	0	0	0	0	0	27.0	180.0
			23.0≤BMI<25.0	38	20.5	0	0	0	0	0	54.0	180.0
			25.0≤BMI<30.0	26	15.0	0	0	0	0	0	15.0	97.5
			BMI≥30.0	2	0	0	0	0	0	0	0	0
		女	BMI<18.5	32	3.8	0	0	0	0	0	0	0
			18.5≤BMI<23.0	98	8.3	0	0	0	0	0	0	64.5
			23.0≤BMI<25.0	40	1.5	0	0	0	0	0	0	0
			25.0≤BMI<30.0	48	0	0	0	0	0	0	0	0
			BMI≥30.0	2	0	0	0	0	0	0	0	180
松花江	黑龙江省牡丹江市	男	BMI<18.5	19	1.6	0	0	0	0	0	0	3.0
			18.5≤BMI<23.0	187	5.5	0	0	0	0	0	0	0
			23.0≤BMI<25.0	158	6.8	0	0	0	0	0	0	9.0
			25.0≤BMI<30.0	192	9.1	0	0	0	0	0	0	57.0
			BMI≥30.0	22	0	0	0	0	0	0	0	0

流域	调查点	性别	BMI	N	平均每月游泳时间/（分钟/月）							
					均值	P_5	P_{10}	P_{25}	P_{50}	P_{75}	P_{90}	P_{95}
松花江	黑龙江省牡丹江市	女	BMI<18.5	31	7.7	0	0	0	0	0	0	60.0
			18.5≤BMI<23.0	268	3.1	0	0	0	0	0	0	0
			23.0≤BMI<25.0	176	5.1	0	0	0	0	0	0	0
			25.0≤BMI<30.0	185	5.7	0	0	0	0	0	0	0
			BMI≥30.0	29	8.3	0	0	0	0	0	0	36.0
淮河	河南省郑州市	男	BMI<18.5	17	0	0	0	0	0	0	0	0
			18.5≤BMI<23.0	237	3.8	0	0	0	0	0	0	0
			23.0≤BMI<25.0	179	6.2	0	0	0	0	0	0	0
			25.0≤BMI<30.0	162	9.3	0	0	0	0	0	0	87.0
			BMI≥30.0	9	3.3	0	0	0	0	0	6.0	18.0
		女	BMI<18.5	43	9.8	0	0	0	0	0	0	0
			18.5≤BMI<23.0	324	6.7	0	0	0	0	0	0	0
			23.0≤BMI<25.0	153	2.5	0	0	0	0	0	0	0
			25.0≤BMI<30.0	134	2.0	0	0	0	0	0	0	0
			BMI≥30.0	7	17.1	0	0	0	0	0	48.0	84.0
海河	天津市	男	BMI<18.5	22	8.2	0	0	0	0	0	0	0
			18.5≤BMI<23.0	141	12.8	0	0	0	0	0	0	180.0
			23.0≤BMI<25.0	133	9.5	0	0	0	0	0	0	72.0
			25.0≤BMI<30.0	258	7.9	0	0	0	0	0	0	0
			BMI≥30.0	33	14.5	0	0	0	0	0	0	108.0
		女	BMI<18.5	31	5.8	0	0	0	0	0	0	0
			18.5≤BMI<23.0	241	7.2	0	0	0	0	0	0	0
			23.0≤BMI<25.0	153	4.7	0	0	0	0	0	0	0
			25.0≤BMI<30.0	198	2.7	0	0	0	0	0	0	0
			BMI≥30.0	16	0	0	0	0	0	0	0	0
辽河	辽宁省沈阳市	男	BMI<18.5	13	23.1	0	0	0	0	0	96.0	144.0
			18.5≤BMI<23.0	202	10.3	0	0	0	0	0	0	120.0
			23.0≤BMI<25.0	166	14.9	0	0	0	0	0	0	180.0
			25.0≤BMI<30.0	166	12.3	0	0	0	0	0	0	120.0
			BMI≥30.0	21	26.7	0	0	0	0	0	120.0	180.0

续表

流域	调查点	性别	BMI	N	平均每月游泳时间/（分钟/月）							
					均值	P_5	P_{10}	P_{25}	P_{50}	P_{75}	P_{90}	P_{95}
辽河	辽宁省沈阳市	女	BMI<18.5	58	11.4	0	0	0	0	0	18.0	120.0
			18.5≤BMI<23.0	290	10.8	0	0	0	0	0	0	120.0
			23.0≤BMI<25.0	144	7.0	0	0	0	0	0	0	38.5
			25.0≤BMI<30.0	147	4.7	0	0	0	0	0	0	0
			BMI≥30.0	10	0	0	0	0	0	0	0	0
浙闽片河流	浙江省平湖市	男	BMI<18.5	6	0	0	0	0	0	0	0	0
			18.5≤BMI<23.0	80	6.0	0	0	0	0	0	0	0
			23.0≤BMI<25.0	60	0	0	0	0	0	0	0	0
			25.0≤BMI<30.0	48	11.9	0	0	0	0	0	0	117.0
			BMI≥30.0	3	0	0	0	0	0	0	0	0
		女	BMI<18.5	8	0	0	0	0	0	0	0	0
			18.5≤BMI<23.0	107	1.7	0	0	0	0	0	0	0
			23.0≤BMI<25.0	54	3.3	0	0	0	0	0	0	0
			25.0≤BMI<30.0	36	0	0	0	0	0	0	0	0
			BMI≥30.0	1	0	0	0	0	0	0	0	0
西北诸河	新疆维吾尔自治区库尔勒市	男	BMI<18.5	4	0	0	0	0	0	0	0	0
			18.5≤BMI<23.0	38	9.5	0	0	0	0	0	0	27.0
			23.0≤BMI<25.0	46	15.0	0	0	0	0	0	0	157.5
			25.0≤BMI<30.0	79	16.3	0	0	0	0	0	48.0	126.0
			BMI≥30.0	11	32.7	0	0	0	0	0	180.0	180.0
		女	BMI<18.5	20	0	0	0	0	0	0	0	0
			18.5≤BMI<23.0	107	3.0	0	0	0	0	0	0	0
			23.0≤BMI<25.0	41	0	0	0	0	0	0	0	0
			25.0≤BMI<30.0	55	0	0	0	0	0	0	0	0
			BMI≥30.0	12	0	0	0	0	0	0	0	0
西南诸河	云南省腾冲市	男	BMI<18.5	6	0	0	0	0	0	0	0	0
			18.5≤BMI<23.0	53	12.5	0	0	0	0	0	28.0	102.0
			23.0≤BMI<25.0	41	2.9	0	0	0	0	0	0	30.0
			25.0≤BMI<30.0	55	12.0	0	0	0	0	0	0	138.0
			BMI≥30.0	1	0	0	0	0	0	0	0	0

流域	调查点	性别	BMI	N	平均每月游泳时间/（分钟/月）							
					均值	P_5	P_{10}	P_{25}	P_{50}	P_{75}	P_{90}	P_{95}
西南诸河	云南省腾冲市	女	BMI<18.5	14	12.9	0	0	0	0	0	0	63.0
			18.5≤BMI<23.0	75	5.2	0	0	0	0	0	0	9.0
			23.0≤BMI<25.0	29	0	0	0	0	0	0	0	0
			25.0≤BMI<30.0	46	3.9	0	0	0	0	0	0	0
			BMI≥30.0	2	0	0	0	0	0	0	0	0
巢湖	安徽省巢湖市	男	BMI<18.5	9	0	0	0	0	0	0	0	0
			18.5≤BMI<23.0	135	2.7	0	0	0	0	0	0	0
			23.0≤BMI<25.0	66	5.9	0	0	0	0	0	0	0
			25.0≤BMI<30.0	79	6.8	0	0	0	0	0	0	0
			BMI≥30.0	8	22.5	0	0	0	0	0	54.0	117.0
		女	BMI<18.5	33	0	0	0	0	0	0	0	0
			18.5≤BMI<23.0	180	2.0	0	0	0	0	0	0	0
			23.0≤BMI<25.0	75	0	0	0	0	0	0	0	0
			25.0≤BMI<30.0	44	0	0	0	0	0	0	0	0
太湖	江苏省无锡市	男	BMI<18.5	15	0	0	0	0	0	0	0	0
			18.5≤BMI<23.0	244	13.3	0	0	0	0	0	0	120.0
			23.0≤BMI<25.0	197	13.6	0	0	0	0	0	0	180.0
			25.0≤BMI<30.0	140	7.5	0	0	0	0	0	0	1.5
			BMI≥30.0	11	16.4	0	0	0	0	0	0	90.0
		女	BMI<18.5	46	5.2	0	0	0	0	0	0	0
			18.5≤BMI<23.0	366	9.0	0	0	0	0	0	0	55.0
			23.0≤BMI<25.0	150	2.5	0	0	0	0	0	0	0
			25.0≤BMI<30.0	81	2.2	0	0	0	0	0	0	0
			BMI≥30.0	9	0	0	0	0	0	0	0	0

附表 A-63　我国重点流域典型城市居民（成人）平均体重

	N	体重/kg							
		均值	P_5	P_{10}	P_{25}	P_{50}	P_{75}	P_{90}	P_{95}
总计	12 803	64.1	48	50	55	64	70	80	85
男	6131	70.1	55	58	64	70	75	84	90
女	6672	58.6	45	48	52	59	65	70	75

续表

	N	体重/kg							
		均值	P_5	P_{10}	P_{25}	P_{50}	P_{75}	P_{90}	P_{95}
18~24 岁	1474	60.3	45	48	52	60	66	75	80
25~34 岁	2353	63.9	45	50	55	62	70	80	88
35~44 岁	2298	65.3	49	51	57	65	72	80	87
45~54 岁	2316	65.3	50	53	58	65	71	80	84
55~64 岁	2227	64.9	50	52	59	65	70	79	80
≥65 岁	2135	63.6	46	50	56	64	70	75	80

附表 A-64　我国重点流域典型城市居民（成人）分年龄段体重及体表面积参数

	N	体表面积参数/m²							
		均值	P_5	P_{10}	P_{25}	P_{50}	P_{75}	P_{90}	P_{95}
总计	12 803	1.73	1.45	1.50	1.60	1.72	1.84	1.96	2.03
男	6131	1.83	1.59	1.65	1.73	1.83	1.93	2.03	2.10
女	6672	1.63	1.41	1.46	1.53	1.63	1.71	1.80	1.85
18~24 岁	1474	1.68	1.42	1.46	1.55	1.67	1.80	1.93	2.00
25~34 岁	2353	1.73	1.42	1.50	1.58	1.71	1.86	2.00	2.09
35~44 岁	2298	1.74	1.47	1.52	1.61	1.73	1.87	2.00	2.07
45~54 岁	2316	1.74	1.49	1.53	1.63	1.74	1.85	1.96	2.02
55~64 岁	2227	1.73	1.48	1.52	1.63	1.72	1.84	1.94	2.00
≥65 岁	2135	1.71	1.43	1.48	1.60	1.72	1.83	1.91	1.97

注：体表面积 $= 0.239 \times$（身高）$^{0.417} \times$（体重）$^{0.517}$。

附录 B 调查工作职责与现场调查步骤

B.1 机构职责

B.1.1 中国疾控中心环境所职责

①调查员培训；

②调查过程中疑问解答；

③现场质量控制。

B.1.2 地方工作职责

①查收并保管量杯、秒表、问卷等物资；

②按照要求抽取调查对象并编制调查对象名单（比样本量多10%）；

③进行调查现场的组织、协调与联系工作；

④组建调查小组；

⑤负责现场问卷及日志调查；

⑥负责填写当地气象条件调查表；

⑦问卷及日志回收并邮寄至环境所。

B.2 调查人员配备

调查人员基本配备，如附图 B-1 所示。

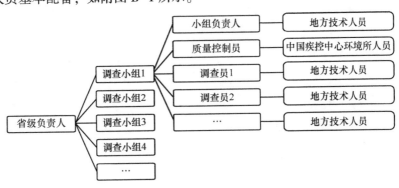

附图 B-1 调查人员基本配备

除质量控制员由中国疾控中心环境所配备外，省级负责人、小组负责人、调查员等均由地方组织配备。

B.3 调查工作职责与现场调查步骤

B.3.1 小组负责人（地方技术人员）

（1）调查开始前

协调调查事宜，组织并联系当地调查员。

（2）调查过程中

①负责解决调查中出现的问题；

②可兼职调查员。

B.3.2 质量控制员（中国疾控中心环境所）

（1）调查开始前

①向当地疾控中心索要抽样名单，精确到人；

②填写"调查点调查小组人员信息表"；

③向省疾控索要物资并保管；

④入户前将礼品、调查问卷和日志、"调查点调查登记表"等分发给调查员。

（2）调查过程中

①入户；

②监督调查员确认调查对象是否符合要求（18岁以上）；

③监督调查员获取调查对象的知情同意，监督调查员组织被调查人在知情同意书上签名；

④监督调查员使用量杯测量调查对象的饮水容器；

⑤监督调查员填写调查问卷的过程，防止调查员不问自填，以及诱导调查对象的回答、漏项、填写不清等情况的发生。

（3）调查结束后

1）当天

①将问卷按照编号排序，清点问卷；

②查阅调查问卷，将漏项、填写不清等情况登记在"调查点问卷填写质量检查结果记录表"中，并将有问题的问卷挑出。

2）第二日

将核查存在问题的问卷反馈给调查员，监督调查员针对问卷问题进行回访。注：时间不允许的，将"调查点问卷填写质量检查结果记录表"复印件及问题问卷一起反馈给地方疾控人员，由他们进行回访。

（4）注意事项

①量杯勿落在被调查对象家里；

②填写问卷内容的形式为调查员询问调查对象，调查员填写问卷；

③调查对象的姓名可由调查对象填写，务必要求一笔一画填写；

④不可兼职调查员。

B.3.3　调查员1（地方技术人员）

（1）调查开始前

从质量控制员处获取调查问卷和日志等物资。

（2）调查过程中

①询问调查对象基本信息，以确认是否符合调查要求；

②向调查对象解释相关信息，获取调查对象的知情同意，并请调查对象在知情同意书上签字（一笔一画签字）。

③填写问卷

a. 给调查问卷编号；

b. 逐项询问调查对象调查问卷内容，并清晰地填写调查问卷。

④将填写后的问卷上交给质量控制员。

⑤填写日志

a. 引导调查对象填写第一日的日志；

b. 介绍其他日的日志填写方法和注意事项；

c. 日志填写第二日回访并纠正填写中的错误。

（3）注意事项

①问卷采用调查员根据调查对象回答的方式填写；

②日志采用调查员指导，调查对象自填的方式填写；

③调查问卷上的所有选择题做答时，请在相应选项上画圈"○"。

B.3.4　调查员2（地方技术人员）

（1）调查开始前

①填写"调查点调查登记表"表头；

②从质量控制员处获取礼品等物资。

（2）调查过程中

①给住户发放礼品；

②填写"调查点调查登记表"；

③使用量筒测量调查对象日常饮水容器的容积；

④介绍秒表的用途，进行使用方法演示。

B.4　入户调查质控要求

B.4.1　质量控制要求

①入户调查时，要严格按照调查对象名单执行，并填写附表 B-2。询问方式要得当，注意保护调查对象的隐私。

②原则上不允许他人代答问卷，如果被调查对象存在其他导致沟通障碍的原因，可由熟悉其饮食起居的家人代答。并填写附表 B-3。

③遇需要置换住户的情况，请严格按照置换要求及方法进行置换（参照"置换住户要求与方法"）。

④使用量杯等量具测量调查对象日常用的水杯等；要求调查对象使用秒表测量日常洗手时间。

⑤问卷、材料等资料妥善保管。

⑥调查小组负责人全面监控、协调、组织现场工作。判断调查员询问顺序是否正确，问卷填写是否规范、正确，发现问题及时纠正；提高工作人员的责任心，保证工作质量。

⑦问卷调查员每完成一份问卷都要进行自查，确认无错漏项；调查员需在每日调查工作结束后，将问卷上交给质量控制人员。

⑧质量控制人员对当日调查对象的应答率及时统计、审核所负责区域的调查问卷是否合格，不合格的及时返回填补信息并填写附表 B-4。

⑨建议调查时间为周末。

B.4.2 质量控制指标

①是否严格按照调查对象名单入户调查。

②调查中是否正确使用量杯和秒表等测量工具。

③调查时间是否为周末。

④问卷、材料等是否妥善保存。

⑤每份问卷是否有质量控制员审核、签字。发现未按要求审核的问卷，要求说明原因，并在一天内完成补审；问卷审核率应为 100%。

⑥抽查问卷情况：问卷应答率高于 90%；各调查点调查对象置换率不超过 10%；各调查点问卷漏项率、逻辑错误率和填写不清率均低于 5%。

B.4.3 相关指标计算方法

①漏项率＝出现漏项的问卷数/抽查问卷总数×100%。

②逻辑错误率＝出现逻辑错误的问卷数/抽查问卷总数×100%。

③填写不清率＝填写不清的问卷数/抽查问卷总数×100%。

B.5 置换住户要求及方法

（1）发生下述情况，依据"就近置换"及"选取与抽中家庭相邻的或相似的家庭"的原则置换调查对象

①住房拆除；

②住户改变；

③无人居住；

④不符合调查条件；随访（入户）3 次，调查对象均不在家；

⑤调查对象拒绝调查；

⑥调查对象不能接受调查。

（2）置换要求

①调查约定日未调查到已确定的调查对象，需改天调查同一人；只有确证该调查对象在调查期间内不能被调查到时，才允许进行置换。

②调查完毕后，调查员对调查对象的应答情况及置换情况及时记录，并将相关情况填入附表 B-2。

B.6　任务收尾

B.6.1　收集整理问卷

（1）质量控制措施

调查小组负责人负责问卷的收集、整理和保存。按照方案要求将资料及时交给中国疾病预防控制中心环境所相关工作人员。

要求各个市和区/县的调查问卷分别存放于统一标识的文件盒内。调查问卷及相关材料应在调查完成当日存放在对应的文件盒中，归入文件盒后的调查问卷，在数据录入前不应取出。

（2）质量控制指标

问卷及相关材料是否齐全、是否妥善保存。

B.6.2　问卷及相关材料核查清单

核查清单包括调查问卷资料及质量控制表，如附表 B-1 至附表 B-4 所示。

附表 B-1　调查材料清单

名称	资料类型	上报要求
饮用水暴露参数调查 个人问卷	纸质文件	问卷及签名填写完整清晰
饮水摄入量及饮水暴露参数 分析日志	纸质文件	问卷及签名填写完整清晰
质量控制表	纸质文件	填写清晰并签字

附表 B-2　调查点调查登记表

调查点：_____省（区、市）_____县/区_____乡镇/街道办事处_____村/社区

调查点编码：□□□□□□□□

家庭—成员编号	门牌号	完成调查 1=是，2=置换， 0=失访	置换原因 1=住户拆迁，2=无人居住， 3=不符合调查条件，4=拒绝调查， 5=无应答，6=不能接受调查
□□□□			
□□□□			
□□□□			
□□□□			
□□□□			
□□□□			

注：由调查点调查员在入户调查的过程中填写。

调查员签名：_____

日期：_____年_____月_____日

第_____页　共_____页

附表 B-3　代答问卷记录表

调查点：_____省（区、市）_____县/区_____乡镇/街道办事处_____村/社区

调查点编码：□□□□□□□□

家庭—成员编号	调查员姓名	问卷代答人	代答原因	问卷部分内容复查结果		处理结果（1=重新调查，0=合格）
				复查题号	不属实题号	
□□□□						
□□□□						
□□□□						
□□□□						
□□□□						

调查员签名：_____

日期：_____年_____月_____日

第_____页　共_____页

附表 B-4　调查点问卷填写质量检查结果记录表

调查点：_____省（区、市）_____县/区_____乡镇/街道办事处_____村/社区

调查点编码：□□□□□□□□

家庭—成员编号	调查员姓名	调查问卷内容检查结果（1=有，0=无）			
		漏项	逻辑错误	填写不清	其他
□□□□					
□□□□					
□□□□					
□□□□					
□□□□					

注：由调查点质量控制员在复核全部问卷的过程中填写。

质量控制员签名：_____

日期：_____年_____月_____日

第_____页　共_____页

附录 C　问卷调查表及日志

C.1　编号原则

本研究问卷有 3 个编码：问卷编码、乡镇/街道编码、村/居委会编码。

问卷编码：前 6 位为邮政编码；接着 2 位为村的编号；再接着 3 位为户编号；最后 1 位为家庭内成员调查顺序码；具体如下。

前 6 位：邮政编码，如浙江平湖钟埭白马堰社区 314213；

接着 2 位：村编号，按抽取的村或居委会定，可从 01~99；

再接着 3 位：户编号，按每个村或居委会抽样的户数定，可从 001~999；

最后 1 位：家庭内成员编号，按每个家庭实际被调查的具体人员数定，可从 1~9。

乡镇/街道编码：乡镇 1；街道 2。

村/居委会编码：村 1；居委会 2。

C.2　填写说明

填写问卷：

①用签字笔填写。

②在相应选项画圈，如"①"。

填写日志：

①请本人每天填写一份日志，连续记录 6 天。

②接触水的时间情况，请用秒表测定。

③填写过程中请逐项填写，避免缺项漏项，如果未涉及此项，请填数字"0"。

④当天晚上请再次确认是否填写完整，如有缺项漏项请及时补充。

饮用水摄入量及暴露参数调查问卷

问卷编码：

邮政编码　　　　村编码　　户编码　家庭内成员编码

星期：

周一	周二	周三	周四	周五	周六	周日
1	2	3	4	5	6	7

知情同意书

您好！首先对您的积极参与深表感谢！这次调查目的是为了清楚地了解居民的饮用水摄入量及饮用水暴露参数，估计饮用水与健康的关系，更好地保障居民的身体健康。您的回答将对我们的研究起到非常重要的作用，希望能够得到您的配合，谢谢！

您所有的个人信息我们将严格保密，请您放心。

知情同意并签名：＿＿＿＿＿＿

调查对象姓名：	联系电话：	
调查点名称：＿＿＿省＿＿＿市＿＿＿县/区		
乡镇/街道名称：	乡镇：1	街道：2
村/居委会名称：	村：1	居委会：2
调查员1签名：＿＿＿＿＿＿	调查员2签名：＿＿＿＿＿＿	

日期：□□□□年□□月□□日

基本信息

（填写说明：1. 用签字笔填写；2. 在相应选项画圈，如①；3. 未特殊标注，均为单选。）

S1. 您的出生年月，□□□□年□□月，请调查员圈选下表。

18~24 岁	1
25~34 岁	2
35~44 岁	3
45~54 岁	4
55~64 岁	5
≥65 岁	6

S2. 性别，请调查员直接记录。

男	1
女	2

S3. 民族，请调查员直接记录。

汉族	1
其他少数民族	2

S4. 是否为体力劳动者，由调查对象自己界定，请调查员直接记录。

是	1
否	2

S5. 身高及体重，请调查员直接记录。

您的身高	□□□厘米
您的体重	□□□千克

主体问卷

第一部分　饮用水摄入量情况

Q1. 您的饮水习惯是什么？

只喝开水	1
开水为主，偶尔喝生水	2
生水为主，偶尔喝开水	3
只喝生水	4

Q2. 请问您家的饮用水来自（如不涉及，请填数字"0"）：

饮用水类型	比例（%）
自来水	□□□
自备井水	□□□
瓶、桶装水	□□□
家用净水器滤后水	□□□

续表

饮用水类型	比例（%）
小区净水机滤后水	□□□
其他	□□□

Q3. 以昨天为例，请问您每天喝水（包括茶水）多少杯？每杯多少毫升？请调查员用量杯校正后直接记录。

每天喝多少杯	□□杯
每杯多少毫升	□□□毫升/杯

Q4. 您平常是否喝饮料？

是	1
否	2→跳问 Q6

注：饮料包括碳酸饮料（雪碧、可乐、汽水等），果蔬饮料（橙汁、番茄汁等），植物蛋白饮料（豆浆、椰子汁、杏仁露等），植物饮料（藻类饮料、谷物饮料），茶饮料（冰红茶、绿茶），特殊功能饮料（脉动、红牛、凉茶等），固体饮料（奶茶、菓珍、高乐高），咖啡（冲饮、瓶装、现磨咖啡等），含乳饮料（酸酸乳、巧克力奶），牛奶、酸奶等。

Q5. 以昨天为例，请问您每天喝饮料多少瓶？每瓶多少毫升？如有必要，请调查员用量杯校正后直接记录。

每天喝多少瓶	□□瓶
每瓶多少毫升	□□□毫升/瓶

Q6. 您平常是否喝汤？

是	1
否	2→跳问 Q8

Q7. 以昨天为例，请问您每天喝汤多少碗？每碗多少毫升？如有必要，请调查员用量杯校正后直接记录。

每天喝多少碗	□□碗
每碗多少毫升	□□□毫升/碗

Q8. 您平常是否喝粥？

是	1
否	2→跳问 Q10

Q9. 以昨天为例，请问您每天喝粥多少碗？每碗多少毫升？如有必要，请调查员用量杯校正后直接记录。

每天喝多少碗	□□碗
每碗多少毫升	□□□毫升/碗

Q10. 以昨天为例，请问您每天吃的主食有哪些？

米饭	1→跳问 Q11
馒头	2→跳问 Q12
汤面条、米线、米粉、馄饨	3→跳问 Q13
其他	4→跳问 Q14

Q11. 以昨天为例，请问您每天吃米饭多少次？每次多少两？请调查员直接记录。

每天多少次	□□次
每次多少两	□□两/次

Q12. 以昨天为例，请问您每天吃馒头多少次？每次多少两？请调查员直接记录。

每天多少次	□□次
每次多少两	□□两/次

Q13. 以昨天为例，请问您每天吃汤面条（米线、米粉）多少次？每次多少两？请调查员直接记录。

每天多少次	□□次
每次多少两	□□两/次

Q14. 请问您平常是否喝酒？

是	1
否	2→跳问 Q17

Q15. 请问您平常喝哪种酒（可多选)？

白酒	1
黄酒或米酒	2
啤酒	3
葡萄酒及其他果酒	4
其他	9→跳问 Q17

Q16. 以昨天为例，请问您每天喝酒多少次？每次多少毫升？请调查员直接记录。

每天多少次	□□次
每次多少毫升	□□□毫升/次

第二部分　饮用水暴露参数情况

洗脸

Q17. 请问您每天洗几次脸，每次洗脸花费多长时间？请调查员用秒表校正后直接记录。

每天多少次	□□次
每次多长时间	□□□秒/次

洗手

Q18. 请问您每天洗几次手，每次洗手花费多长时间？请调查员用秒表校正后直接记录。

每天多少次	□□次
每次多长时间	□□□秒/次

刷牙

Q19. 请问您每天刷几次牙，每次刷牙花费多长时间？请调查员用秒表校正后直接记录。

每天多少次	□□次
每次多长时间	□□□秒/次

洗碗

Q20. 请问您平时是否洗碗？

是	1
否	2→跳问 Q23

Q21. 请问您洗碗是否戴手套？

是	1→跳问 Q23
否	2

Q22. 请问您不戴手套洗碗每天多少次，每次花费多长时间？请调查员用秒表校正后直接记录。

每天多少次	□□次
每次多长时间	□□分钟/次

洗菜

Q23. 请问您平时是否洗菜？

是	1
否	2→跳问 Q26

Q24. 请问您洗菜是否戴手套？

是	1→跳问 Q26
否	2

Q25. 请问您不戴手套洗菜每天多少次，每次花费多长时间？请调查员用秒表校正后直接记录。

每天多少次	□□次
每次多长时间	□□分钟/次

手洗衣服

Q26. 请问您平时是否手洗衣服？

是	1
否	2→跳问 Q29

Q27. 请问您手洗衣服是否戴手套？

是	1→跳问 Q29
否	2

Q28. 请问您不戴手套手洗衣服每天多少次，每次花费多长时间？请调查员用秒表校正后直接记录。

每天多少次	□□次
每次多长时间	□□分钟/次

洗澡

Q29. 请问您平时的洗澡方式以哪一种为主？

淋浴	1
盆浴	2
擦澡	3

Q30. 请问您平均每周洗澡多少次，平均每次花费多长时间？

每周多少次	□□次
每次多长时间	□□□分钟/次

洗脚

Q31. 请问您平时洗脚方式以哪一种为主？

冲洗	1
盆洗	2

Q32. 请问您平均每周洗脚多少次，平均每次花费多长时间？

每周多少次	□□次
每次多长时间	□□□分钟/次

洗头

Q33. 请问您平均每周洗头多少次，平均每次花费多长时间？

每周多少次	□□次
每次多长时间	□□□分钟/次

游泳

Q34. 请问您平时是否游泳？

是	1
否	2→结束问卷

Q35. 请问您在这个季节平均每月游泳多少次，每次花费多长时间？

每月多少次	□□次
每次多长时间	□□□分钟/次

************************** 访问结束，再次向被访者致谢！ **************************

饮水摄入量及饮水暴露参数自填式日志

基本信息

问卷编码：□□□□□□□□□□

调查对象姓名：	电话：

调查点名称：_____省_____市_____县/区

乡镇/街道名称：	村/居委会名称：

调查开始日期：□□□□年□□月□□日
调查结束日期：□□□□年□□月□□日

填写注意事项

首先对您的积极参与深表感谢！在填写日志之前，请仔细阅读下面的说明：

1. 请本人每天填写一份日志，连续记录 6 天。

2. 接触水的时间情况，请用秒表测定。

3. 填写过程中请逐项填写，避免缺项漏项，如果未涉及此项，请填数字"0"。

4. 当天晚上请再次确认是否填写完整，如有缺项漏项请及时补充。

再次感谢您的大力配合！

日志内容（第1天）星期_____

小问题：您今日身体是否出现不适？（在下列选项圈选，如①。）

1＝否　　　　　　2＝是，因为（可多选）：

a. 感冒、发烧　b. 咽部不适、咳嗽　c. 处于月经期（女性）d. 腹泻　e. 其他_____

饮水摄入量情况

		编号	饮品或主食名称		摄入总量（毫升或两）
	餐前	B	饮水（包括茶水）		毫升
		D	饮料		毫升
上午	早餐	B	饮水（包括茶水）		毫升
		D	饮料		毫升
		E	汤		毫升
		F	粥		毫升
		H	酒		毫升
		主食	G1	馒头	两
			G2	米饭	两
			G3	汤面条、米线、米粉	两
			G4	其他_____	两
	两餐之间	B	饮水（包括茶水）		毫升
		D	饮料		毫升
下午	午餐	B	饮水（包括茶水）		毫升
		D	饮料		毫升
		E	汤		毫升
		F	粥		毫升
		H	酒		毫升
		主食	G1	馒头	两
			G2	米饭	两
			G3	汤面条、米线、米粉	两
			G4	其他	两
下午	两餐之间	B	饮水（包括茶水）		毫升
		D	饮料		毫升

续表

晚上	晚餐	B		饮水（包括茶水）	毫升
		D		饮料	毫升
		E		汤	毫升
		F		粥	毫升
		H		酒	毫升
		主食	G1	馒头	两
			G2	米饭	两
			G3	汤面条、米线、米粉	两
			G4	其他_____	两
	晚餐后	B		饮水（包括茶水）	毫升
		D		饮料	毫升
夜间		B		饮水（包括茶水）	毫升
		D		饮料	毫升

接触水的情况

接触方式	次数	每次时间（请记录其中一次活动的秒表数）
刷牙		_____分_____秒
洗手		_____分_____秒
洗脸		_____分_____秒
洗脚		_____分_____秒
洗头		_____分_____秒
不戴手套洗碗		_____分_____秒
不戴手套洗菜		_____分_____秒
不戴手套手洗衣服		_____分_____秒
盆浴		_____分_____秒
淋浴		_____分_____秒
擦澡		_____分_____秒
游泳		_____分_____秒
其他方式：_____		_____分_____秒

日志内容（第 2 天）星期_____

小问题：您今日身体是否出现不适？（在下列选项圈选，如①。）

1 = 否　　　　　2 = 是，因为（可多选）：

a. 感冒、发烧　b. 咽部不适、咳嗽　c. 处于月经期（女性）　d. 腹泻　e. 其他_____

饮水摄入量情况

		编号	饮品或主食名称	摄入总量（毫升或两）
	餐前	B	饮水（包括茶水）	毫升
		D	饮料	毫升
上午	早餐	B	饮水（包括茶水）	毫升
		D	饮料	毫升
		E	汤	毫升
		F	粥	毫升
		H	酒	毫升
		主食 G1	馒头	两
		G2	米饭	两
		G3	汤面条、米线、米粉	两
		G4	其他_____	两
	两餐之间	B	饮水（包括茶水）	毫升
		D	饮料	毫升
下午	午餐	B	饮水（包括茶水）	毫升
		D	饮料	毫升
		E	汤	毫升
		F	粥	毫升
		H	酒	毫升
		主食 G1	馒头	两
		G2	米饭	两
		G3	汤面条、米线、米粉	两
		G4	其他	两
	两餐之间	B	饮水（包括茶水）	毫升
		D	饮料	毫升

续表

晚上	晚餐	B		饮水（包括茶水）	毫升
		D		饮料	毫升
		E		汤	毫升
		F		粥	毫升
		H		酒	毫升
		主食	G1	馒头	两
			G2	米饭	两
			G3	汤面条、米线、米粉	两
			G4	其他_____	两
	晚餐后	B		饮水（包括茶水）	毫升
		D		饮料	毫升
夜间		B		饮水（包括茶水）	毫升
		D		饮料	毫升

接触水的情况

接触方式	次数	每次时间（请记录其中一次活动的秒表数）
刷牙		_____分_____秒
洗手		_____分_____秒
洗脸		_____分_____秒
洗脚		_____分_____秒
洗头		_____分_____秒
不戴手套洗碗		_____分_____秒
不戴手套洗菜		_____分_____秒
不戴手套手洗衣服		_____分_____秒
盆浴		_____分_____秒
淋浴		_____分_____秒
擦澡		_____分_____秒
游泳		_____分_____秒
其他方式：_____		_____分_____秒

日志内容（第3天）星期_____

小问题：您今日身体是否出现不适？（在下列选项圈选，如①。）

1=否　　　　　　2=是，因为（可多选）：

a. 感冒、发烧　b. 咽部不适、咳嗽　c. 处于月经期（女性）　d. 腹泻　e. 其他_____

饮水摄入量情况

		编号	饮品或主食名称	摄入总量（毫升或两）
上午	餐前	B	饮水（包括茶水）	毫升
		D	饮料	毫升
	早餐	B	饮水（包括茶水）	毫升
		D	饮料	毫升
		E	汤	毫升
		F	粥	毫升
		H	酒	毫升
		主食 G1	馒头	两
		G2	米饭	两
		G3	汤面条、米线、米粉	两
		G4	其他_____	两
	两餐之间	B	饮水（包括茶水）	毫升
		D	饮料	毫升
下午	午餐	B	饮水（包括茶水）	毫升
		D	饮料	毫升
		E	汤	毫升
		F	粥	毫升
		H	酒	毫升
		主食 G1	馒头	两
		G2	米饭	两
		G3	汤面条、米线、米粉	两
		G4	其他	两
	两餐之间	B	饮水（包括茶水）	毫升
		D	饮料	毫升

续表

晚上	晚餐	B	饮水（包括茶水）	毫升
		D	饮料	毫升
		E	汤	毫升
		F	粥	毫升
		H	酒	毫升
		G1	馒头	两
	主食	G2	米饭	两
		G3	汤面条、米线、米粉	两
		G4	其他_____	两
	晚餐后	B	饮水（包括茶水）	毫升
		D	饮料	毫升
夜间		B	饮水（包括茶水）	毫升
		D	饮料	毫升

接触水的情况

接触方式	次数	每次时间（请记录其中一次活动的秒表数）
刷牙		_____分_____秒
洗手		_____分_____秒
洗脸		_____分_____秒
洗脚		_____分_____秒
洗头		_____分_____秒
不戴手套洗碗		_____分_____秒
不戴手套洗菜		_____分_____秒
不戴手套手洗衣服		_____分_____秒
盆浴		_____分_____秒
淋浴		_____分_____秒
擦澡		_____分_____秒
游泳		_____分_____秒
其他方式：_____		_____分_____秒

日志内容（第4天）星期_____

小问题：您今日身体是否出现不适？（在下列选项圈选，如①。）

1＝否　　　　　　　　2＝是，因为（可多选）：

a. 感冒、发烧　b. 咽部不适、咳嗽　c. 处于月经期（女性）　　d. 腹泻　e. 其他_____

饮水摄入量情况

		编号	饮品或主食名称	摄入总量（毫升或两）
	餐前	B	饮水（包括茶水）	毫升
		D	饮料	毫升
上午	早餐	B	饮水（包括茶水）	毫升
		D	饮料	毫升
		E	汤	毫升
		F	粥	毫升
		H	酒	毫升
		主食 G1	馒头	两
		G2	米饭	两
		G3	汤面条、米线、米粉	两
		G4	其他_____	两
	两餐之间	B	饮水（包括茶水）	毫升
		D	饮料	毫升
下午	午餐	B	饮水（包括茶水）	毫升
		D	饮料	毫升
		E	汤	毫升
		F	粥	毫升
		H	酒	毫升
		主食 G1	馒头	两
		G2	米饭	两
		G3	汤面条、米线、米粉	两
		G4	其他	两
	两餐之间	B	饮水（包括茶水）	毫升
		D	饮料	毫升

续表

晚上	晚餐	B		饮水（包括茶水）	毫升
		D		饮料	毫升
		E		汤	毫升
		F		粥	毫升
		H		酒	毫升
	主食		G1	馒头	两
			G2	米饭	两
			G3	汤面条、米线、米粉	两
			G4	其他_____	两
	晚餐后	B		饮水（包括茶水）	毫升
		D		饮料	毫升
夜间		B		饮水（包括茶水）	毫升
		D		饮料	毫升

接触水的情况

接触方式	次数	每次时间（请记录其中一次活动的秒表数）
刷牙		_____分_____秒
洗手		_____分_____秒
洗脸		_____分_____秒
洗脚		_____分_____秒
洗头		_____分_____秒
不戴手套洗碗		_____分_____秒
不戴手套洗菜		_____分_____秒
不戴手套手洗衣服		_____分_____秒
盆浴		_____分_____秒
淋浴		_____分_____秒
擦澡		_____分_____秒
游泳		_____分_____秒
其他方式：_____		_____分_____秒

日志内容（第 5 天）星期_____

小问题：您今日身体是否出现不适？（在下列选项圈选，如①。）

1＝否　　　　　2＝是，因为（可多选）：

a. 感冒、发烧　b. 咽部不适、咳嗽　c. 处于月经期（女性）　　d. 腹泻　e. 其他_____

饮水摄入量情况

		编号	饮品或主食名称	摄入总量（毫升或两）
上午	餐前	B	饮水（包括茶水）	毫升
		D	饮料	毫升
	早餐	B	饮水（包括茶水）	毫升
		D	饮料	毫升
		E	汤	毫升
		F	粥	毫升
		H	酒	毫升
		主食	G1　馒头	两
			G2　米饭	两
			G3　汤面条、米线、米粉	两
			G4　其他_____	两
	两餐之间	B	饮水（包括茶水）	毫升
		D	饮料	毫升
下午	午餐	B	饮水（包括茶水）	毫升
		D	饮料	毫升
		E	汤	毫升
		F	粥	毫升
		H	酒	毫升
		主食	G1　馒头	两
			G2　米饭	两
			G3　汤面条、米线、米粉	两
			G4　其他	两
	两餐之间	B	饮水（包括茶水）	毫升
		D	饮料	毫升

续表

晚上	晚餐	B	饮水（包括茶水）	毫升
		D	饮料	毫升
		E	汤	毫升
		F	粥	毫升
		H	酒	毫升
	主食	G1	馒头	两
		G2	米饭	两
		G3	汤面条、米线、米粉	两
		G4	其他_____	两
	晚餐后	B	饮水（包括茶水）	毫升
		D	饮料	毫升
夜间		B	饮水（包括茶水）	毫升
		D	饮料	毫升

接触水的情况

接触方式	次数	每次时间（请记录其中一次活动的秒表数）
刷牙		_____分_____秒
洗手		_____分_____秒
洗脸		_____分_____秒
洗脚		_____分_____秒
洗头		_____分_____秒
不戴手套洗碗		_____分_____秒
不戴手套洗菜		_____分_____秒
不戴手套手洗衣服		_____分_____秒
盆浴		_____分_____秒
淋浴		_____分_____秒
擦澡		_____分_____秒
游泳		_____分_____秒
其他方式：_____		_____分_____秒

日志内容（第6天）星期_____

小问题：您今日身体是否出现不适？（在下列选项圈选，如①。）

1＝否　　　　　　　2＝是，因为（可多选）：

a. 感冒、发烧　b. 咽部不适、咳嗽　c. 处于月经期（女性）　d. 腹泻　e. 其他_____

饮水摄入量情况

		编号		饮品或主食名称	摄入总量（毫升或两）
上午	餐前	B		饮水（包括茶水）	毫升
		D		饮料	毫升
	早餐	B		饮水（包括茶水）	毫升
		D		饮料	毫升
		E		汤	毫升
		F		粥	毫升
		H		酒	毫升
		主食	G1	馒头	两
			G2	米饭	两
			G3	汤面条、米线、米粉	两
			G4	其他_____	两
	两餐之间	B		饮水（包括茶水）	毫升
		D		饮料	毫升
下午	午餐	B		饮水（包括茶水）	毫升
		D		饮料	毫升
		E		汤	毫升
		F		粥	毫升
		H		酒	毫升
		主食	G1	馒头	两
			G2	米饭	两
			G3	汤面条、米线、米粉	两
			G4	其他	两
	两餐之间	B		饮水（包括茶水）	毫升
		D		饮料	毫升

续表

晚上	晚餐	B		饮水（包括茶水）	毫升
		D		饮料	毫升
		E		汤	毫升
		F		粥	毫升
		H		酒	毫升
		主食	G1	馒头	两
			G2	米饭	两
			G3	汤面条、米线、米粉	两
			G4	其他_____	两
	晚餐后	B		饮水（包括茶水）	毫升
		D		饮料	毫升
夜间		B		饮水（包括茶水）	毫升
		D		饮料	毫升

接触水的情况

接触方式	次数	每次时间（请记录其中一次活动的秒表数）
刷牙		_____分_____秒
洗手		_____分_____秒
洗脸		_____分_____秒
洗脚		_____分_____秒
洗头		_____分_____秒
不戴手套洗碗		_____分_____秒
不戴手套洗菜		_____分_____秒
不戴手套手洗衣服		_____分_____秒
盆浴		_____分_____秒
淋浴		_____分_____秒
擦澡		_____分_____秒
游泳		_____分_____秒
其他方式：_____		_____分_____秒

调查员签字：_____   审核员签字：_____